国家重点研发计划项目"中亚极端降水演变特征及预报方法研究"(2018YFC1507102、2018YFC1507103)
国家自然科学基金"中亚低涡背景下中尺度系统特征及其对新疆强对流天气的影响"(41565003)
国家自然科学基金"南疆西部持续性暴雨水汽输送及辐合机制研究"(41965002)　　　　　　　　资助
中央级公益性科研院所基本科研业务费专项资金项目"新疆短时强降水中尺度系统特征和预警指标研究"
(IDM2016001)

新疆短时强降水诊断分析暨预报手册

杨莲梅　张云惠　黄　艳　庄晓翠　李建刚　曾　勇等著

U0343062

气象出版社
China Meteorological Press

内 容 简 介

本书利用 2010—2018 年新疆区域 1345 个自动气象站逐小时降水观测数据、天气雷达、风云卫星、风廓线雷达、GPS/MET 水汽探测仪等资料,给出了新疆短时强降水过程的定义;从预报业务应用角度出发,系统地分析了新疆短时强降水的时空分布特征、天气尺度背景、主要影响系统、高低空天气系统配置、典型探空特征及差异、中尺度系统特征等,并提炼出新疆不同区域短时强降水过程的天气系统配置结构、潜势预报参数阈值、预报着眼点及预报预警指标;深入研究了不同区域典型短时强降水过程形成机制。本书是作者近年来研究成果的系统总结和预报经验的再升华,是一本值得预报员仔细研读的实用手册。本书也可供高等院校相关学科教学和相关研究参考。

图书在版编目(CIP)数据

新疆短时强降水诊断分析暨预报手册/杨莲梅等著
. —北京:气象出版社,2020.5
　　ISBN 978-7-5029-7189-2

　　Ⅰ. ①新… Ⅱ. ①杨… Ⅲ. ①强降水-短时天气预报
-新疆-手册　Ⅳ. ①P457.6-62

中国版本图书馆 CIP 数据核字(2020)第 051720 号

Xinjiang Duanshi Qiangjiangshui Zhenduan Fenxi ji Yubao Shouce
新疆短时强降水诊断分析暨预报手册

出版发行:气象出版社

地　　址:北京市海淀区中关村南大街 46 号　　邮政编码:100081
电　　话:010-68407112(总编室)　010-68408042(发行部)
网　　址:http://www.qxcbs.com　　**E - m a i l**:qxcbs@cma.gov.cn
责任编辑:王萃萃　　　　　　　　　　终　　审:吴晓鹏
责任校对:王丽梅　　　　　　　　　　责任技编:赵相宁
封面设计:博雅思企划
印　　刷:北京建宏印刷有限公司
开　　本:889 mm×1194 mm　1/16　　印　　张:10.625
字　　数:332 千字
版　　次:2020 年 5 月第 1 版　　　　印　　次:2020 年 5 月第 1 次印刷
定　　价:88.00 元

本书写作组

主要作者：杨莲梅　张云惠　黄　艳
　　　　　庄晓翠　李建刚　曾　勇

参加撰写作者：祝小梅　周雪英　罗　继
　　　　　　　刘　晶　刘　雯　周玉淑
　　　　　　　于碧馨　洪　月　张金霞
　　　　　　　赵江伟　唐　鹏　陈天宇
　　　　　　　努尔比亚·吐尼牙孜
　　　　　　　希热娜依·铁里瓦尔地
　　　　　　　玛依热·艾海提
　　　　　　　齐元元　马　煜　解　帅
　　　　　　　胡顺起　卢新玉

序一

　　新疆地处欧亚大陆腹地,属大陆性干旱半干旱气候,地域辽阔,具有独特的山地—绿洲—荒漠生态系统格局。降水分布异常不均且受地形影响显著,一次强降水过程甚至能改变其气候值。强降水多以短时强降水的形式出现,具有突发性强、持续时间短、雨强大、局地性强等特点,加之生态环境的脆弱,短时强降水引发的次生灾害较重,突发性洪水是新疆气象预报服务的难点和重点。多年来,由于新疆站点稀疏、资料缺乏,对短时强降水的研究和认识不足。近10年来,随着我国气象综合观测系统及区域高分辨率区域数值模式的发展,风云卫星系列、多普勒天气雷达、GPS/MET水汽探测仪、风廓线雷达、地基微波辐射计、加密区域自动气象站等的投入业务应用,为全面、深入地研究新疆短时强降水提供了多源高时空分辨率资料。同时,随着国家"一带一路"建设发展,新疆作为"丝绸之路经济带"的核心区域,短时强降水监测预警能力面临新的要求和挑战。

　　过去数十年,中外气象学家和预报专家针对短时强降水及其预报技术,从科学理论和预报实践的不同角度开展了大量深入细致的研究,取得了不少成果,但针对新疆干旱气候背景和复杂地形下局地性、突发性强的短时强降水发生发展机理及其可监测预报性的认识仍然十分不足。近些年随着新疆短时强降水预报业务的开展,新疆地区的气象科技工作者在天气预报实践和研究中,积累了相当多的预报经验,也取得了一些重要研究成果。本书是在这方面的一个总结,它是在比较全面、系统地开展新疆短时强降水发生特点、天气尺度环流背景、影响系统及其配置、环境场特征和潜势物理量阈值、中尺度系统特征、短时强降水天气预报预警指标与形成机制的研究基础上编写的。本书是继1986年张家宝等编写的《新疆短期天气预报指导手册》后又一以新的科学视野和方法编写的新疆天气预报手册,是新疆维吾尔自治区和地州骨干科技工作者近几年工作成果和气象现代化工作的结晶。这本书对新疆乃至西北地区的天气预报都具有重要的参考价值。在此,我向参与这本书编撰的新疆气象科技工作者表示祝贺和敬意,同时也向相关地区的有兴趣的读者推荐这本书。其原因有四:(1)在天气预报理论的指导下,本书提供了比较科学的研究和归纳方法,据此可科学分析各种气象资料,深刻揭示天气气候演变规律,系统总结并积累预报经验,对于提高预报员的技能和素质显得尤为重要;(2)本书是结合预报业务新技术和系列科研成果撰写而成,既强调了科学性,又强调了预报经验积累的重要性;(3)引入了新技术、新方法在新疆天气预报业务中的应用;(4)读者从中可以认识到,科学的进步对天气预报的推动作用,这是预报员不断提高预报技巧的知识和动力的源泉。

　　希望本书的出版能激励和促进新疆各级预报员在新时期能更深入地开展短时强降水天气技术总结和应用研究工作,尤其是期望对年轻预报员在短时强降水天气的研究、教育培训和预报员的成长起到促进作用。

2019 年 11 月 16 日

1

序二

　　《新疆短时强降水诊断分析暨预报手册》是继 1986 年张家宝等编写的《新疆短期天气预报指导手册》后的首部短时强降水天气预报手册,是新疆维吾尔自治区和地州骨干预报员团队近几年工作成果的结晶。本书的出版,有助于推进新疆气象现代化建设的步伐,为新疆短时强降水天气的研究奠定基础。自 20 世纪 90 年代末期随着中国新一代(多普勒)天气雷达的逐步布网,新疆共拥有 11 部多普勒天气雷达,中尺度气象观测逐渐开展。进入 21 世纪,随着中国气象局的全国预报员轮训,包括冰雹、雷暴大风和短时强降水的强对流天气短时临近预报成为重点内容。2011 年底新疆成立了强对流天气短临预报团队,正式拉开了新疆强对流天气短临预报研究的序幕。同时,2013 年国家提出"一带一路"的重大倡议,新疆作为丝绸之路经济带的结合点、增长极和中国—中亚—西亚经济走廊的主要节点,按照新疆维吾尔自治区《关于全面推进气象现代化工作的通知》和中国气象局加大发展新疆气象事业力度要求,新疆各级气象部门积极应对各种灾害性天气。然而极其脆弱的生态环境,频发的灾害性天气,特别是短时强降水等恶劣天气影响,对新疆灾害性天气的预报及防御工作提出了更高需求。

　　本书的六位主要作者——杨莲梅、张云惠、黄艳、庄晓翠、李建刚、曾勇,就是 20 世纪 90 年代以来新疆气象现代化建设过程中成长起来的天气学研究和预报业务骨干。本书的出版是他们数十年工作的结晶,也是新疆气象部门 33 年以来气象现代化工作的成果,同时还是新疆短时强降水天气预报业务在装备—技术—人员全面发展的成果。

　　参与本书的多名作者曾经参加过全国预报员轮训,从我在多次全国预报员轮训的讲课中发现,新疆短时强降水不同于内地和沿海城市,新疆短时强降水的发生由于新疆特殊的地形和下垫面性质具有时间短、暴发剧烈、尺度小的强对流天气特征。本书结合新疆本地特点,首次定义了具有新疆特色的短时强降水过程标准。在此期间,作者们对制定的标准、涉及的新知识、新概念等与我进行了深入的讨论,不断地修正、讨论,才有了目前的版本。比如在第 3 章"新疆短时强降水天气环境参数特征及对流潜势"中对 $T_{850-500}$、CAPE、CIN 的计算和应用问题等都曾经进行过反复讨论。因此,本书的出版也可以说是预报员轮训的成果。

　　本书内容详实、结构严谨,紧紧围绕当地实际需求,将理论与实际紧密联系在一起。例如第 2 章"新疆短时强降水影响系统及环流配置",就是对南、北疆各种强降水分型的科学凝练,具有清晰的天气学意义。第 4 章"新疆短时强降水天气的中尺度系统特征"和第 6 章"新疆短时强降水天气个例分析"均是经过反复推敲、去伪存真和实践检验后,方保留下来。因此,阅读本书时应联系本地实际,不可随意套用书中的各类指标。

　　本书对目前短时强降水短临天气预报虽然有一定的指导意义,但随着观测站点的精密布网及更多个例的积累,还可能发现更多此书未发现的特征。因此,还有不少地方需要学习内地、沿海甚至国外关于短时强降水天气的科学知识,进一步切磋琢磨、考察,有选择地吸收。

1

　　总而言之,需要气象工作者始终本着严谨求实的学习态度和力学笃行的工作态度,不断提高和完善新疆短时强降水业务技术水平,增强监测预警能力。

俞 小鼎

2019 年 11 月 6 日

前　言

　　新疆位于中国西北部,其国土面积占全国的六分之一。区域天气气候与欧洲和东亚地区显著不同,山盆交错,荒漠、绿洲和冰雪共存,形成独特的大陆性干旱半干旱气候系统格局。降水呈北多南少、西多东少、山区多平原少的分布特点。降水高值区主要位于天山山区的中西段、阿勒泰山区和塔城的塔尔巴哈台山区。年降水量超过 400 mm 以上。有些山区年降水量超过 800 mm,昆仑山区年降水量在 200 mm 左右,盆地至山麓地带年降水量为 50～300 mm。对新疆而言,长时间、大范围的强降水过程少。随着自动气象站观测网完善,我们发现,新疆强降水多以短时强降水的形式出现,且呈明显增多趋势。短时强降水是强对流天气的一类,具有突发性强、持续时间短、雨强大、局地性强、来势迅猛等特点,还常伴有冰雹、狂风等灾害性天气,新疆生态环境脆弱,短时强降水易导致山洪、泥石流等地质灾害和次生灾害,给新疆社会经济建设造成严重损失,是新疆主要的气象灾害之一,也是气象预报预警的难点和重点。因此,提高新疆短时强降水的预报预警能力是防灾救灾的迫切需要。

　　多年来,新疆的气象工作者对强降水(暴雨、暴雪)天气学和动力学条件进行了深入的研究,集中体现在 1986 年和 1987 年出版的《新疆短期天气预报指导手册》和《新疆降水概论》著作中。随着新疆气象综合观测网的完善,较高密度的区域自动气象站、风云卫星、多普勒大气雷达、地基微波辐射计、GPS/MET 水汽探测仪和风廓线雷达系统投入应用,获得常规和非常规观测资料较以前有很大的改善,结合高分辨率的区域中尺度数值模式,已为新疆短时强降水的研究和预报业务发展提供了坚实的基础。

　　中国气象局乌鲁木齐沙漠气象研究所联合新疆维吾尔自治区气象台、阿勒泰地区气象局、伊犁哈萨克自治州气象局、阿克苏地区气象局、巴音郭楞蒙古自治州气象局、喀什地区气象局、克孜勒苏柯尔克孜自治州气象局及和田地区气象局等单位的专家,以提高新疆短时强降水预报预警技术为目标,深入开展新疆短时强降水形成机理和技术方法研究,撰写完成了《新疆短时强降水诊断分析暨预报手册》,本书既有理论基础又有较强的实用性,是一本面向预报员的实用手册。该书给出了短时强降水过程的定义,并系统地分析了新疆短时强降水时空分布,提出了新疆中尺度对流系统(MCS)标准,系统研究了短时强降水过程天气尺度背景、主要影响系统、高低空天气系统配置、典型探空特征及差异、中尺度系统特征等,并提炼出新疆不同区域短时强降水过程的天气系统配置结构、潜势预报参数阈值、预报着眼点及雷达观测参数预警指标,且通过个例的研究深入分析了短时强降水形成机理。

　　本书共 6 章。其中,第 1 章总体介绍了新疆短时强降水气候特征。第 2 章论述了新疆短时强降水影响系统及环流配置。第 3 章阐明了新疆短时强降水天气环境参数特征及潜势指标。第 4 章主要研究了新疆短时强降水中尺度系统特征和雷达观测预警指标。第 5 章研究了新疆短时强降水中尺度对流系统(MCS)特征。第 6 章深入分析了新疆不同区域典型短时强降水天气形成机制。全书由杨莲梅多次修改后最终成册。

　　由于对短时强降水的认识,主要依赖于中小尺度天气动力学理论的不断完善和观测研究的持续进步,而目前在这两方面都存在一些理论瓶颈和认识上的不足。因此,本书中的内容只能反映出到目前为止的一些科学认识和预报方法。另外,由于撰写者水平有限,书中难免有不妥之处,敬请读者提出批评和指正。感谢丁一汇院士和俞小鼎教授在百忙中拨冗为本书作序。

本书是在国家重点研发计划项目"中亚极端降水演变特征及预报方法研究"(2018YFC1507102、2018YFC1507103)、国家自然科学基金"中亚低涡背景下中尺度系统特征及其对新疆强对流天气的影响"、国家自然科学基金"南疆西部持续性暴雨水汽输送及辐合机制研究"(41965002)和中央级公益性科研院所基本科研业务费专项资金项目"新疆短时强降水中尺度系统特征和预警指标研究"(IDM2016001)的资助下完成的。感谢科技部、国家自然科学基金委员会和新疆维吾尔自治区气象局的大力支持。中国气象局乌鲁木齐沙漠气象研究所的同事们在本书写作过程中给予了热情支持和帮助,气象出版社的同志们承担本书出版任务,尽心竭力使得本书得以圆满完成。在此,对以上有关单位和同志们致以衷心的感谢!

作者
2019 年 11 月

目 录

序一

序二

前言

第1章 新疆短时强降水气候特征 ………………………………………………………… 1

1.1 新疆短时强降水定义 ………………………………………………………………… 1

1.2 新疆短时强降水的时空分布特征 ………………………………………………… 1

1.2.1 空间分布特征 …………………………………………………………………… 1

1.2.2 时间分布特征 …………………………………………………………………… 7

1.3 小结 ……………………………………………………………………………………… 17

第2章 新疆短时强降水影响系统及环流配置 ……………………………………… 19

2.1 短时强降水过程定义 ………………………………………………………………… 19

2.2 新疆主要地区短时强降水过程特征 ……………………………………………… 19

2.2.1 伊犁哈萨克自治州短时强降水过程特征 ………………………………… 19

2.2.2 阿勒泰地区短时强降水过程特征 ………………………………………… 20

2.2.3 天山山区及北坡短时强降水过程特征 …………………………………… 20

2.2.4 南疆西部短时强降水过程特征 …………………………………………… 20

2.2.5 阿克苏地区短时强降水过程特征 ………………………………………… 20

2.2.6 巴音郭楞蒙古自治州短时强降水过程特征 ……………………………… 21

2.3 短时强降水过程500 hPa影响系统 ……………………………………………… 21

2.4 短时强降水环流系统配置及环境场特征 ………………………………………… 25

2.5 小结 ……………………………………………………………………………………… 29

第3章 新疆短时强降水天气环境参数特征及对流潜势 ………………………… 30

3.1 研究资料和方法 ……………………………………………………………………… 30

3.2 大气环境参数特征 …………………………………………………………………… 30

3.2.1 温湿廓线形态特征 …………………………………………………………… 30

3.2.2 新疆暖季短时强降水关键环境参数 ……………………………………… 32

3.3 新疆强降水天气关键参数阈值列表 ……………………………………………… 40

3.3.1 新疆短时强降水关键参数阈值列表 ……………………………………… 40

3.3.2 探空温湿度廓线分类强降水天气的关键参数阈值列表 ……………… 41

3.4 结论与讨论 …………………………………………………………………………… 42

第4章 新疆短时强降水天气的中尺度系统特征 ………………………………… 43

4.1 资料及方法 …………………………………………………………………………… 43

4.2 低空急流与短时强降水天气 ……………………………………………………… 43

4.2.1 偏西(西南)低空急流 ……………………………………………………… 43

4.2.2 西北低空急流 ………………………………………………………………… 43

4.2.3 低空东南急流 ………………………………………………………………… 44

4.2.4 偏东低空急流 ………………………………………………………………… 45

4.3 中尺度系统 …………………………………………………………………………… 45

4.3.1 中尺度辐合线与切变线 …………………………………………………… 45

4.3.2 中尺度气旋 ··· 45

4.3.3 地面中尺度系统 ··· 47

4.3.4 地面露点锋 ··· 48

4.4 短时强降水天气的雷达观测特征与预警阈值 ·· 49

4.4.1 伊犁哈萨克自治州 ··· 50

4.4.2 天山北坡 ··· 53

4.4.3 南疆西部 ··· 55

4.4.4 阿克苏地区 ··· 58

4.4.5 巴音郭楞蒙古自治州 ··· 60

4.5 典型个例分析 ··· 61

4.5.1 合并加强型 ··· 61

4.5.2 孤立对流单体 ··· 63

4.5.3 列车效应型 ··· 64

4.5.4 线状多单体 ··· 65

4.6 小结 ··· 67

第5章 中尺度对流系统(MCS)活动特征与新疆短时强降水 ··························· 69

5.1 新疆 MCS 判定标准 ··· 69

5.1.1 国内外研究概况 ··· 69

5.1.2 新疆 MCS 判定标准 ··· 69

5.2 新疆 MCS 时空分布特征 ··· 72

5.2.1 α 中尺度对流系统时空分布 ··· 72

5.2.2 新疆 MCS 的云参数特征 ··· 75

5.2.3 南疆地区 β 中尺度对流系统活动特征 ··· 76

5.3 短时强降水 MCS 的时空分布特征 ··· 81

5.4 新疆短时强降水个例 MCS 环境特征 ··· 84

5.4.1 2012 年 6 月 4 日天山山区短时强降水过程 α 中尺度对流系统环境特征 ··· 84

5.4.2 2015 年 6 月 26—27 日西天山短时强降水天气 β 中尺度对流系统环境特征 ··· 87

5.5 MCS 本地化判识标准在短时强降水预警中的应用 ··· 92

5.5.1 2012 年 6 月 4 日巴州罕见短时暴雨中尺度对流云团分析 ··············· 93

5.5.2 2015 年 6 月 9 日乌鲁木齐短时强降水中尺度对流云团追踪 ··········· 94

5.5.3 2016 年 6 月 17 日伊犁河谷短时强降水对流云团特征 ····················· 95

5.6 小结 ··· 97

第6章 新疆短时强降水天气个例分析 ··· 98

6.1 2015 年 6 月 9 日、6 月 27 日和 2016 年 10 月 2—3 日乌鲁木齐三次强降水天气过程 ··· 98

6.1.1 天气实况 ··· 98

6.1.2 环流特征 ··· 98

6.1.3 水汽和热动力条件 ··· 99

6.1.4 中尺度系统分析 ··· 101

6.1.5 大气水平风场垂直结构特征 ··· 105

6.1.6 大气相对湿度垂直结构特征 ··· 106

6.1.7 结论 ··· 107

6.2 伊犁河谷地区 ··· 108

6.2.1 2016 年 7 月 31 日—8 月 1 日伊犁河谷极端暴雨天气过程 ··············· 108

6.2.2 2016 年 6 月 16—17 日伊犁河谷极端暴雨天气过程 ························· 118

6.3 南疆西部地区 ··· 122

6.3.1　2014年8月30—31日和9月8—9日南疆西部两次短时强降水天气过程 ·············· 122

6.3.2　2015年6月23—26日南疆西部极端强降水天气过程 ································· 129

6.4　2013年6月17—18日阿克苏地区短时强降水天气过程 ······························ 134

6.4.1　降水实况 ·· 134

6.4.2　大尺度天气形势 ·· 135

6.4.3　水汽输送特征 ··· 135

6.4.4　造成暴雨的中尺度云团演变特征分析 ··· 135

6.4.5　模式及方案简介 ·· 136

6.4.6　降水的模拟验证 ·· 137

6.4.7　风场的模拟验证 ·· 137

6.4.8　地面辐合线及其形成发展机理 ·· 137

6.4.9　辐合线的形成 ··· 138

6.4.10　辐合线的发展演变过程 ··· 139

6.4.11　地面辐合线产生降水的机理 ·· 139

6.4.12　结论与讨论 ·· 140

6.5　2018年7月30—31日哈密地区极端短时强降水天气过程 ·························· 141

6.5.1　降水实况 ·· 141

6.5.2　环流形势分析 ··· 142

6.5.3　中尺度云团活动特征 ·· 142

6.5.4　对流不稳定 ·· 143

6.5.5　对流触发和维持机制 ·· 144

6.5.6　概念模型图 ·· 148

6.5.7　结论与讨论 ·· 149

参考文献 ··· 150

第1章 新疆短时强降水气候特征

1.1 新疆短时强降水定义

目前,中央气象台和中国中东部地区气象部门均将 1 h 降水量≥20 mm 记为短时强降水。根据新疆多年的预报服务实践、暴雨洪水成灾事实和干旱半干旱地区暴雨特点,结合新疆预报业务,新疆气象部门将该标准调整为 1 h 降水量≥10 mm。2018 年新疆地面自动气象观测站共 1927 个,本书在统计 2010—2018 年新疆短时强降水数据时,剔除了有误观测数据站点及 2010—2012 年陆续建设的区域自动气象站,获得了 2010—2018 年 1345 个自动气象站逐小时观测资料(其中国家基本自动气象站 105 个),数据经过新疆气象信息中心筛选、整理、检测,实现了严格的质量控制。

1.2 新疆短时强降水的时空分布特征

新疆地域辽阔,有"三山夹两盆"的复杂地形,以天山山脉为界,新疆划分为北疆(天山山区及以北区域)、南疆和东疆三大气候区,统计了 1345 个自动气象站 2010—2018 年北疆 6—8 月、南疆 5—9 月 1 h≥10 mm 的降水资料进行短时强降水气候特征分析。

重点分析了北疆(伊犁哈萨克自治州(简称"伊犁州")、阿勒泰地区、天山山区及北坡(博尔塔拉蒙古自治州(简称"博州")精河县—塔城地区乌苏市和沙湾县—石河子市—昌吉回族自治州(简称"昌吉州")—乌鲁木齐市一线))、南疆(喀什地区、克孜勒苏柯尔克孜自治州(简称"克州")、和田地区、阿克苏地区、巴音郭楞蒙古自治州(简称"巴州"))的短时强降水时空分布特征。

1.2.1 空间分布特征

2010—2018 年新疆短时强降水年平均频次空间分布(图略)表明,短时强降水的空间分布极不均匀,1～2 次·a⁻¹ 短时强降水主要发生于沿山、山麓丘陵、山地迎风坡、地形陡升区、喇叭口等地形附近;2 次·a⁻¹ 以上的有 44 站主要在博州西部、乌鲁木齐市、昌吉州、南疆西部、阿克苏地区西部北部等地海拔 1000～2500 m 的浅山区和中山区,其中,出现 3～5 次·a⁻¹ 有 12 站(表 1-1),主要在博州温泉县、昌吉州山区、阿克苏地区温宿县和乌什县等地的山区。

表 1-1 2010—2018 年新疆短时强降水年平均次数≥3.0 次的站点

序号	站名	平均次数	海拔(m)
1	阜康昌吉庙尔沟	5.0	1481
2	昌吉牛圈子湖	4.2	473
3	温泉哈日布呼镇黑龙沟	4.1	1603
4	天池	4.0	1942
5	乌什英阿特	3.8	2120
6	温宿博孜墩乡库尔归鲁克	3.8	2177
7	温泉查干屯格乡大库斯台沟	3.2	1689
8	温宿吐木秀克镇铁利米西洪沟	3.2	1460
9	玛纳斯南泥沟	3.1	1910

续表

序号	站名	平均次数	海拔(m)
10	温泉查干屯格乡青科克沟	3.1	1919
11	温泉哈日布呼镇珠斯仑	3.0	1515
12	乌什英阿瓦提北	3.0	1346

1.2.1.1　北疆短时强降水空间分布

（1）伊犁州短时强降水空间分布

分析2010—2018年6—8月伊犁州10个国家基本气象站和171个区域自动气象站共计181站逐小时降水量，累计发生短时强降水1024站次，年平均114站次。

伊犁州短时强降水发生空间分布极不均匀，主要发生于北部沿山地区、东部和南部山区。其中，霍城县和霍尔果斯市北部山区、昭苏县、特克斯县、巩留县山区频次最多；其次为伊宁县北部山区、尼勒克县山区，而河谷平原地区的频次最少。

由表1-2可见，短时强降水年平均出现1.0次以上有44站，1.2次以上有23站，其中16站位于伊犁州东南部地区；1.8次以上有4站，分别是特克斯县喀布萨朗，昭苏县阿克塞村，昭苏县种马场农一村，特克斯县吾尔塔米斯牧业村；而累计发生过一次的有21站，均靠近伊犁州平原地区。

表1-2　2010—2018年伊犁州短时强降水年平均次数≥1.0次的站点

序号	站名	平均次数	海拔(m)
1	特克斯县吾尔塔米斯牧业村	1.8	1666
2	昭苏县种马场农一村	1.8	1849
3	昭苏县阿克塞村	1.8	1940
4	特克斯县喀布萨朗	1.8	1648
5	尼勒克县唐布拉	1.6	1860
6	特克斯县	1.6	1211
7	昭苏县	1.6	1800
8	霍尔果斯市阿拉马力	1.4	707
9	霍城县小东沟	1.4	1518
10	特克斯县巴合勒克牧业村北	1.4	1475
11	霍城县果子沟龙口	1.4	1532
12	尼勒克县吉林台	1.4	1100
13	昭苏县阿克达拉	1.4	1655
14	特克斯县齐勒乌泽克	1.4	1068
15	霍尔果斯市	1.4	1227
16	霍城县大西沟	1.3	1790
17	特克斯县吾尔塔米斯	1.3	1556
18	昭苏县天山乡	1.3	972
19	尼勒克县奇仁托海	1.2	1319
20	特克斯县查干萨依牧业村	1.2	1644
21	伊宁县博尔博松	1.2	1134
22	昭苏县桥伦木图	1.2	1560
23	察布查尔县琼博乐	1.2	1488
24	霍城县且得萨尔布拉克	1.1	1107

序号	站名	平均次数	海拔（m）
25	尼勒克县铁木尔勒克沟	1.1	1701
26	巩留县铁鲁木图	1.1	984
27	昭苏县森木塔斯村	1.1	1268
28	伊宁县喀古奇沟	1.1	2017
29	昭苏县乌玉尔台	1.1	975
30	尼勒克县索孜木图沟	1.1	1853
31	尼勒克县阔依塔斯	1.1	1236
32	昭苏县喀拉苏乡	1.1	1564
33	尼勒克县	1.1	1100
34	霍城县木开沟	1.0	810
35	尼勒克县吉仁台村	1.0	722
36	昭苏县图格勒勤村	1.0	1866
37	昭苏县乌鲁昆盖村	1.0	1974
38	昭苏县夏塔乡	1.0	1931
39	伊宁县托逊沟	1.0	958
40	伊宁县吉尔格朗	1.0	1421
41	昭苏县布勒赛依	1.0	1572
42	新源县种羊场	1.0	805
43	尼勒克县苏布台	1.0	1083
44	巩留县	1.0	777

（2）阿勒泰地区短时强降水空间分布

8 个国家基本气象站和 104 个区域自动气象站共 112 个站逐小时降水量分析表明，2010—2018 年 6—8 月阿勒泰地区的短时强降水累计发生 416 站次，年平均 46 站次。

阿勒泰地区短时强降水空间分布极不均匀，主要发生于阿尔泰沿山和萨乌尔沿山及丘陵地带的喇叭口地形和地形抬升地带。其中，阿尔泰山的沿山、吉木乃县沙吾尔山的北侧迎风坡发生频次最多，其次是福海县乌伦古湖附近，而河谷平原地区较少。

由表 1-3 可见，短时强降水年平均出现 1 次以上有 8 站，其中吉木乃县出现 3 站，分别是拉斯特村南、阔克责克、别斯铁热克；阿勒泰市出现 2 站，分别是园林场、铁木尔特；哈巴河县、布尔津县、福海县各出现 1站。

表 1-3　2010—2018 年阿勒泰地区短时强降水年平均次数≥1 次的站点

序号	站名	平均次数	海拔（m）
1	阿勒泰园林场站	1.7	909
2	吉木乃拉斯特村南	1.4	1430
3	吉木乃阔克责克	1.2	1367
4	哈巴河阿舍勒铜矿	1.1	912
5	布尔津库须根	1.1	734
6	福海地方渔场	1.1	451
7	阿勒泰铁木尔特	1.1	803
8	吉木乃别斯铁热克	1.0	1393

（3）天山山区及北坡短时强降水空间分布

2010—2018年6—8月天山山区及北坡（博州精河县—塔城地区乌苏市和沙湾县—石河子市—昌吉州—乌鲁木齐市一线）有32个国家基本气象站和246个区域自动气象站。由于区域自动气象站建站时间不一致，因此选取近9 a资料完整的天山山区及北坡205个区域站和26个国家基本气象站共231站的逐小时降水资料进行分析，累计发生1338站次，年平均149站次。

天山山区及北坡短时强降水空间分布也极不均匀，主要发生在沿山、山麓丘陵、山地迎风坡、地形陡升区、喇叭口、戈壁湖泊绿洲交界等特殊地形附近，其中昌吉州沿山海拔1000～1500 m的浅山、临近湖和水库的站（海拔470～650 m）发生频次最多，其次是塔城地区乌苏市和沙湾县、石河子市及乌鲁木齐市的沿山一带（海拔1000～2000 m）的迎风坡，靠近准噶尔盆地最少。

由表1-4可见，短时强降水年平均出现1次以上有43站，2次以上有15站，其中10站位于昌吉州；3次以上有4站（其中1站5次），分别是阜康市昌吉庙尔沟站5.0次、昌吉市牛圈子湖4.2次、天池4.0次、玛纳斯南泥沟3.1次；而累计发生过一次有16站，均在靠近准噶尔盆地南部海拔400～700 m的平原区。

表1-4 2010—2018年天山山区及北坡短时强降水年平均次数≥2次的站点

序号	站名	平均次数	海拔（m）
1	阜康昌吉庙尔沟	5.0	1481
2	昌吉牛圈子湖	4.2	473
3	天池	4.0	1942
4	玛纳斯南泥沟	3.1	1910
5	阜康三工河乡林场	2.9	1174
6	米东区柏杨乡独山子村	2.8	1137
7	阜康三工河乡天池景区马牙山	2.6	2455
8	乌苏待普僧	2.3	1929
9	木垒照壁山双湾	2.3	1585
10	阜康三工河	2.3	1555
11	沙湾博尔通古乡	2.2	1180
12	玛纳斯石门子水库	2.2	1380
13	木垒英格堡	2.2	1457
14	小渠子	2.1	1872
15	米东区玉西布早村东南	2.0	1044

1.2.1.2 南疆短时强降水空间分布

（1）南疆西部短时强降水空间分布

分析2010—2018年5—9月南疆西部（喀什地区—克州—和田地区一线）22个国家基本气象站和428个区域自动气象站共450个站点逐时降水资料，累计发生1245站次，年平均138站次。

南疆西部短时强降水空间分布极不均匀，高频区在喀什地区叶城县和伽师县、克州乌恰县和阿图什市、和田地区于田县以及克州阿合奇县，短时强降水频发区域与地形和下垫面特征密切联系，南疆西部短时强降水多发区域出现在山区、峡谷、绿洲和戈壁或沙漠的交界带，而地势平坦的平原、荒漠区短时强降水较少。

由表1-5可见，南疆西部短时强降水落区分布不均匀，强降水局地性强。短时强降水年平均出现1次以上有22站，2次以上有4站，均集中于海拔1700～2500 m的浅山区。其中克州乌恰乡6村累计出现短时强降水26次，平均2.9次·a^{-1}，为历史最多；而累计发生过一次的有87站，累计发生过2次的有57站，分布极为不均匀。

表 1-5　2010—2018 年南疆西部短时强降水年平均次数≥1 次的站点

序号	站名	平均次数	海拔(m)
1	乌恰乡 6 村	2.9	2002
2	吐格曼巴什村	2.6	2587
3	皮什盖村	2.2	2415
4	乌恰	2.1	2176
5	吾合沙鲁乡	1.9	2168
6	吐古买提乡塔克塔	1.8	2179
7	伽师县神秘大峡谷	1.7	1213
8	吐休克塔格能厄肯站	1.6	1173
9	伽师县玉代力克乡路口	1.4	1235
10	达木斯乡	1.4	1957
11	巴仁乡汗铁热克村	1.4	2091
12	克孜勒陶乡塔尔克其克村库尔干	1.4	2292
13	兰干乡昆仑渠首	1.3	2174
14	库兰萨日克乡	1.2	1770
15	康苏镇	1.2	2306
16	依苏滚厄肯	1.1	1195
17	叶城	1.1	1360
18	提提塔热克山洪沟	1.1	1701
19	艾古斯乡 3 村	1.1	1985
20	铁列克乡	1.1	2245
21	色帕巴依乡	1.0	1907
22	吉格克其克村	1.0	1976

(2)阿克苏地区短时强降水空间分布

阿克苏地区地处天山中段南麓、塔里木盆地北缘,是南疆短时强降水天气高频地区,每年 5—9 月是阿克苏地区短时强降水天气的高发时段。阿克苏地区共有 10 个国家基本气象站,192 个区域自动气象站。由于各区域自动站建站时间不一致,尤其 2010—2012 年区域自动站建站初期,有效观测数据少,因此,从中选取了 2013—2018 年资料比较完整的 168 个区域自动气象站和 10 个国家基本气象站进行统计,短时强降水累计发生 739 站次,年平均 123 站次。

短时强降水的高发区主要集中于阿克苏地区西北部乌什县、柯坪县和温宿县三个山地较多的县。此外,拜城县和库车县北部山区也是短时强降水发生频次较多的区域。发生频次最高站点为乌什县北部山区英阿瓦提乡的英阿特村和温宿县北部山区的博孜墩乡库尔归鲁克,年均发生次数达 3.8 次。温宿县大石峡—神木园—吐木秀克镇一带和柯坪县盖孜力乡、阿恰乡以及拜城县老虎台乡等地,年均发生次数也达 2~3 次,也属于短时强降水高发区。阿克苏市、阿瓦提县、沙雅县大部分地区和库车县南部地区短时强降水发生频次较低,年均发生次数低于 0.5 次。可见,短时强降水西北部山区最多,中东部山区次之,东南部平原地区最少。

2010—2018 年短时强降水年平均发生次数达 1 次以上有 63 站,2 次以上有 19 站,3 次以上有 4 站(表 1-6),分别为乌什县北部山区的英阿特和英阿瓦提北,温宿县北部山区的博孜墩乡库尔归鲁克和吐木秀克镇铁利米西洪沟。年平均发生次数达 2 站次以上站点分布在乌什县、温宿县、柯坪县和拜城县等靠山区域,大部分站点海拔高度在 1400 m 以上,较平原南部地区海拔高出 400 m 以上。

表 1-6　2010—2018 年阿克苏地区短时强降水年平均次数≥2 次的站点

序号	站名	平均次数	海拔高度(m)
1	英阿特	3.8	2120
2	博孜墩乡库尔归鲁克	3.8	2177
3	吐木秀克镇铁利米西洪沟	3.2	1460
4	英阿瓦提北	3.0	1346
5	温宿县台栏河新龙口上游	2.8	2007
6	阿恰塔格乡三大队	2.8	1299
7	盖孜力乡贝勒克勒克	2.8	1478
8	温宿县博孜墩乡度假村	2.7	2370
9	神木园	2.5	1704
10	温宿县吐木秀克镇	2.5	1807
11	博孜墩牧场	2.5	2044
12	水泥厂进水闸	2.4	1287
13	老虎台乡	2.3	1733
14	拱拜孜山前	2.3	1450
15	阿恰乡北艾依尔阿提	2.3	1348
16	老虎台种羊场板斯拉克	2.3	1936
17	柯柯牙山区	2.0	1502
18	玉尔其乡通古斯布隆洪沟	2.0	1589
19	苏巴什村哦坦阔里村	2.0	1424

（3）巴州短时强降水空间分布

2010—2018 年 5—9 月巴州 13 个国家基本气象站和 213 个区域自动气象站共 221 站累计发生 393 站次短时强降水，年平均 44 站次。

巴州短时强降水的空间分布极不均匀，主要发生在南北部山区、平原北部浅山对应盆地偏南风的迎风坡、山麓湖泊交界、戈壁绿洲交界、山脉地形交界低洼处等复杂地形周边。其中和硕县东北侧沿山和且末县南部沿山海拔 1700～3000 m 发生频次最多，其次是轮台县—库尔勒市—尉犁县—博湖县沿山的浅山区（海拔 1000～1500 m）以及轮台县—库尔勒市的西南侧靠近塔克拉玛干沙漠戈壁绿洲交界处，南疆盆地中部和巴音布鲁克县山区较少。

由表 1-7 可见，巴州短时强降水累计出现 0.6 次以上有 21 站，1 次以上有 3 站，分别是和静克尔古提站 1.2 次、且末县阿羌 1.1 次、轮台县塔克玛扎沟 1.0 次。平原北部轮台县—库尔勒市—尉犁县—博湖县浅山区平均发生 0.6～0.9 次，发生测站较多且集中，这一带短时强降水累计次数占总发生次数一半以上，同时也是人员密集区域，短时强降水的发生易造成当地居民的生命和财产危险。

表 1-7　2010—2018 年巴州短时强降水年平均次数≥0.6 次站点

序号	站名	平均次数	海拔(m)
1	和静克尔古提	1.2	1675
2	且末阿羌	1.1	2666
3	轮台塔克玛扎沟	1.0	1521
4	轮台华珍煤矿	0.9	1547
5	博湖南山闹音呼都克	0.8	1015
6	且末阿羌乡依山干河	0.8	2947
7	且末莫勒切河水库	0.8	2364

序号	站名	平均次数	海拔(m)
8	且末车尔臣河	0.8	2836
9	库尔勒	0.7	931
10	库尔勒西站	0.7	1025
11	库尔勒市东山	0.7	995
12	轮台阳霞镇塔力克水管站	0.7	1212
13	且末卡拉米兰河	0.7	2779
14	库尔勒市库尔楚收费站	0.7	966
15	库尔勒北山麻扎热木沟	0.7	1341
16	库尔勒市 29 团铁路桥	0.7	958
17	轮台五一水库	0.6	1391
18	库尔勒普惠农场	0.6	885
19	若羌县白干湖	0.6	1479
20	和硕乃仁克乡包尔图沟	0.6	1161
21	轮台轮南镇轮南小区	0.6	905

1.2.2　时间分布特征

1.2.2.1　年际变化

（1）伊犁州短时强降水年际变化

图 1-1a、b 为 2010—2018 年 6—8 月伊犁州短时强降水分级年平均发生次数，$R \geqslant 10 \ \mathrm{mm \cdot h^{-1}}$ 年平均 114 次，其中 2016 年出现最多达 351 次，其次 2015 年 206 次，而 2010 年出现最少为 31 次。$R \geqslant 20 \ \mathrm{mm \cdot h^{-1}}$ 年平均 15 次，占总平均次数 13%，2016 年出现最多达 48 次，其次 2015 年 26 次，而 2014 年出现最少为 4 次。$R \geqslant 30 \ \mathrm{mm \cdot h^{-1}}$ 年平均 2.4 次，仅占总平均次数 2.1%，是极小概率事件，其中 2010 年、2012 年、2013 年和 2014 年均未发生。$R \geqslant 40 \ \mathrm{mm \cdot h^{-1}}$ 年平均次数为 0.7 次，其中 2010 年、2011 年、2012 年、2013 和 2018 年均未发生。50 $\mathrm{mm \cdot h^{-1}}$ 以上的短时强降水未出现。

从图 1-1c 逐年小时雨强最大值可见，小时雨强差异较大，最大出现在 2014 年 7 月 14 日 19：00（北京时，下同）昭苏县森木塔斯村和 2016 年 6 月 17 日 04：00 伊宁县博尔博松均为 44.3 mm，第二是 2015 年 6 月 14 日 11：00 新源县坎苏牧场 44.1mm，第三是 2017 年 6 月 6 日 21：00 霍城县花果山 42.8 mm，第四是 2011 年 6 月 17 日 15：00 新源县肖尔布拉克 36.4 mm，第五是 2018 年 6 月 26 日 23：00 霍城县果子沟龙口 32.8 mm，第六是 2012 年 6 月 14 日 01：00 尼勒克县吉林台 27.5 mm，小时雨强最小为 2013 年 6 月 29 日 20：00 伊宁市苏阿拉木图 27.3 mm。

（2）阿勒泰地区短时强降水年际变化

图 1-2a、b 为 2010—2018 年 6—8 月阿勒泰地区短时强降水分级平均发生次数，$R \geqslant 10 \ \mathrm{mm \cdot h^{-1}}$ 年平均 46 次，年际变化大，2017 年出现最多达 95 次，其次 2013 年 86 次，而 2010 年出现最少为 10 次。$R \geqslant 20 \ \mathrm{mm \cdot h^{-1}}$ 年平均 7 次，仅占总次数的 15%，2017 年出现最多为 17 次，其次 2012 年 11 次，而 2014 年没有出现。$R \geqslant 30 \ \mathrm{mm \cdot h^{-1}}$ 年平均 1 次，仅占总次数 2%，是极小概率事件，2013 年出现最多为 4 次，其次 2017 年 3 次，有 5 年没有出现。$R \geqslant 40 \ \mathrm{mm \cdot h^{-1}}$ 以上的短时强降水未出现过。

图 1-2c 是逐年小时雨强最大值，小时雨强差异较大，最大出现于 2017 年 6 月 30 日 15：00 哈巴河县合孜勒哈克村站 37.5 mm，其次是 2013 年 6 月 23 日 19：00 阿勒泰市阔仕萨依尔沟站 34.4 mm，第三是 2012 年 7 月 15 日 20：00 布尔津县也拉曼村勃拉德站 32.8 mm，第四是 2016 年 6 月 25 日 22：00 阿勒泰市塔拉特村站 32.0 mm，第五是 2014 年 6 月 18 日 19：00 吉木乃县小托斯特站 29.2 mm，第六是 2011 年 7 月 2 日

19:00 阿勒泰市（51076）站 27.9 mm，小时雨强最小的是 2015 年 8 月 9 日 17:00 福海县工业园区站 22.5 mm。

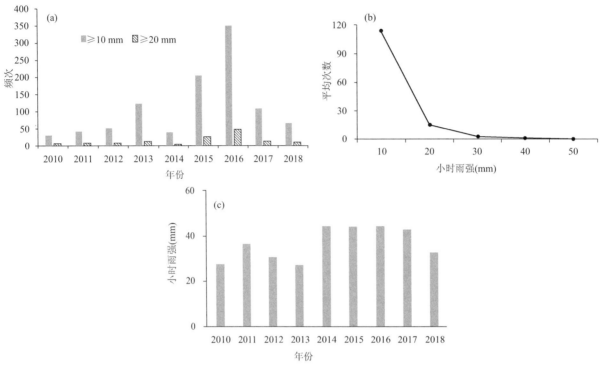

图 1-1　伊犁州短时强降水年平均次数（a）（单位：次），小时雨强
分级年平均次数（b）（单位：次），小时雨强年最大值（c）（单位：mm）

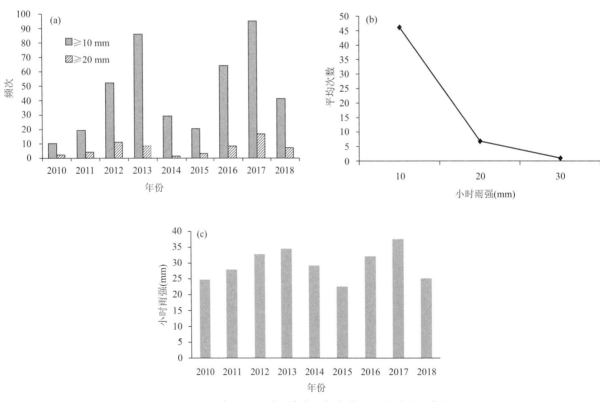

图 1-2　阿勒泰地区短时强降水逐年次数（a），小时雨强分级
年平均次数（b），小时雨强年最大值（c）（单位：mm）

（3）天山山区及北坡短时强降水年际变化

图 1-3a、b 为 2010—2018 年 6—8 月天山山区及北坡短时强降水分级平均发生次数,$R \geq 10$ mm·h^{-1} 年平均 149 次,2015 年出现最多达 259 次,其次是 2016 年 250 次,而 2014 年最少为 57 次。$R \geq$ 20 mm·h^{-1} 年平均 20 次,仅占总次数 14%,2016 年出现最多为 39 次,其次是 2015 年 26 次,而 2014 年 出现最少为 4 次。$R \geq 30$ mm·h^{-1} 年平均 6 次,仅占总次数 4%,2016 年出现最多为 15 次,其次是 2010 年、2018 年均为 7 次,而 2014 年没有出现。$R \geq 40$ mm·h^{-1} 以上的年平均次数 1 次,仅占总次数 1.8%, $R \geq 50$ mm·h^{-1} 年平均为 0.5 次,$R \geq 70$ mm·h^{-1} 累计共出现 4 次,$R \geq 10$ mm·h^{-1} 以上量级短时强 降水出现最多均为 2016 年。

图 1-3c 为逐年小时雨强最大值,小时雨强差异较大,最大出现在 2016 年 6 月 10 日 05:00 阜康昌 吉庙尔沟站 76 mm,其次是 2010 年 6 月 19 日 20:00 吉木萨尔吉木萨尔二工河站 72 mm,第三是 2012 年 8 月 10 日 05:00 头屯河区头屯河农场学校站 59.5 mm,第四是 2011 年 7 月 27 日 13:00 阜康阜康白 杨河 58.9 mm,第五是 2015 年 8 月 1 日 08:00 乌鲁木齐永丰站 52.8 mm,第六是 2013 年 7 月 23 日 20:00 沙湾博尔通古乡 2 号站 47.6 mm,小时雨强最小的是 2014 年 7 月 18 日 11:00 乌鲁木齐板房沟 林管站 23 mm。

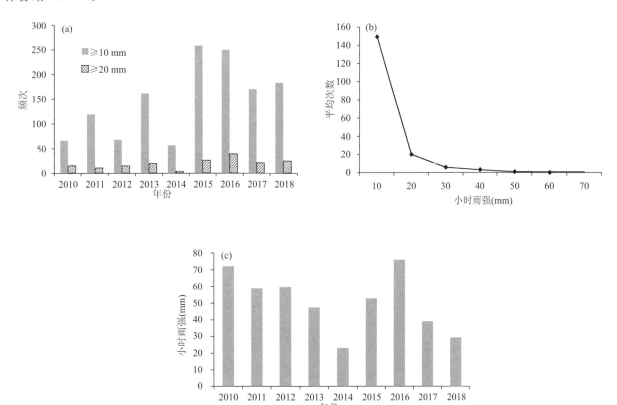

图 1-3　天山山区及北坡短时强降水逐年次数(a),小时雨强分级年平均次数(b),小时雨强年最大值(c)(单位:mm)

（4）南疆西部短时强降水年际变化

图 1-4a、b 为 2010—2018 年 5—9 月南疆西部短时强降水分级平均发生次数,$R \geq 10$ mm·h^{-1} 年平均 138 次,且年际变化大,2017 年出现最多达 301 次,其次是 2016 年 281 次,而 2011 年出现最少为 4 次。 $R \geq 20$ mm·h^{-1} 年平均 19 次,占总次数 14%,2016 年出现最多为 50 次,其次是 2017 年 44 次,2012 年出 现最少仅为 2 次,而 2011 年没有出现。$R \geq 30$ mm·h^{-1} 年平均 4.8 次,仅占总次数 3.5%,2016 年出现最 多为 15 次,其次 2017 年 11 次,而 2011 年、2012 年均没有出现。$R \geq 40$ mm·h^{-1} 以上的年平均次数为 1.3 次,仅占总次数 1%,$R \geq 50$ mm·h^{-1} 累计出现 4 次,年平均 0.4 次,而 $R \geq 60$ mm·h^{-1} 以上短时强 降水历史上仅出现 1 次为 2014 年。

　　从图 1-4c 逐年小时雨强最大值可以看到,小时雨强差异较大,最大的出现在 2014 年 6 月 16 日 01:00 克州哈拉峻乡站 60 mm,其次是 2018 年 5 月 21 日 19:00 和田地区皮山县站 53.8 mm,第三是 2017 年 7 月 21 日 23:00 喀什地区吐休克塔格能厄肯站 52.1 mm,第四是 2016 年 8 月 29 日 09:00 喀什地区伽师县玉代力克乡路口站 46.5 mm,第五是 2015 年 7 月 12 日 12:00 和田市吾其拉乡站 42.9 mm,第六是 2013 年 6 月 15 日 15:00 喀什地区英吉沙县乌恰乡 6 村站 33.1 mm,小时雨强最小为 2011 年 5 月 29 日 23:00 喀什市库尔玛乡站 17.4 mm。

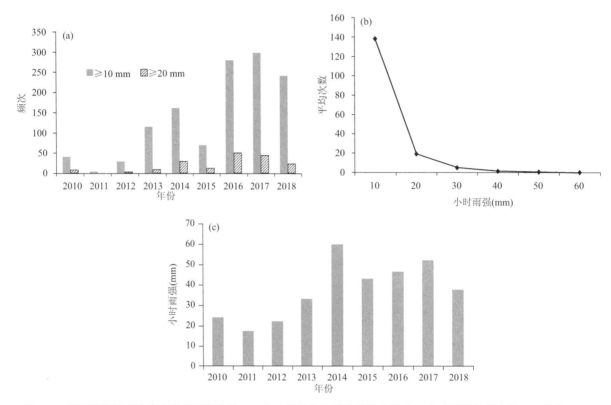

图 1-4　南疆西部短时强降水夏季平均次数(a),小时雨强分级夏季平均次数(b),小时雨强年最大值(c)(单位:mm)

　　(5)阿克苏地区短时强降水年际变化

　　图 1-5a、b 是 2010—2018 年 5—9 月阿克苏地区短时强降水分级平均发生次数,$R \geqslant 10$ mm·h^{-1} 年平均 123 次,年发生次数均在 100 站次以上,2016 年出现最多达 168 次,其次 2017 年 131 次,而 2015 年出现最少为 88 次。$R \geqslant 20$ mm·h^{-1} 年平均 20 次,占总次数 16.4%,2016 年出现最多达 40 次,其次 2017 年 25 次,而 2015 年出现最少仅为 14 次。$R \geqslant 30$ mm·h^{-1} 年平均 4.3 次,仅占总次数 3.5%,2016 年出现最多为 8 次,其次 2018 年 7 次,2014 年出现最少仅为 2 次。$R \geqslant 40$ mm·h^{-1} 以上的年平均次数 1 次,仅占总次数 0.8%,$R \geqslant 50$ mm·h^{-1} 的累计共出现 4 次,以上短时强降水出现最多的均为 2016 年,$R \geqslant 60$ mm·h^{-1} 未出现过。

　　从图 1-5c 逐年最大小时雨强可以看出,小时雨强时空分布不均,5—8 月均有,山区和平原均出现过较大雨强。最大小时雨强出现在 2018 年 6 月 14 日 17:00 库车县玉其吾斯塘乡站 63.5 mm,其次是 2016 年 8 月 17 日 22:00 乌什县英阿瓦提北站 63.2 mm,第三是 2012 年 7 月 20 日 19:00 乌什县英阿特站 56.9 mm,第四是 2014 年 7 月 5 日 18:00 拜城县老虎台乡站 53.0 mm,第五是 2013 年 5 月 14 日 20:00 新和县尤鲁都斯巴格镇苏怕墩村北站 50.1 mm。其余年份最大小时雨强均低于 50 mm。年度最大雨强大多出现 6—8 月,仅出现于 2013 年 5 月中旬。

　　(6)巴州短时强降水年际变化

　　图 1-6a、b 是 2010—2018 年 5—9 月巴州短时强降水分级年平均发生次数,$R \geqslant 10$ mm·h^{-1} 年平均 44 次,年分布极不均匀,2016 年出现次数最多达 128 次,主要源自 2016 年 7 月和 8 月在轮台县—库尔勒

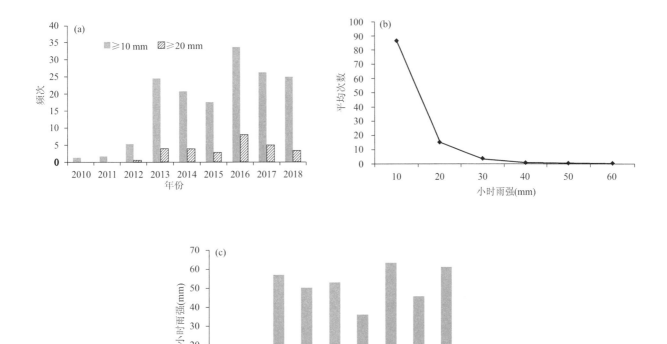

图 1-5　阿克苏地区短时强降水逐年次数(a),小时雨强分级年平均次数(b),小时雨强年最大值(c)(单位:mm)

市—尉犁县—博湖县沿山一带发生 2 次较明显的强对流造成的短时强降水过程,致使 2016 年巴州短时强降水发生占总次数的 32%;其次是 2018 年 78 次,2010 年出现最少仅 4 次,一方面降水天气发生较少,另一方面以前探测网站相对稀疏。$R \geqslant 20$ mm $\cdot$ h^{-1} 年平均 6 次,仅占总次数的 14%,2016 年出现最多为 27 次,其次是 2018 年 10 次,而 2011 年仅出现 1 次,2010 年没有出现。$R \geqslant 30$ mm $\cdot$ h^{-1} 的年平均 1 次,仅占总次数的 2.4%,2016 年最多为 4 次,其次 2012 年、2015 年各 2 次,2013 年和 2014 年各 1 次。$R \geqslant 40$ mm $\cdot$ h^{-1} 以上累计次数仅 6 次,年平均 0.7 次,仅占总次数的 1.5%,$R \geqslant 50$ mm $\cdot$ h^{-1} 近 9 a 来仅 2012 年出现 1 次。

从图 1-6c 逐年小时雨强最大值,小时雨强差异较大,最大的出现在 2012 年 6 月 4 日 17:00 和静站 53.2 mm,其次是 2013 年 6 月 7 日 20:00 尉犁县墩阔坦乡二牧场站 49.9 mm,第三是 2012 年 6 月 4 日 17:00 库尔勒市站 46.4 mm,第四是 2015 年 6 月 17 日 09:00 尉犁县阿克苏普乡吉格代巴格 44.6 mm,第五是 2016 年 8 月 24 日 01:00 博湖县博斯腾湖乡南山闹音呼都克站 44.3 mm,第六是 2016 年 8 月 16 日 16:00 轮台县塔尔拉克乡塔克拉克站 40.3 mm。

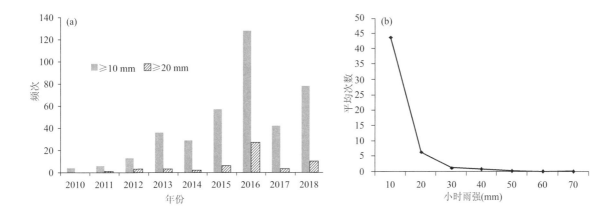

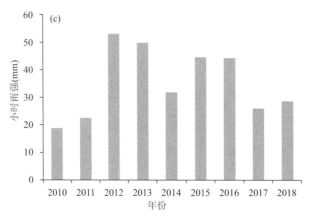

图 1-6 巴州短时强降水逐年平均次数(a),小时雨强分级年平均次数(b),小时雨强年最大值(c)(单位:mm)

1.2.2.2 月分布

(1)伊犁州短时强降水月分布

图 1-7 是伊犁州短时强降水分级月平均次数,各量级小时雨强 6 月出现最多,其次是 7 月,8 月最少。$R \geqslant 10$ mm·h^{-1}6 月平均 59.6 次,其次是 7 月为 36.0 次,8 月最少为 18.2 次,而 $R \geqslant 20$ mm·h^{-1} 次数锐减,6 月平均 9.7 次,其次是 7 月 4.0 次,8 月仅 1.2 次(图 1-7a)。图 1-7b 可见随着小时雨强增大,各月出现次数均明显减少。

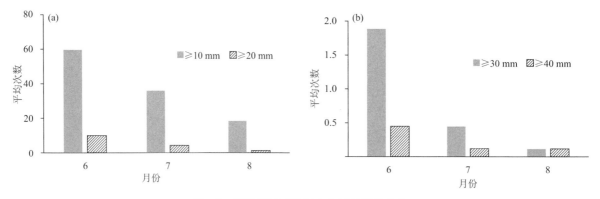

图 1-7 伊犁州短时强降水分级月平均次数

(2)阿勒泰地区短时强降水月分布

图 1-8 是阿勒泰地区短时强降水分级月平均次数,各量级小时雨强 7 月出现最多,其次是是 6 月。$R \geqslant 10$ mm·h^{-1}7 月平均 22 次,其次是 6 月 16 次、8 月 7 次;而 $R \geqslant 20$ mm·h^{-1}6 月和 7 月平均 3 次,8 月 1 次。

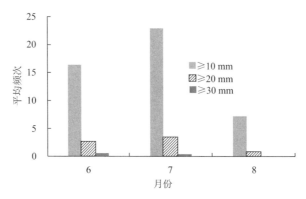

图 1-8 阿勒泰地区短时强降水分级月平均次数

（3）天山山区及北坡短时强降水月分布

图 1-9 为天山山区及北坡短时强降水分级月平均次数,各量级小时雨强 6 月出现最多,其次是 7 月和 8 月。$R \geqslant 10$ mm·h^{-1} 6 月平均 65 次,其次是 7 月和 8 月均为 42 次(图 1-9a);而 $R \geqslant 20$ mm·h^{-1} 6 月平均 11 次,其次是 7 月 5 次、8 月 4 次。

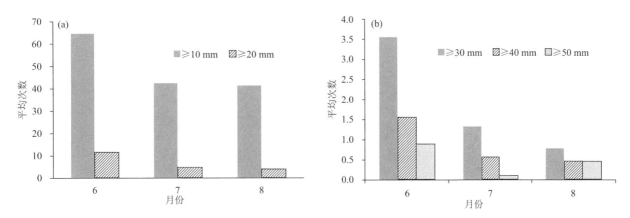

图 1-9　天山山区及北坡短时强降水分级月平均次数

（4）南疆西部短时强降水月分布

图 1-10 为南疆西部短时强降水分级月平均次数,各量级小时雨强 7 月出现最多,其次是 8 月和 6 月。$R \geqslant 10$ mm·h^{-1} 7 月平均 34 次,其次是 8 月和 6 月分别为 30.8 次和 23.5 次(图 1-10a);而 $R \geqslant 20$ mm·h^{-1} 7 月平均 5 次,其次是 8 月 4.3 次、6 月 2.1 次。$R \geqslant 30$ mm·h^{-1} 8 月平均出现 1.4 次,$R \geqslant 40$ mm·h^{-1} 7 月出现最多,平均 0.3 次(图 1-10b)。

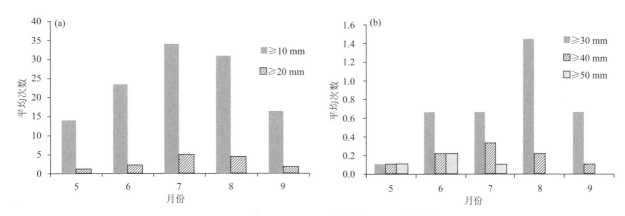

图 1-10　南疆西部短时强降水分级月平均次数

（5）阿克苏地区短时强降水月分布

阿克苏地区短时强降水主要出现在 6—8 月,占总次数的 87%,5 月和 9 月分别占总次数的 5.7% 和 7.3%。8 月发生频次最高,6 月次之,7 月最少。从不同强度雨强月变化来看(图 1-11),$R \geqslant 10$ mm·h^{-1} 8 月平均 27.1 次,其次是 6 月 25.1 次,7 月 22.1 次,9 月 7.2 次,5 月 5.3 次(图 1-11a)。$R \geqslant 20$ mm·h^{-1} 发生频次 8 月和 7 月相当,平均发生次数分别为 5.0 次和 4.9 次,6 月为 4.3 次。5 月和 9 月明显少于夏季,5 月仅 0.4 次,9 月仅 0.7 次。$R \geqslant 30$ mm·h^{-1} 发生频次 6 月 1.4 次、8 月 1.3 次、7 月 0.7 次、5 月 0.2 次(图 1-11b)。$R \geqslant 40$ mm·h^{-1} 和 $\geqslant 50$ mm·h^{-1} 均是 8 月发生频率最高,年均发生次数分别为 0.4 次和 0.3 次。6 月和 7 月发生频次为 0.2 次。9 月无 $R \geqslant 30$ mm·h^{-1} 强降水天气发生。

（6）巴州短时强降水月分布

图 1-12 是巴州短时强降水分级月平均次数,各量级小时雨强 6 月出现最多,其次是 8 月和 7 月。$R \geqslant 10$ mm·h^{-1} 6 月平均 14 次,7 月和 8 月分别为 12 次和 13 次(图 1-12a);而 $R \geqslant 20$ mm·h^{-1} 8 月最多,为

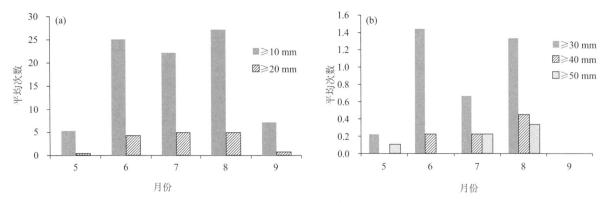

图 1-11 阿克苏地区短时强降水分级月平均次数

2.2 次，其次是 7 月 1.8 次、6 月 1.5 次。巴州各量级小时雨强均在 6 月多发。巴州短时强降水最早开始是 2017 年 4 月 14 日 15：00 库尔勒市北山 3 号站 11.9 mm，最晚结束是 2016 年 9 月 13 日 16：00 尉犁县古勒巴格乡奥尔唐沟 11 mm。

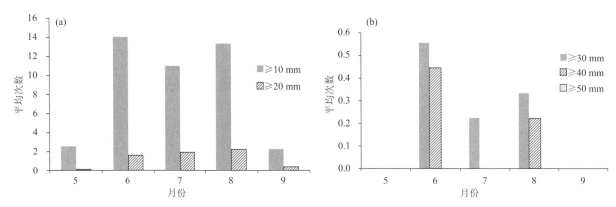

图 1-12 巴州短时强降水分级月平均次数

1.2.2.3 日变化

（1）伊犁州短时强降水日变化

图 1-13a 是伊犁州短时强降水逐时平均次数，短时强降水有明显的日变化，午后 16：00 至夜间 03：00 为发生频次最多时段，共 67.3 次，占总次数的 78.9%，而出现次数相对较少的时段为 04：00—15：00，共 18.0 次，占总次数的 21.1%，这与午后至夜间易发生强对流天气相一致。

从逐时小时雨强最大值分布（图 1-13b）来看，日变化并无明显规律，且 $R \geqslant 30$ mm·h^{-1} 发生时段分散，这与天气背景、热动力机制、地形、下垫面等有很大关系。

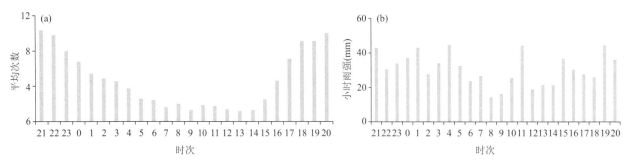

图 1-13 伊犁州短时强降水平均次数日变化(a)(单位：次数)，逐时雨强最大值(b)(单位：mm)

（2）阿勒泰地区短时强降水日变化

图1-14a是阿勒泰地区短时强降水逐时年平均次数，短时强降水有明显的日变化，中午13:00至夜间22:00为发生频次最多时段，共37次，占总次数的80%，而出现次数相对较少的时段在23:00至次日12:00，共9次，占总次数的20%，这与午后至傍晚易发生强对流天气相一致。

从逐时小时雨强最大值分布来看（图1-14b），$R<20$ mm·h^{-1}主要发生在23:00至次日12:00，$R>20$ mm·h^{-1}主要发生在午后至傍晚，这与短时强降水平均次数的日变化基本一致。

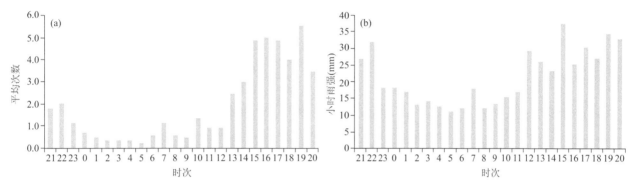

图1-14　阿勒泰短时强降水平均次数日变化(a)（单位：次数），逐时雨强最大值(b)（单位：mm）

（3）天山山区及北坡短时强降水日变化

图1-15a是天山山区及北坡短时强降水逐时年平均次数，短时强降水有明显的日变化，午后16:00至夜间03:00是发生频次最多时段，共110次，占总次数73.8%，而出现次数相对较少的时段在04:00—15:00，共39次，占总次数26.2%，这与午后至夜间易发生强对流天气相一致。

从逐时小时雨强最大值分布（图1-15b）来看，日变化并无明显规律，$R\geqslant30$ mm·h^{-1}发生时段分散。

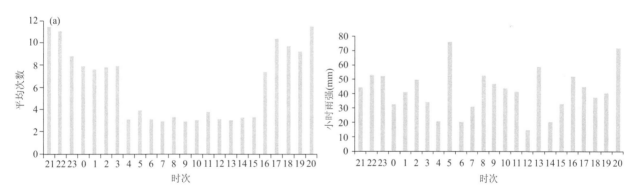

图1-15　天山山区及北坡短时强降水平均次数日变化(a)（单位：次数），逐时雨强最大值(b)（单位：mm）

（4）南疆西部短时强降水日变化

图1-16a为南疆西部短时强降水逐时平均次数，短时强降水有明显的日变化，午后16:00—20:00发生频次呈明显增加趋势，17:00至夜间03:00是发生频率最多时段，共102次，占总次数74%，而出现次数相对较少的时段在04:00—16:00，共36次，占总次数的28%，这与南疆西部傍晚至夜间易发生强对流天气的特征相一致。从逐时小时雨强最大值分布（图1-16b）来看，日变化并无明显规律，$R\geqslant30$ mm·h^{-1}发生时段分散。

（5）阿克苏地区短时强降水日变化

阿克苏地区短时强降水多发生在14:00—22:00（图1-17a），此时段短时强降水发生次数占总次数的52.8%。强降水发生频次最高时段为16:00—19:00，占总次数的32%，此时段也是全天气温最高时段，为对流及短时强降水天气的发生发展提供了较好的热力条件。09:00—12:00存在一个"次高峰"，发生频次超过4次。

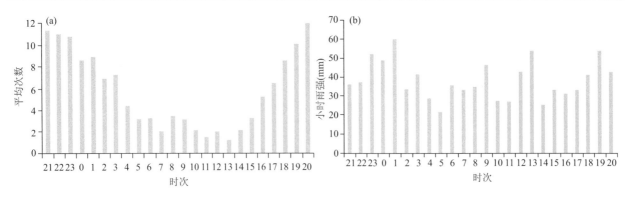

图 1-16 南疆西部短时强降水平均次数日变化(a)(单位:次数),逐时雨强最大值(b)(单位:mm)

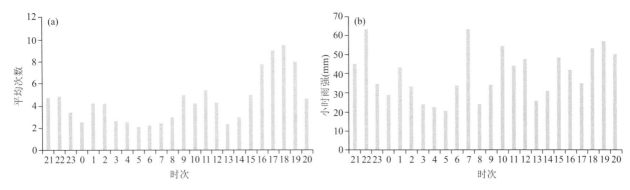

图 1-17 阿克苏地区短时强降水平均次数日变化(a)(单位:次数),逐时雨强最大值(b)(单位:mm)

最大雨强逐时分布情况规律性不明显(图 1-17b),07:00—23:00 大部分时次最大雨强都超过 30 mm,部分时次超过 40 mm。且 40 mm 雨强时间分布不规律,早上 07:00、午后 15:00、傍晚 18:00—19:00、夜间 22:00 均有发生。最强雨强出现时次除了与气温的日变化、降水日变化特征有关外,还与地形、影响系统进入的时间等多种因素相关,需要根据天气条件分析强降水发生时段。

(6)巴州短时强降水日变化

图 1-18a 是巴州短时强降水逐时发生次数,短时强降水发生存在明显日变化,午后 16:00 至夜间 02:00 是发生频次最多时段,发生次数均超过 2 次,占总次数的 66%,而出现次数相对较少的时段在 03:00—08:00,发生次数均为个位数,最少发生时次为 07:00,仅有 1 次,这个时段占总次数的 8.6%,这与午后至夜间易发生强对流天气相一致。

从逐时小时雨强最大值分布来看(图 1-18b),日变化并无明显规律,$R \geqslant 30$ mm·h^{-1} 发生时段分散。

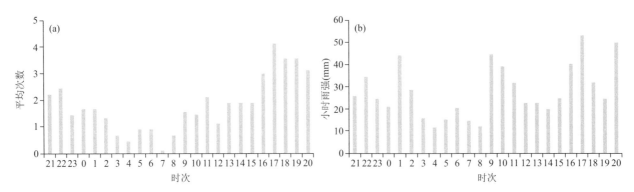

图 1-18 巴州短时强降水平均次数日变化(a)(单位:次数),逐时雨强最大值(b)(单位:mm)

1.2.2.4 持续时间

伊犁州:持续时间最长达 15 h,即 2016 年 6 月 16 日 18:00 至 17 日 08:00,有 53 站次出现短时强降水,其次持续 9 h,即 2016 年 6 月 17 日 18:00 至 18 日 02:00,有 36 站次出现短时强降水,而最短仅维持 1 h。

阿勒泰地区:持续时间最长达 5 h,发生在 2017 年 6 月 30 日 14:00—18:00,其次是 2016 年 6 月 24 日 16:00—19:00,持续 4 h,而最短仅维持 1 h。

天山山区及北坡:持续时间最长达 12 h,即 2016 年 6 月 28 日 18:00 至 29 日 05:00,有 49 站次出现短时强降水,其次持续 11 h,即 2015 年 6 月 9 日 17:00 至 10 日 03:00,有 51 站次出现短时强降水;而最短仅维持 1 h。

南疆西部:持续时间最长达 8 h,即 2016 年 8 月 29 日 05:00—12:00,有 19 站次出现短时强降水,其次持续 6 h,即 2017 年 8 月 20 日 23:00 至 21 日 04:00,有 16 站次出现短时强降水;而最短仅维持 1 h。

阿克苏地区:持续时间大多在 4 h 以内,占总次数的 77.1%(图 1-19),其中降水持续最多为 2 h,占总次数的 27.1%,其次 3 h 占 23.7%,1 h 和 4 h 降水持续时间分别占 13.4% 和 12.8%,其余时次出现频率低于 10%。最长降水持续时间达 24 h,出现时间 2013 年 5 月 27 日,为系统性层状云为主的降水天气过程,局地伴有对流活动。短时强降水连续累计降雨量多在 30 mm 以内(图略),占总次数的 81.4%,其中累计雨量 10～20 mm 占总次数的 51.4%,20～30 mm 占 30%,30～40 mm 占 11%,40～50 mm 和 50 mm 以上分别占 4.2% 和 3.4%。

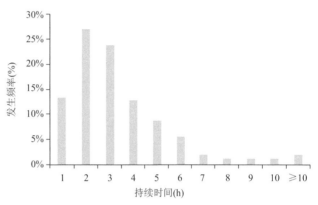

图 1-19　阿克苏地区短时强降水持续时间
(单位:小时)及出现频率(单位:%)

巴州:强降水持续时间 77% 都在 7 h 以内结束,有 23% 持续时间在 10 h 以上,其中降水时间最长为 23 h,发生在 2018 年 6 月 16 日 20:00 至 6 月 17 日 19:00 且末县阿羌乡依山干河,累计降水量 59.3 mm,且末南部山区有 14 站次出现短时强降水,巴州南、北部山区有 20 站次出现暴雨。其次持续较长为 20 h,累计降水量为 67.4 mm,发生在 2013 年 6 月 19 日 01:00 至 19 日 21:00 的焉耆县七星镇霍拉山鸽子塘,有 4 站次出现短时强降水,库车县—尉犁县—轮台一线及焉耆盆地有 36 站次出现暴雨,而最短仅维持 1 h。

1.3　小结

(1)新疆短时强降水的空间分布极不均匀,主要发生在博州西部、乌鲁木齐市、昌吉州、南疆西部、阿克苏地区西部北部等地海拔 1000～2500 m 的沿山、山地迎风坡、地形陡升区、喇叭口、戈壁湖泊绿洲交界等特殊地形附近,尤其博州温泉县、昌吉州、阿克苏地区的温宿县和乌什县等山区、浅山区发生频次高,且近年来短时强降水发生频率呈增多趋势。

(2)南北疆出现短时强降水的月和年际变化不均,主要与气候背景、环流背景及年降水多寡有关,伊犁州和天山山区及北坡短时强降水 6 月出现最多,其次是 7 月、8 月,2015 年、2016 年出现次数最多;阿勒泰地区 7 月出现最多,其次是 6 月、8 月,2013 年、2017 年出现次数最多;南疆短时强降水主要出现在 6—8 月,占总次数的 87%,南疆西部和阿克苏地区 2016 年、2017 年出现次数最多,巴州 2017 年、2018 年出现次数最多。南北疆 $R \geq 10$ mm·h^{-1} 出现最多,$R \geq 20$ mm·h^{-1} 呈骤减趋势,仅占总次数的 13%～15%,伊犁州 $R \geq 50$ mm·h^{-1}、阿勒泰地区 $R \geq 40$ mm·h^{-1}、天山山区及北坡 $R \geq 80$ mm·h^{-1}、南疆西部 $R \geq 70$ mm·h^{-1}、阿克苏地区和巴州 $R \geq 60$ mm·h^{-1} 以上的短时强降水未出现过。

(3)南北疆短时强降水日变化明显,且高发时段也有所不同:伊犁州和天山山区及北坡午后 16:00 至夜间 03:00 发生频次最多,分别占总次数的 78.9%、73.8%,阿勒泰地区中午 13:00 至夜间 22:00 发生次数最多,占总次数的 80%;南疆西部 17:00 至夜间 03:00 发生频率最多,占总次数的 74%,阿克苏地区中午 14:00 至夜间 22:00 发生频率最多,占总次数的 52.8%,巴州午后 16:00 至夜间 02:00 发生频次最多,占总次数的 66%。短时强降水的持续时间最长为 15 h,最短则为 1 h,且北疆短时强降水的持续时间大于南疆。

(4)伊犁州、天山山区及北坡短时强降水 6 月频次最多,其次是 7 月和 8 月。阿勒泰地区则 7 月频次最多,其次是 6 月。最大小时雨强伊犁州出现在昭苏县森木塔斯村站和伊宁县博尔博松站,均为 44.3 mm·h^{-1};天山山区及北坡出现在阜康市昌吉庙尔沟站 76 mm·h^{-1}(2016 年 6 月 10 日 05:00);阿勒泰地区出现在哈巴河县合孜勒哈克村站为 37.5 mm·h^{-1}。

(5)南疆西部短时强降水 7 月频次最多,其次是 8 月和 6 月,阿克苏地区则 8 月频次最多,其次是 6 月和 7 月;巴州 6 月频次最多,其次是 7 月和 8 月。南疆西部最大小时雨强出现在克州哈拉峻乡站 60 mm·h^{-1};阿克苏地区最大小时雨强为 63.5 mm·h^{-1},出现在 2018 年 6 月 14 日 17:00 库车县玉其吾斯塘乡站;巴州最大小时雨强出现在和静县测站 53.2 mm·h^{-1}(2012 年 6 月 4 日 17:00)。

第2章 新疆短时强降水影响系统及环流配置

2.1 短时强降水过程定义

本书将一次短时强降水过程定义为:

(1)1 h 内有 2 个或以上相邻的测站雨强均大于或等于 10 mm·h^{-1};

(2)同一测站连续 2 h 降水量大于或等于 10 mm·h^{-1};

满足上述任一条,即为一次短时强降水过程。采用新疆气象信息中心经过筛选、整理、检测的小时降水数据,并剔除资料不完整或错误资料,实现严格的数据质量控制。

2.2 新疆主要地区短时强降水过程特征

根据新疆短时强降水过程定义,统计了 2010—2018 年北疆 6—8 月(伊犁州、阿勒泰地区、天山山区及北坡)和南疆 5—9 月(南疆西部(喀什地区、克州、和田地区)、阿克苏地区、巴州)短时强降水过程,按照短时强降水过程维持时间、影响范围及强度等,将其分为局地分散性和系统性两类:局地分散性指短时强降水维持时间短(1~3 h)、局地性强(1~4 个站)、影响范围分散(1~2 个不相邻地区);系统性指短时强降水维持时间长(3~12 h)、系统性强(5 个站以上)、影响范围大(2 个以上相邻地区)。

2010—2018 年南、北疆共出现 468 次短时强降水过程(表 2-1)。其中,北疆 186 次(系统性过程 51 次、局地分散性过程 135 次),南疆 282 次(系统性过程 114 次,局地分散性过程 168 次)。南疆短时强降水过程比北疆明显偏多,且阿克苏地区系统性过程较局地性过程偏多,巴州两者相当,而其他 4 个区域系统性过程较少,尤其伊犁州、阿勒泰地区、南疆西部明显少,说明不同区域短时强降水过程有差异。

表 2-1　2010—2018 年新疆主要地区短时强降水过程统计表(单位:次)

分类\区域	伊犁州	阿勒泰地区	天山山区及北坡	南疆西部	阿克苏地区	巴州	合计
系统性	13	8	30	46	47	21	165
局地分散性	39	40	56	113	35	20	303
合计	52	48	86	159	82	41	468

2.2.1 伊犁哈萨克自治州短时强降水过程特征

2010—2018 年伊犁州出现 52 次短时强降水过程(表 2-2)。其中,系统性过程 13 次,占总次数的 25%,局地分散性过程 39 次,占总次数的 75%,表明短时强降水过程主要以局地分散性为主,且年际变化大,2015 年出现最多,达 16 次,其次是 2016 年 15 次,2013 年、2018 年出现最少,均为 5 次。

表 2-2　2010—2018 年伊犁州短时强降水过程(单位:次)

分类\年份	2010	2011	2012	2013	2014	2015	2016	2017	2018	合计
系统性	0	0	0	1	0	5	6	1	0	13
局地分散性	1	0	0	6	1	4	15	7	5	39
合计	1	0	0	5	2	9	21	8	5	52

2.2.2 阿勒泰地区短时强降水过程特征

2010—2018 年阿勒泰地区出现 48 次短时强降水过程(表 2-3)。其中,系统性过程 8 次,占总次数的 16.7%,局地分散性过程 40 次,占总次数的 83.3%。短时强降水过程主要以局地分散性为主,且短时强降水过程年际变化大,2013 年出现最多为 10 次,其次 2012 年 9 次,2010 年、2015 年出现最少,均为 2 次。

表 2-3　2010—2018 年阿勒泰地区短时强降水过程(单位:次)

分类\年份	2010	2011	2012	2013	2014	2015	2016	2017	2018	合计
系统性	0	0	1	2	0	1	1	3	0	8
局地分散性	2	3	8	8	4	1	6	2	6	40
合计	2	3	9	10	4	2	7	5	6	48

2.2.3 天山山区及北坡短时强降水过程特征

2010—2018 年天山山区及北坡出现 86 次短时强降水过程(表 2-4)。其中,系统性过程 30 次,占总次数的 34.9%,局地分散性过程 56 次,占总次数的 65.1%。短时强降水过程主要以局地分散性为主。年际变化大,2015 年出现最多为 15 次,其次是 2016 年 13 次,2010 年、2012 年出现最少,均为 5 次。

表 2-4　2010—2018 年天山山区及北坡短时强降水过程(单位:次)

分类\年份	2010	2011	2012	2013	2014	2015	2016	2017	2018	合计
系统性	2	5	2	4	0	6	5	4	2	30
局地分散性	3	7	3	7	8	9	8	6	5	56
合计	5	12	5	11	8	15	13	10	7	86

2.2.4 南疆西部短时强降水过程特征

2010—2018 年南疆西部出现 159 次短时强降水过程(表 2-5)。其中,系统性过程 46 次,占总次数的 29%,局地分散性过程 113 次,占总次数的 71%,2016 年、2017 年出现最多,均为 39 次,其次 2018 年为 27 次,2011 年出现最少,为 0 次。

表 2-5　2010—2018 年南疆西部短时强降水过程(单位:次)

分类\年份	2010	2011	2012	2013	2014	2015	2016	2017	2018	合计
系统性	0	0	0	5	3	1	12	16	9	46
局地分散性	3	0	2	11	22	7	27	23	18	113
合计	3	0	2	16	25	8	39	39	27	159

2.2.5 阿克苏地区短时强降水过程特征

2012—2018 年阿克苏地区出现 82 次短时强降水过程(表 2-6)。其中,系统性过程 47 次,占总次数的 57.3%;局地分散性过程 35 次,占总次数的 42.7%。阿克苏地区的短时强降水过程大多数都有系统性天气的配合,局地性强降水发生频次低于系统性强降水。特别是 2016—2018 年系统性强降水天气发生频次明显增多,达 10 次以上,这与近 3 a 7—8 月降雨天气过程不断、降水量明显增多的气候背景有关。局地性降水天气频次变化不大,2014—2015 年局地性强降水多于系统性强降水天气,其余年份均是系统性强降水较多。

表 2-6　2012—2018 年阿克苏地区短时强降水过程(单位:次)

分类\年份	2012	2013	2014	2015	2016	2017	2018	合计
系统性	0	8	5	3	11	10	10	47
局地分散性	4	2	8	7	4	4	6	35
合计	4	10	13	10	15	14	16	82

2.2.6　巴音郭楞蒙古自治州短时强降水过程特征

2010—2018 年巴州出现 41 次短时强降水过程(表 2-7)。其中,系统性过程 21 次,占总次数的 51%;局地分散性过程 20 次,占总次数的 49%。巴州短时强降水日发生情况统计分布则能更明显反映出局地分散的特征。巴州地广人稀,41 次短时强降水过程集中于 68 d,其中局地分散性 48 d,占总日数的 71%;系统性过程 20 d,占总日数的 29%,表明巴州地区短时强降水日主要以局地分散性为主。短时强降水过程频次年际变化大(表 2-7),2015 年出现最多达 10 次,其次是 2018 和 2016 年 7 次,2010 年出现最少,为 1 次。

表 2-7　2010—2018 年巴州地区短时强降水天气过程(单位:次)

分类\年份	2010	2011	2012	2013	2014	2015	2016	2017	2018	合计
局地分散性	1	2	3	3	0	6	3	0	3	21
系统性	0	0	0	3	2	4	4	3	4	20
合计	1	2	3	6	2	10	7	3	7	41

2.3　短时强降水过程 500 hPa 影响系统

分析 2010—2018 年南北疆主要地区短时强降水过程的 500 hPa 影响系统,主要有中亚低槽、中亚低涡、西西伯利亚低槽(涡)、西北气流 4 类(北疆见图 2-1,南疆见图 2-2)。由表 2-8 可见,中亚低槽(涡)是新疆短时强降水的主要影响系统,共有 312 次,占总过程的 66.7%;其次是西西伯利亚低槽(涡)87 次,占总过程的 18.6%;而西北气流 69 次,占总过程的 14.7%。由于新疆地域辽阔,各地区短时强降水的影响系统因地理位置、地形及纬度不同,影响系统表现形式也有所不同,因此,在此基础上又可细分为低槽(涡)背景下分裂短波、低槽(涡)前(后)及主槽东移影响等。

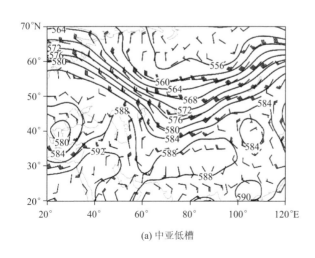

(a) 中亚低槽

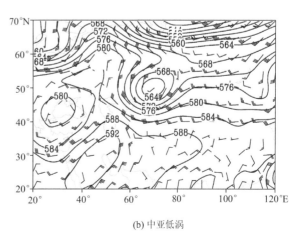

(b) 中亚低涡

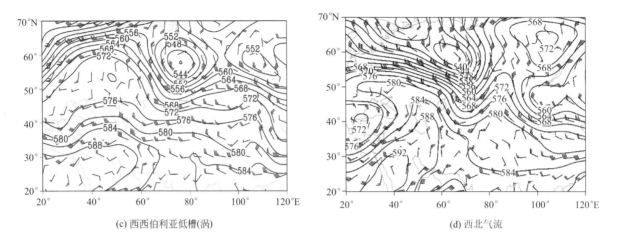

(c) 西西伯利亚低槽(涡)　　　　　　　　　(d) 西北气流

图 2-1　北疆短时强降水 500 hPa 影响系统

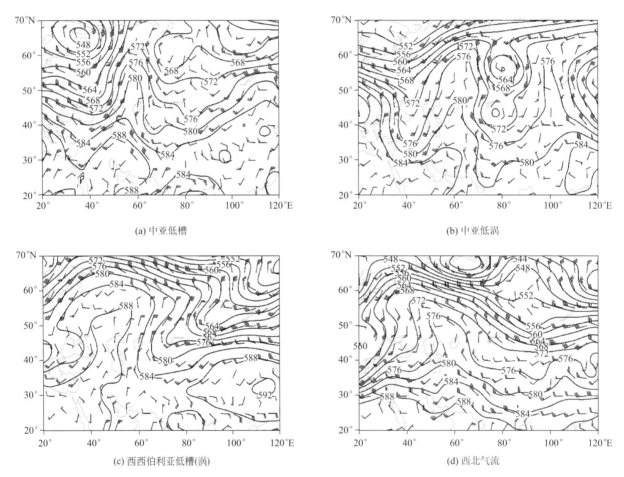

(a) 中亚低槽　　　　　　　　　　　　　　(b) 中亚低涡

(c) 西西伯利亚低槽(涡)　　　　　　　　　(d) 西北气流

图 2-2　南疆短时强降水 500 hPa 影响系统

表 2-8　2010—2018 年新疆主要地区短时强降水过程影响系统(单位:次)

分类\地区	伊犁州	阿勒泰地区	天山山区及北坡	南疆西部	阿克苏地区	巴州	合计
中亚低槽	23	16	31	92	41	21	224
中亚低涡	12	14	10	35	13	4	88
西西伯利亚低槽(涡)	17	15	32	6	7	10	87

分类\地区	伊犁州	阿勒泰地区	天山山区及北坡	南疆西部	阿克苏地区	巴州	合计
西北气流	0	3	13	26	21	6	69
合计	52	48	86	159	82	41	468

(1)伊犁州短时强降水影响系统

伊犁州短时强降水影响系统(表 2-9)中亚低槽出现最多,共 23 次,占 44.2%;其次为西西伯利亚低槽(涡)17 次,占 32.7%;中亚低涡 12 次,占 23.1%。表明中亚低槽(涡)、西西伯利亚低槽(涡)是影响伊犁州短时强降水天气的主要系统。

影响系统月分布表明(表 2-9),6 月和 8 月中亚低槽为主要影响系统,而 7 月中亚低涡和西西伯利亚低槽(涡)为主要影响系统。

表 2-9　2010—2018 年伊犁州短时强降水影响系统(单位:次)

影响系统	6 月	7 月	8 月	合计
中亚低槽	14	3	6	23
中亚低涡	4	6	2	12
西西伯利亚低槽(涡)	6	7	4	17
合计	24	16	12	52

(2)阿勒泰地区短时强降水影响系统

阿勒泰地区短时强降水影响系统(表 2-10)中亚低槽出现最多,共 16 次,占 33.3%;其次为西西伯利亚低槽(涡)15 次,占 31.3%;中亚低涡 14 次,占 29.2%;西北气流 3 次,占 6.3%。表明中亚低槽(涡)、西西伯利亚低槽(涡)是影响阿勒泰地区短时强降水天气的主要系统。

影响系统月分布表明(表 2-10),6 月以中亚低槽(涡)影响为主,7 月以西西伯利亚低槽(涡)影响为多。

表 2-10　2010—2018 年阿勒泰地区短时强降水影响系统(单位:次)

系统分类	6 月	7 月	8 月	合计
中亚低槽	7	6	3	16
中亚低涡	8	6	0	14
西西伯利亚低槽(涡)	1	12	2	15
西北气流	1	2	0	3
合计	17	26	5	48

(3)天山山区及北坡短时强降水影响系统

天山山区及北坡 86 次短时强降水过程影响系统(表 2-11),西西伯利亚低槽(涡)出现最多,共 32 次,占 37.2%,其次为中亚低槽共 31 次,占 36%,西北气流 13 次,占 15.1%,中亚低涡最少,为 10 次,约为 11.6%。表明西西伯利亚低槽(涡)、中亚低槽是影响天山山区及北坡短时强降水天气的主要系统。

影响系统月分布表明(表 2-11),6 月、7 月和 8 月均以中亚低槽和西西伯利亚低槽(涡)影响为主。

表 2-11　2010—2018 年天山山区及北坡短时强降水影响系统(单位:次)

系统分类	6 月	7 月	8 月	合计
中亚低槽	15	10	6	31
中亚低涡	3	6	1	10
西西伯利亚低槽(涡)	10	12	10	32
西北气流	8	2	3	13
合计	36	30	20	86

上述北疆主要区域短时强降水过程分析表明,影响系统主要为中亚低槽(涡)、西西伯利亚低槽(涡),以低槽(涡)背景下分裂短波影响为主,西北气流影响最少。对于系统性短时强降水过程,500 hPa影响系统为中亚及西西伯利亚地区低槽(涡)分裂短波明显,在北疆大范围降水过程中伴有短时强降水,均有高、中、低纬度系统有利配合。而局地分散性短时强降水,一种是低槽(涡)分裂短波影响,另一种是系统性降水过程后,上干冷、下暖湿,形成不稳定层结,在低槽(涡)过境时导致局地强对流产生短时强降水。

(4)南疆西部短时强降水影响系统

南疆西部短时强降水影响系统(表2-12)中亚低槽最多,共92次,占57.9%,其次为中亚低涡35次,占22.0%,西北气流26次,占16.4%,西西伯利亚低槽最少,仅为6次,占3.8%。表明中亚低槽(涡)是影响南疆西部短时强降水天气的主要系统。

影响系统月分布表明(表2-12),5月、6月、9月以中亚低槽(涡)影响为多,7月、8月以中亚低槽和西北气流影响为多。

表 2-12　2010—2018 年南疆西部短时强降水影响系统(单位:次)

系统分类	5月	6月	7月	8月	9月	合计
中亚低槽	12	16	27	26	11	92
中亚低涡	6	14	4	5	6	35
西西伯利亚低槽	0	0	1	3	2	6
西北气流	2	2	11	8	3	26
合计	20	32	43	42	22	159

(5)阿克苏地区短时强降水影响系统

阿克苏地区影响系统频次(表2-13)中亚低槽最多,共41次,占总次数的50%;其次为西北气流和中亚低涡,分别出现21次、13次,各占25.9%、16.0%。西西伯利亚槽(涡)最少,仅7次,占8.6%。

阿克苏地区影响系统月分布(表2-13),5—9月短时强降水影响系统均以中亚低槽(涡)和西北气流影响为多,只是6—9月影响系统出现次数更多,这与期间短时强降水频次多一致。

表 2-13　2010—2018 年阿克苏地区短时强降水影响系统(单位:次)

系统分类	5月	6月	7月	8月	9月	合计
中亚低槽	3	11	12	10	5	41
中亚低涡	1	4	2	6	0	13
西西伯利亚低槽(涡)	2	2	2	1	0	7
西北气流	2	5	7	6	1	21
合计	8	22	23	23	6	82

(6)巴州短时强降水影响系统

巴州短时强降水天气发生条件非常复杂,平原地区强降水多发生在几股气流汇合的环流背景下,尤其在南疆盆地近地层大范围增湿,有合适触发条件,几股很弱的气流会很快汇聚触发强降水天气。中亚低槽出现最多(表2-14),共21次,占51%,其次为西西伯利亚低槽(涡),10次,占24%,中亚低涡4次,占10%,西北气流6次,占15%。表明中亚低槽、西西伯利亚低槽(涡)是影响巴州短时强降水天气的主要天气尺度系统,中亚低槽(涡)主要与青藏高原或南疆盆地偏南短波结合,西西伯利亚低槽主要是槽底波动与南支短波结合,锋区一般位于40°—45°N。在此基础上又可细分为低槽(涡)东移型、南北低槽汇合型、锋区南压型以及高压脊前短波槽或西北气流型。

巴州影响系统月分布表明(表2-14),各月以中亚低槽系统影响为多。

表 2-14　2010—2018 年巴州短时强降水天气过程影响系统 (单位 : 次)

系统分类	5 月	6 月	7 月	8 月	9 月	合计
中亚低槽	2	8	4	5	2	21
中亚低涡	0	3	1	0	0	4
西西伯利亚低槽 (涡)	1	3	2	3	1	10
西北气流	1	3	1	0	1	6
合计	4	17	8	8	4	41

　　上述南疆主要地区短时强降水过程统计表明,中亚低槽(涡)是主要影响系统,其次是西北气流,而西西伯利亚低槽(涡)最少,这与南疆纬度偏南有关。对于系统性的短时强降水过程,500 hPa 环流形势特征为:低槽(涡)位置偏南,在 40°N 及以南,影响系统均有中、低纬度系统的有利配合,在南疆大范围降水过程中伴有短时强降水。而局地分散性短时强降水,一种是低槽(涡)分裂短波影响,另一种是系统性降水过后,上干冷、下暖湿,形成不稳定层结,在风切变、风辐合、地形强迫、热力抬升等有利触发条件下,导致局地强对流产生短时强降水。

2.4　短时强降水环流系统配置及环境场特征

　　按照影响系统的主要分类及定义,结合南北疆造成短时强降水的差异,分析总结北疆 186 次、南疆 282 次短时强降水过程的环流配置特征,分别归类概括南、北疆 4 类主要影响系统环流配置共有特征见表 2-15、表 2-16。

表 2-15　北疆 4 类主要影响系统的环流配置特征

西西伯利亚低槽 (涡)	中亚低槽	中亚低涡	西北气流
200 hPa 偏西 (西南) 急流;	200 hPa 偏西 (西南) 急流;	200 hPa 偏西 (西南) 急流;	200 hPa 偏西 (西北) 急流;
500 hPa 锋区强、偏西 (西南) 气流上短波;	500 hPa 锋区强、偏西 (西南) 气流上短波;	500 hPa 西南 (偏南) 气流;	500 hPa 西北气流;
700 hPa 急流出口区前部 (伊犁州偏西急流、阿勒泰地区西南 (偏南) 急流、天山山区及北坡西北急流)、风速辐合区、切变线、饱和湿区、冷暖交汇;	700 hPa 均有饱和湿区,急流出口区前部 (伊犁州偏西急流、阿勒泰地区西南 (偏南) 气流、天山山区及北坡西北气流),冷切变线;	700 hPa 均有饱和湿区、风速辐合;急流出口区前部 (伊犁州偏西急流;阿勒泰地区为西南气流;天山山区及北坡为西北急流);	700 hPa 西北气流、切变线;
850 hPa 均有风速辐合区、饱和湿区、冷暖交汇;伊犁州为偏西气流、东西风切变线;阿勒泰地区西南急流出口前、暖切变线;天山山区及北坡西北急流出口前;	850 hPa 均有暖脊、切变线、饱和湿区;阿勒泰地区为西南气流前辐合区;	850 hPa 均有饱和湿区、风速辐合、显著气流前 (伊犁州偏西气流;阿勒泰地区西南气流;天山山区及北坡为西北急流);	850 hPa 西北气流、切变线、暖区;
850~500 hPa 层结不稳定区;	850~500 hPa 层结不稳定区;	850~500 hPa 层结不稳定区;	850~500 hPa 层结不稳定区;
地面图伊犁州、天山山区及北坡有正变压区、辐合线,阿勒泰地区为负变压区、暖切变线。	地面图伊犁州、天山山区及北坡为正变压区;阿勒泰地区为暖的负变压区。	地面图北疆为冷高压前正变压区;阿勒泰地区有辐合、切变、暖区。	地面正变压区、切变。

表 2-16　南疆 4 类主要影响系统的环流配置特征

西西伯利亚低槽 (涡)	中亚低槽	中亚低涡	西北气流
200 hPa 偏西急流出口区左侧;	200 hPa 偏西 (西南) 急流入口区右侧;	200 hPa 西南急流入口区右侧;	200 hPa 西北 (偏西) 急流出口区左侧;

续表

西西伯利亚低槽(涡)	中亚低槽	中亚低涡	西北气流
500 hPa 偏西(西南气流)、分裂短波,锋区强有温度槽配合,有饱和湿区;	500 hPa 西南气流(急流),有温度槽配合,饱和湿区;	500 hPa 锋区强、西南(偏南)气流,有温度槽配合,饱和湿区;	500 hPa 低槽后西北气流,干冷空气;
700 hPa 辐合、切变线、饱和湿区,南疆盆地偏东气流;	700 hPa 西北(偏西)与偏东(东南)风切变线,饱和湿区,南疆盆地有偏东气流;	700 hPa 有东西风切变、饱和湿区,南疆盆地有偏东气流;	700 hPa 辐合、切变线、饱和湿区,南疆盆地有偏东(东南)气流,其西部转为干冷空气、东部有明显湿区;
850 hPa 偏东气流,切变线、暖脊发展;	850 hPa 有暖脊发展,风的辐合、切变明显,湿区不明显,南疆盆地有偏东气流;	850 hPa 有东西风切变线,南疆盆地有偏东气流,有一定湿区,冷暖交汇明显;	850 hPa 有东西风切变线,南疆盆地有偏东气流,湿度较小;
850～500 hPa 层结不稳定区;	850～500 hPa 层结不稳定区;	850～500 hPa 层结不稳定区;	850～500 hPa 层结不稳定区;
地面正变压区、切变线。	地面正变压区、辐合线、盆地为暖低压区。	地面正变压区、辐合、有冷池。	地面正变压区、辐合、切变。

(1)中亚低槽

200 hPa 为西南急流,北疆短时强降水在急流入口区的右侧、出口区左侧均有发生,而南疆一般发生在急流入口区的右侧。

500 hPa 低槽在 60°—90°E、35°—55°N 范围内,配合有温度槽,欧亚范围呈两脊一槽,伊朗副热带高压向北发展与里海高压脊叠加,经向度较大,贝加尔湖高压脊经向度发展相对较小,中亚低槽不断向南加深,并不断分裂短波影响新疆(图 2-3)。

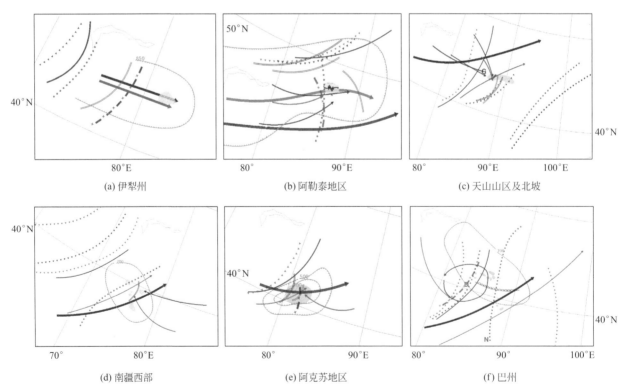

(a)伊犁州   (b)阿勒泰地区   (c)天山山区及北坡

(d)南疆西部   (e)阿克苏地区   (f)巴州

图 2-3　中亚低槽环流配置及环境场及其未来 6 h 或 12 h 降水落区(图例见图 2-6c)

700 hPa 均有饱和湿区、风速辐合区,出现显著气流(伊犁州偏西急流,阿勒泰地区为西南和偏南气流、上游有冷切变线,天山山区及北坡西北气流、冷切变线);而南疆为西北(偏西)与偏东(东南)风切变线,南疆盆地有偏东气流。

850 hPa 新疆均有暖脊、切变线、饱和湿区；阿勒泰地区为显著西南气流前辐合区；而南疆有风的辐合、切变明显，湿区不明显，南疆盆地有偏东气流。850～500 hPa 南北疆均为层结不稳定区。

地面图上，伊犁州、天山山区及北坡、南疆为正变压区，阿勒泰地区、南疆盆地为暖低压区；南疆有辐合线。

（2）中亚低涡

200 hPa 为偏西（西南）急流，北疆短时强降水在急流入口区的右侧、出口区左侧均有发生，而南疆一般发生在急流入口区的右侧。

500 hPa 低涡在 60°—90°E、35°—55°N 的范围内，有 2 条闭合等值线，有明显的气旋性风场，配合有温度槽，新疆位于中亚低涡前西南或偏南气流（急流）上，冷温槽落后于高度槽，低涡前西南或偏南气流（急流）上为暖湿平流（图 2-4）。

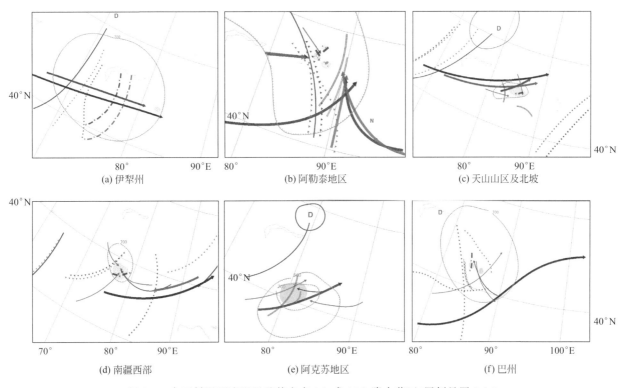

(a) 伊犁州　　(b) 阿勒泰地区　　(c) 天山山区及北坡

(d) 南疆西部　　(e) 阿克苏地区　　(f) 巴州

图 2-4　中亚低涡环流配置及其未来 6 h 或 12 h 降水落区（图例见图 2-6c）

700 hPa 均有饱和湿区、风速辐合区，急流出口区（伊犁州为偏西急流，阿勒泰地区为西南气流，天山山区及北坡为西北急流）。南疆有东西风切变，南疆盆地有偏东气流。

700～850 hPa 北疆低空急流遇山地地形强迫抬升形成中尺度辐合线，而南疆盆地偏东气流（急流）除了热力输送作用外，还起到动力抬升及触发作用，促使中尺度切变或辐合加强，从而产生短时强降水。

850 hPa 北疆均有饱和湿区、风速辐合，出现显著气流（伊犁州为偏西气流，阿勒泰地区为西南气流，天山山区及北坡为西北急流）。南疆有一定湿区、东西风切变线，冷暖交汇明显，南疆盆地有偏东气流；850～500 hPa 南北疆均为层结不稳定区。

地面天气图上，南北疆均为冷高压前正变压区；阿勒泰地区有风的辐合、切变、暖区；南疆有风的辐合、冷池。

（3）西西伯利亚低槽（涡）

200 hPa 为偏西（西南）急流，北疆短时强降水一般发生在急流出口区的左侧，而南疆在急流入口区的右侧、出口区左侧均有发生。

500 hPa 欧亚范围呈两脊一槽（涡），中高纬环流经向度较大，西西伯利亚低槽（涡）在 60°—100°E、40°—70°N 范围内，配合有明显的温度槽，里海高压脊与贝加尔湖高压脊发展强盛，西西伯利亚大槽稳定维持，新疆位于低涡底部偏西（西南）气流上，锋区较强，不断分裂波动影响新疆。由于午后升温明显，中层冷空气侵入使得新疆局地环境场更加不稳定（图 2-5）。

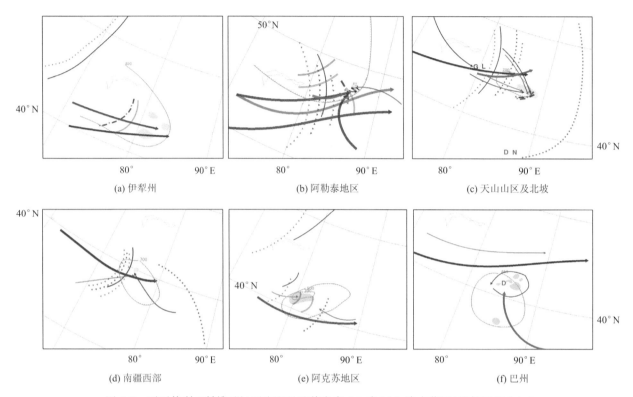

图 2-5　西西伯利亚低槽（涡）环流配置及其未来 6 h 或 12 h 降水落区（图例见图 2-6c）

700 hPa 强降水位于急流出口区前部（伊犁州偏西急流、阿勒泰地区西南（偏南）急流、天山山区及北坡西北急流，而南疆是在南疆盆地为偏东气流）、风速辐合区、切变线、饱和湿区、冷暖交汇明显。

850 hPa 北疆均有风速辐合区、饱和湿区、冷暖交汇；伊犁州为偏西气流、东西风切变线；阿勒泰地区西南急流出口区前部、暖切变线；天山山区及北坡西北急流出口区。南疆有切变线和暖脊发展，在南疆盆地为偏东气流。850~500 hPa 南北疆均为层结不稳定区。

地面图上，伊犁州、天山山区及北坡和南疆均表现为有正变压区、辐合或切变线，而阿勒泰地区为负变压区、暖切变线。

（4）西北气流

200 hPa 为偏西（西北）急流，南北疆短时强降水均发生在急流出口区的左侧。

500 hPa 欧亚范围为两槽一脊经向环流，新疆至中西伯利亚为经向度较大的长波脊，乌拉尔山附近和蒙古则为宽广低槽活动区，北疆处于高压脊前西北气流控制，低层有偏西风扰动，两者汇合，因前期降水，午后地面加热增湿明显，造成局地短时强降水。而南疆短时强降水一般出现在 500 hPa 低槽（涡）后西北气流中，受槽后西北气流冷平流强迫产生强对流天气（图 2-6）。

700 hPa 北疆有西北气流、切变线；南疆有风的辐合、切变线、饱和湿区，南疆盆地有偏东（东南）气流，其西部转为干冷空气、东部有明显湿区。

850 hPa 北疆为西北气流、切变线、暖区；南疆有东西风切变线、湿度较小，南疆盆地有偏东气流。850~500 hPa 南北疆均为层结不稳定区。

地面图上，南北疆均为正变压区，有风的辐合、切变。此类短时强降水突发性强、预报难度大。

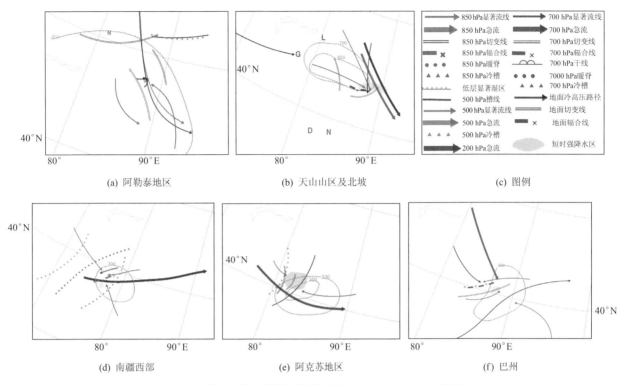

(a) 阿勒泰地区　　　(b) 天山山区及北坡　　　(c) 图例

(d) 南疆西部　　　(e) 阿克苏地区　　　(f) 巴州

图 2-6　西北气流去环流配置及其未来 6 h 或 12 h 降水落区

上述分析表明,新疆短时强降水发生前环流配置有共性更有差异,共同点:新疆强降水落区主要位于 200 hPa 急流入口区右侧或出口区左侧,500 hPa 槽前西南(偏南)急流(气流),低空急流(气流)出口区前、低空切变线及地面辐合或切变线附近重叠区域的上干冷下暖湿的不稳定区域。而差异主要原因是南北疆地理、地形及纬度的不同,使得低空急流的风向、风的辐合及切变的热力性质有明显差异,因而造成短时强降水的热力动力机制也有所不同。短时强降水的强度和落区不仅与不同类型影响系统有关,也与各类影响系统的强度、位置及地形、发生时段有密切关系。

2.5　小结

(1)新疆 2010—2018 年 6 个主要区域共出现 468 次短时强降水过程(北疆 186 次,南疆 282 次),其中局地分散性过程 303 次,占总次数的 64.7%,系统性过程 165 次,占总次数的 35.3%。短时强降水过程主要以局地分散性为主,且南北疆短时强降水过程年度差别较大,伊犁州、天山山区及北坡、巴州 2015—2016 年发生次数较多,阿勒泰地区 2012—2013 年发生次数较多;南疆西部、阿克苏地区 2016—2018 年发生次数较多。

(2)新疆短时强降水过程的影响系统主要为中亚低槽、中亚低涡、西西伯利亚低槽(涡)、西北气流 4 类,其中,中亚低槽出现最多,其次为中亚低涡,第三为西西伯利亚低槽(涡)和西北气流,中亚低槽(涡)是影响新疆短时强降水天气的主要系统。南、北疆短时强降水过程月分布差异大,北疆 6 月、7 月发生频次最多,8 月最少;南疆西部、阿克苏地区 7 月、8 月最多,其次是 6 月、5 月,9 月最少,巴州 6 月最多,其次是 7 月、8 月,5 月、9 月最少。

(3)新疆短时强降水发生环流配置共同点:新疆强降水落区主要位于 200 hPa 急流入口区右侧或出口区左侧,500 hPa 槽前西南(偏南)急流(气流),低空急流(气流)出口区前、风速辐合区、低空切变线及地面辐合或切变线附近重叠区域的上干冷下暖湿的不稳定区域。而差异主要原因是南北疆地理、地形及纬度的不同,使得低空急流的风向、风的辐合及切变的热力性质有明显差异,因而造成短时强降水的热力、动力及水汽辐合机制也有所不同。短时强降水的强度和落区不仅与不同类型影响系统有关,也与各类影响系统的强度、位置及地形、发生时段有密切关系。

第3章 新疆短时强降水天气环境参数特征及对流潜势

3.1 研究资料和方法

本书采用新疆伊宁、阿勒泰、乌鲁木齐、克拉玛依、库尔勒、若羌、喀什、和田、阿克苏、库车和民丰 11 部 GFE(L)型高空气象探测站 2010—2018 年暖季(北疆为 6—8 月,南疆为 5—9 月)每日 08:00、20:00(北京时间,下同)的 433 个有效时次探空观测资料,选取时次为强对流天气发生之前最近时次,所选探空站为最接近对流天气发生地的探空站。北疆探空代表站分别为伊宁、阿勒泰、乌鲁木齐、克拉玛依;南疆探空代表站分别为库尔勒、若羌、喀什、和田、阿克苏、库车和民丰。

根据新疆各代表站探空资料 T-$\log P$ 图温湿廓线形态特征进行分析:

1)新疆短时强降水天气个例的探空曲线特征;2)新疆短时强降水各型温湿廓线形态对应的关键环境参数特征和预报阈值,以及南、北疆各型环境参数特征和预报阈值;3)新疆短时强降水及南、北疆各型温湿廓线形态对应的关键环境参数异同,为新疆短时强降水天气潜势预报提供科学基础。

基于强对流天气预报中的静力不稳定、水汽、不稳定(K 指数、A 指数等)和能量(湿对流位能 CAPE 等)等大气对流参数,配合深层垂直风切变等要素进行分析。其中用 850 hPa 和 500 hPa 间温差来表示静力不稳定,温差越大(暖季 850 hPa 和 500 hPa 间的假绝热线温差),则表示存在条件不稳定的可能性越大。水汽条件用地面至 700 hPa 露点平均值(Td_{sur7})表示。K 指数、SI 指数、抬升指数(LI)、A 指数、对流有效位能(CAPE)和对流抑制(CIN)来表示强对流天气发生的潜势(可能性),由于大多数对流发生在午后,对流有效位能 CAPE 和对流抑制 CIN 为探空资料订正后的参数,即采用短时强降水发生日 08:00 探空和午后最高气温和对应的露点温度对时间分辨率超过 4 h 的探空资料 CAPE 和 CIN 进行订正。深层垂直风切变则采用 0~6 km 的风矢量差来表征。通过箱线图给出各种关键参数的分布范围,考虑若用箱线图中某参数的最低值作为预报阈值,则可能出现较大的虚警率,故采用某关键参数分布的 25% 百分位作为预报最低阈值的初猜值,本文约定各代表站满足 5 个或以上个例进行最低阈值分析。

3.2 大气环境参数特征

3.2.1 温湿廓线形态特征

根据 433 份探空数据进行统计分类,得到新疆短时强降水四种 T-$\log P$ 图(图 3-1)温湿廓线形态,其中阿勒泰分为两种(Ⅰ型和Ⅱ型)。各类探空曲线特征如下。

3.2.1.1 短时强降水温湿廓线形态Ⅰ型(整层湿)

此型全疆共有 87 个个例,占总数的 20%。多发生于中亚低槽和中亚低涡,短时强降水主要出现在平原、浅山山麓和山区地带。

北疆伊犁州 6 月中、下旬和 8 月下旬频发短时强降水,傍晚到夜间及清晨较易发生;阿勒泰地区 6 月下旬和 8 月上旬多发,午后较易发生;天山北坡一带多发生于 6 月下旬和 7 月,傍晚和清晨为易发时段。南疆西部多出现于 5 月下旬、6 月下旬和 7 月下旬,傍晚到夜间较易发生;阿克苏地区主要出现于 6 月中下旬和 8 月中旬,傍晚到夜间较易发生;巴州 6 月中、下旬和 7 月上旬多发,降水主要集中于清晨至白天,同时伴有大范围的系统性降水。

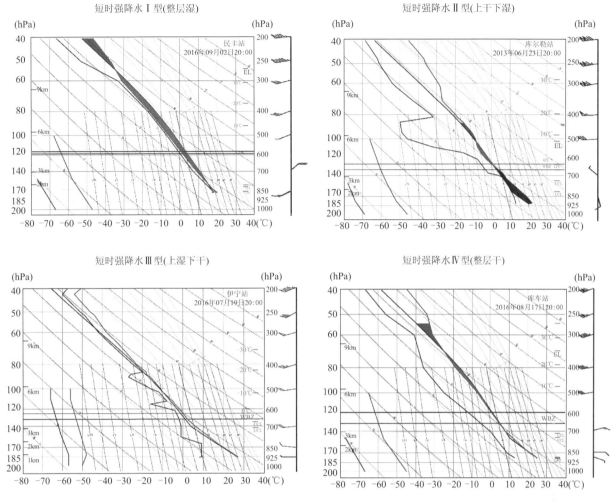

图 3-1　新疆短时强降水探空温湿廓线形态特征分型

Ⅰ型短时强降水天气过程,整层大气比较湿润,水汽含量均匀,暖云层厚度厚,最大在 3769 m;CAPE相对较大,仅次于Ⅱ型;中低层常有弱的或中强垂直风切变。

3.2.1.2　短时强降水温湿廓线形态Ⅱ型(上干下湿)

此型全疆共有 80 个个例,占总数的 18%。多为中亚低槽、中亚低涡和西伯利亚低槽型,短时强降水大多出现在平原和沿山地带。

伊犁州 6 月上旬频发短时强降水,清晨和傍晚前后易发;阿勒泰地区多于 6 月下旬至 7 月下旬出现,午后至傍晚前后较易发生;天山北坡一带多发生于 7 月上旬和 8 月,午后较易发生。南疆西部 7 月下旬和8 月频发,清晨和傍晚前后较易发生;阿克苏地区集中于 6—8 月,8 月中下旬发生次数相对较多,强降水时段主要集中于午后至夜间;巴州各月均有发生,清晨和午后较易发生。

Ⅱ型的探空温湿廓线呈典型的"漏斗状",600 hPa 以下大气层结湿润,低层、高层大气比较干燥。200～500 hPa 附近有干空气卷入,"上干冷、下暖湿"特征明显;有高的 CAPE,平均 CAPE 在 563 J·kg^{-1},最大为 1748 J·kg^{-1};中低层常有中强以上垂直风切变;暖云层厚度较厚,最大在 3635 m,仅次于Ⅰ型。

3.2.1.3　短时强降水温湿廓线形态Ⅲ型(上湿下干)

此型全疆共有 135 个个例,占总数的 31%,是新疆温湿廓线的主要类型。多为中亚低槽、中亚低涡和西北气流型,巴州、阿克苏地区少数个例为西西伯利亚低槽。降水大多出现在沿山、浅山山麓和山区地带,伊犁州、巴州和阿克苏地区平原大部均有发生。

北疆阿勒泰地区未出现此型,伊犁州短时强降水多发生于 7 月中旬和下旬,午后至傍晚频发;天山北坡一带于 6 月、7 月下旬和 8 月上旬多发,午后至傍晚易发生;南疆西部于 6 月下旬和 7 月频发,多在午后至傍晚发生;阿克苏地区 6 月和 7 月发生频次较高,其次是 8 月,强降水时段主要集中于午后至夜间和早晨;巴州各月均匀分布,多发生于午后至傍晚,此类廓线多见于巴州库尔勒—尉犁—轮台一带的强降水,也是巴州地区最多的探空温湿廓线类型。

探空温湿廓线呈倒"V"型,600 hPa 以上有较薄的湿润层结,暖云层厚度较小,对流有效位能较小,低层多为偏东风,且风向随高度升高顺转,风速随高度升高而增加,有中等或以上强度的垂直风切变;低层对流抑制能量(CIN)大。

3.2.1.4 短时强降水温湿廓线形态 Ⅳ 型(整层干)

此型全疆共有 131 个,占个例总数的 30%,是新疆温湿廓线的重要类型,造成此类型偏多的原因与新疆干旱背景下,水汽迅速辐合关系密切。多中亚低槽和中亚低涡型,巴州和阿克苏地区部分个例为西北气流型。主要出现在浅山山麓和平原地带,伊犁州和阿克苏的山区时有发生。

北疆阿勒泰地区未出现此型,此型强降水时段大多出现于午后至夜间。从月、旬际变化特征来看,伊犁州多发生于 5 月中旬、6 月下旬、7 月上旬及下旬;天山北坡一带 6 月中下旬和 7 月中下旬频发;南疆西部多发生于在 6 月下旬和 8 月下旬;阿克苏地区多出现于 7 月上中旬和 8 月下旬;巴州则在 6、7 月上旬和 8 月上旬频发。

短时强降水 Ⅳ 型大多表现为低层或者高层为浅薄湿层,中低层有较明显干冷空气侵入;或者无明显湿层,对流有效位能(CAPE)和对流抑制(CIN)均很小,暖云层厚度最小;或者中层大气层结较为湿润,大多个例有明显的垂直风切变。

3.2.2 新疆暖季短时强降水关键环境参数

3.2.2.1 新疆暖季短时强降水主要环境参数季节分布

表 3-1 是新疆暖季主要环境参数的各月平均分布,由于暖季新疆多为晴空少云天气,850 hPa 和 500 hPa 温差接近干绝热层结,850 hPa 和 500 hPa 温差(ΔT_{85})为 27～31 ℃,且南疆温差更大,这也是新疆独特的气候和地域特色。9 月 $\Delta T_{85} > 30$ ℃,5 月、6 月、7 月为 29～30 ℃,说明 5—7 月、9 月大气条件不稳定度高,发生强对流天气的潜势最大;且南疆各月 ΔT_{85} 明显高于北疆,表明南疆地区大气条件不稳定度更高,较北疆更易发生强对流天气,观测表明近十年南疆地区发生短时强降水的频次明显多于北疆地区。地面至 700 hPa 露点温度均值(Td_{sur7})的月分布呈先增大后逐渐减小的趋势,即 5—7 月逐渐增大,8 月达到最大,9 月减小,说明新疆暖季 9 月低层水汽条件相对充足。CAPE 平均值 8 月、9 月较小,只有 300 J·kg^{-1} 左右,7 月达到最大,为 393 J·kg^{-1},8 月逐渐减小,但高于 9 月。北疆暖季 CAPE 值明显高于南疆,这与北疆地区相对高湿、高温关系密切。CIN 分布略有不同,但其绝对值总体趋势也是呈先增大后减小的趋势。其绝对值 9 月最小,7 月、8 月达到最大值,5—6 月逐渐增加,但明显大于 9 月。说明湿对流不稳定能量需克服一定的对流抑制,但对流抑制超过一定数值时,不利于新疆湿对流不稳定能量的释放,即对流天气不易发生。0～6 km 垂直风切变 8 月最大,正值冷暖交替季节,大气斜压性较强,0～6 km 垂直风切变平均值为 12.2 m·s^{-1};该平均值随着月份先加强然后逐渐减小,均为中等、弱的垂直风切变。北疆地区各月 0～6 km 垂直风切变均强于南疆地区,即就动力机制分析,北疆地区短时强对流天气触发条件强于南疆地区。

表 3-1　新疆暖季短时强降水主要环境参数的季节特征

月份	区域	CAPE (J·kg^{-1})	CIN (J·kg^{-1})	地面至 700 hPa Td 均值(℃)	0～6 km 垂直风切变(m·s^{-1})	ΔT_{85} (℃)
5	新疆	400.2	−68.0	6.6	8.0	29.7
6	新疆	388.1	−67.5	7.9	9.2	29.1
	北疆	409.5	−52.4	7.4	10.7	28.0
	南疆	366.7	−82.5	8.4	7.7	30.3
7	新疆	441.7	−85.4	8.1	11.2	29.5
	北疆	561.4	−72.8	8.4	13.5	28.3

续表

月份	区域	CAPE (J·kg^{-1})	CIN (J·kg^{-1})	地面至 700 hPa Td 均值(℃)	0~6 km 垂直 风切变(m·s^{-1})	ΔT_{85} (℃)
8	南疆	321.9	−97.9	7.8	8.9	30.7
	新疆	326.5	−85.1	9.2	12.2	27.5
	北疆	298.5	−26.5	8.4	14.6	25.7
	南疆	354.6	−143.6	10.0	9.9	29.4
9	新疆	276.8	−43.7	8.7	7.4	31.4

3.2.2.2　静力不稳定

大气静力稳定度常用 850 hPa 和 500 hPa 之间的温差 ΔT_{85} 表征,暖季干绝热层结 ΔT_{85} 为 38~39 ℃,湿中性层结(假绝热曲线) ΔT_{85} 为 20~21 ℃。一般情况对流性天气 ΔT_{85} 为 21~39 ℃,其值越大,表示条件不稳定性越强。如 3.2.2.1 所述,考虑新疆独特的地域特征, ΔT_{85} 多为 30 ℃左右,即新疆暖季极易满足静力不稳定条件。

图 3-2 是新疆、北疆和南疆短时强降水 4 种探空温湿度廓线型 ΔT_{85} 箱线图。其中新疆中位数分别为 26.3 ℃(Ⅰ型)、28.0 ℃(Ⅱ型)、31.0 ℃(Ⅲ型)和 31.0 ℃(Ⅳ型),平均值分别为 26.5 ℃、28.0 ℃、31.2 ℃和 31.6 ℃,高于湿中性层结,呈现为明显的条件不稳定层结,其中Ⅲ型和Ⅳ型的中位值大于其他两型,高于新疆暖季平均态。各型短时强降水天气 ΔT_{85} 最小值在 20.0~24.0 ℃,由于当日出现强对流天气前,以多云到阴天天气为主,大气层结接近于湿中性层结,所以造成 ΔT_{85} 较小;而最大值为 34.0~39.0 ℃,近乎于干绝热层结,这种情况多为Ⅱ型、Ⅲ型、Ⅳ型发生,其中出现 37.0 ℃的个例分别在阿克苏市(2018 年 7 月 1 日 20:00)、库车县(2014 年 8 月 17 日 08:00)、和田地区(2016 年 9 月 5 日)和克孜勒苏柯尔克孜自治州(2017 年 5 月 19 日)。新疆短时强降水 4 种类型 ΔT_{85} 的 25%~75%百分位值分别为 24.0~29.0 ℃(Ⅰ型)、25.0~30.2 ℃(Ⅱ型)、29.1~33.0 ℃(Ⅲ型)和 29.3~33.5 ℃(Ⅳ型),Ⅰ型、Ⅱ型箱体接近,均宽于其他两型。空间分布可以看出,北疆 ΔT_{85} 的 25%~75%百分位值分别为 23.2~27.7 ℃(Ⅰ型)、25.0~28.8 ℃(Ⅱ型)、28.0~32.0 ℃(Ⅲ型)和 29.1~33.0 ℃(Ⅳ型),最大值为 36 ℃在天山北坡一带(Ⅲ型)和伊犁(Ⅳ型)。南疆 ΔT_{85} 的 25%~75%百分位值分别为 24.8~30.0 ℃(Ⅰ型)、27.0~31.0 ℃(Ⅱ型)、30.0~34.0 ℃(Ⅲ型)和 30.0~34.0 ℃(Ⅳ型),最大值为 42.0 ℃在南疆西部(Ⅳ型)。可以看出,虽然上述各类短时强降水天气 850~500 hPa 之间都具有明显的条件不稳定层结,仍可以通过 25%~75%百分位值对 4 种类型加以区分,即Ⅳ型 25%~75%百分位值明显大于其他各型,可以作为新疆短时强降水 4 种类型的一个判断条件。

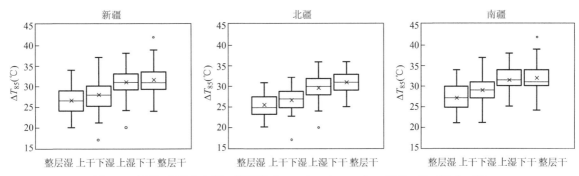

图 3-2　新疆、北疆和南疆 4 类强降水 850 hPa 与 500 hPa 温差 ΔT_{85}(单位:℃)
箱线分布图(线段的最高点为统计最大值,最低点为统计最小值,箱型上框线
为 75%上四分位值,下框线为 25%下四分位值,箱内线为中位值,×为平均值,下同)

综上所述,采用 ΔT_{85} 分布的 25%百分位作为短时强降水预报最低阈值的初猜值,新疆四种温湿廓线短时强降水预报最低阈值分别为 24.0 ℃(Ⅰ型)、25.0 ℃(Ⅱ型)、29.0 ℃(Ⅲ型)和 29.3 ℃(Ⅳ型);北疆四种温湿廓线短时强降水预报最低阈值分别为 23.2 ℃(Ⅰ型)、25.0 ℃(Ⅱ型)、28.0 ℃(Ⅲ型)和 29.1 ℃(Ⅳ型);南疆四种温湿廓线短时强降水预报最低阈值分别为 24.8 ℃(Ⅰ型)、27.0 ℃(Ⅱ型)、30.0 ℃(Ⅲ型)和

30.0 ℃(Ⅳ型)。用 ΔT_{85} 的25％百分位值最低的27.0 ℃、26.0 ℃和28.0 ℃可以作为新疆、北疆地区和南疆地区短时强降水阈值。

同样,采用 ΔT_{85} 分布的25％百分位作为新疆短时强降水预报最低阈值的初猜值。从图3-3可以看出,伊犁为25.0 ℃、阿勒泰为24.7 ℃、天山北坡为28.0 ℃、南疆西部29.0 ℃、阿克苏28.1 ℃和巴州为27.0 ℃。

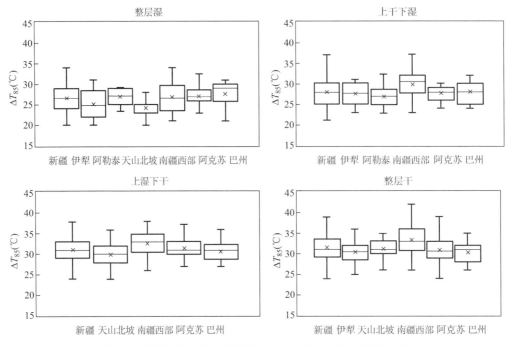

图3-3 新疆各代表站4类强降水 ΔT_{85} (单位:℃)箱线分布图

3.2.2.3 水汽条件

新疆短时强降水多发的暖季,水汽主要集中于大气中低层,本节用短时强降水发生前地面至 700 hPa 露点均值(Td_{sur7})代表水汽的绝对量(图3-4)。Ⅳ型 Td_{sur7} 分布范围略大于其他各类型,为 $-2.6 \sim$ 12.8 ℃,其他各型 Td_{sur7} 分布范围较为接近,由于新疆短时强降水多出现在凌晨、午后到傍晚,与探空观测的时间有时远超过 4 h,且部分区域自动气象站距离探空站 100 km 左右,可能造成少数个例地面至 700 hPa 露点温度均值出现负值的观测事实。新疆 Td_{sur7} 中位数分别为 8.8 ℃(Ⅰ型)、9.4 ℃(Ⅱ型)、5.6 ℃ (Ⅲ型)和5.8 ℃(Ⅳ型),对应 Td_{sur7} 箱线图25％百分位到75％百分位分别为 7.3 $\sim$ 11.3 ℃、7.0 $\sim$ 11.0 ℃、3.5 $\sim$ 7.8 ℃、3.0 $\sim$ 7.7 ℃。可以看出,Ⅰ型—Ⅳ型对水汽条件的要求是逐渐减小的,且新疆短时强降水 Td_{sur7} 范围为 $-2.6 \sim 16.4$ ℃,即新疆短时强降水水汽远低于东部季风区,这与新疆常态大气层结条件不稳定及下垫面干旱关系密切。北疆 Td_{sur7} 中位数分别为 10.8 ℃(Ⅰ型)、9.8 ℃(Ⅱ型)、6.3 ℃(Ⅲ型)和 5.4 ℃(Ⅳ型),对应的 Td_{sur7} 箱线图25％百分位到75％百分位分别为 8.4 $\sim$ 12.1 ℃、7.9 $\sim$ 11.9 ℃、3.5 $\sim$ 8.7 ℃、2.2 $\sim$ 7.5 ℃,与新疆短时强降水各型水汽条件分布特征较为相似,表现出Ⅰ型—Ⅳ型对水汽条件的要求是逐渐减小的。南疆 Td_{sur7} 中位数分别为 8.5 ℃(Ⅰ型)、9.3 ℃(Ⅱ型)、5.5 ℃(Ⅲ型)和6.0 ℃(Ⅳ型),对应的 Td_{sur7} 箱线图25％百分位到75％百分位分别为 6.7 $\sim$ 10.0 ℃、6.7 $\sim$ 11.0 ℃、3.5 $\sim$ 7.4 ℃、3.2 $\sim$ 7.7 ℃,南疆短时强降水Ⅱ型对水汽条件的要求高于其他各型,该型多发于 7 月下旬和 8 月,此时南疆大部天气干热,水汽随云底上升气流进入对流云中,在凝结成云滴或冰晶时,潜热释放时蒸发潜热表现明显,因此所需水汽条件最强。综上可知,若选择 Td_{sur7} 的25％百分位值作为新疆水汽条件阈值,即 7.3 ℃(Ⅰ型)、7.0 ℃(Ⅱ型)、3.5 ℃(Ⅲ型)和3.0 ℃(Ⅳ型);北疆则为 8.4 ℃(Ⅰ型)、7.9 ℃(Ⅱ型)、3.5 ℃(Ⅲ型)和2.2 ℃ (Ⅳ型);南疆水汽条件阈值为 6.7 ℃(Ⅰ型)、6.7 ℃(Ⅱ型)、3.5 ℃(Ⅲ型)和 3.2 ℃(Ⅳ型)。若针对新疆、北疆和南疆短时强降水水汽条件阈值, Td_{sur7} 分别为 4.4 ℃、5.1 ℃和4.0 ℃。

采用 Td_{sur7} 25％百分位值作为新疆短时强降水预报最低阈值的初猜值。从图3-5可以看出,伊犁为 6.0 ℃、阿勒泰为8.3 ℃、天山北坡为3.3 ℃、南疆西部4.4 ℃、阿克苏4.0 ℃和巴州为4.0 ℃。

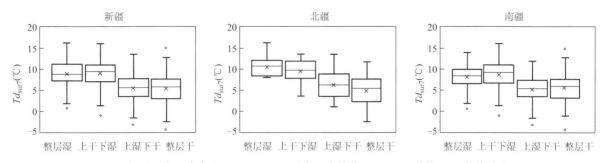

图 3-4　新疆 4 类强降水地面至 700 hPa 露点温度均值（Td_{sur7}）（单位：℃）箱线分布图

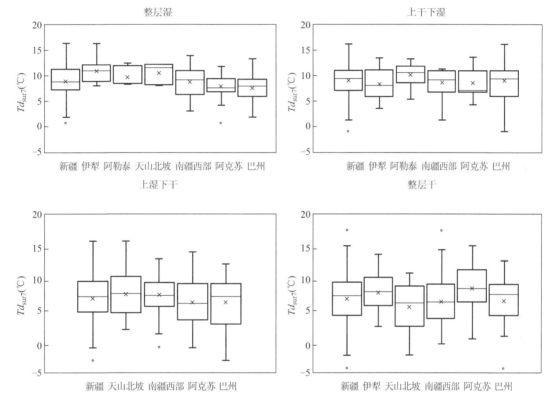

图 3-5　新疆各代表站 4 类强降水地面至 700 hPa 露点温度（Td_{sur7}）（单位：℃）箱线分布图

3.2.2.4　CAPE 和 CIN

静力不稳定（条件不稳定）与水汽条件结合所表征的对流参数用对流有效位能（CAPE）和对流抑制能量（CIN）表征。CAPE 反映了大气环境中是否能发生深厚对流的热力变量,通常与 CIN 结合在一起作为判断深厚湿对流发生潜势和潜在强度的重要指标之一,若在触发条件相同的条件下,CAPE 越大,CIN 越小,表示发生深厚湿对流的潜势越大。图 3-6 分别为新疆、北疆和南疆 4 种探空温湿度廓线型短时强降水天气 CAPE 分布。从新疆 CAPE 分布可见,Ⅰ型和Ⅱ型箱体较为接近,CAPE 值分布相对较分散,均宽于其他各型,Ⅲ型 CAPE 值分布相对集中。新疆 4 类短时强降水天气 CAPE 值 25％～75％百分位范围分别为 111～761 J・kg^{-1}（Ⅰ型）、165～825 J・kg^{-1}（Ⅱ型）、45～533 J・kg^{-1}（Ⅲ型）和 164～676 J・kg^{-1}（Ⅳ型）;北疆 25％～75％百分位范围分别为 34～673 J・kg^{-1}（Ⅰ型）、218～685 J・kg^{-1}（Ⅱ型）、123～556 J・kg^{-1}（Ⅲ型）和 164～536 J・kg^{-1}（Ⅳ型）,对应的极大值分别为 1329 J・kg^{-1}、1272 J・kg^{-1}、1003 J・kg^{-1} 和 900 J・kg^{-1},极大值出现日造成 2015 年 6 月 28 日昌吉州东三县 17 站、2016 年 6 月 28 日昭苏和特克斯 11 站和 2015 年 7 月 4 日阿勒泰地区西部中部短时强降水过程。南疆 25％～75％百分位分别为 112～773 J・kg^{-1}（Ⅰ型）、103～870 J・kg^{-1}（Ⅱ型）、37～533 J・kg^{-1}（Ⅲ型）和 159～734 J・kg^{-1}（Ⅳ型）,对应的极大值分别为 1455 J・kg^{-1}、1625 J・kg^{-1}、1254 J・kg^{-1} 和 1429 J・kg^{-1},极大值出现日造成 2013 年

5月13日和田地区4县5站、2016年8月23日巴州平原北部库尔勒、尉犁、轮台至焉耆盆地周边46站大范围短时强降水过程。综上所述,在新疆系统性强降水天气中CAPE值反应的较敏感,且与天气发生的地点和时间存在密切相关性。若要对新疆、北疆和南疆强降水天气给出CAPE值的最低阈值,则采用25%百分位CAPE值中最小值,即113 J·kg^{-1}、162 J·kg^{-1}和98 J·kg^{-1}作为该最低阈值。

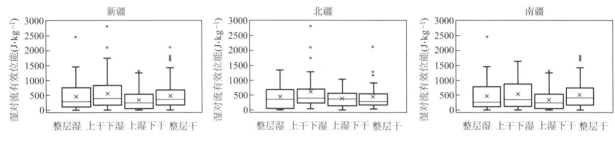

图3-6　新疆、北疆和南疆4类强降水对流有效位能CAPE箱线分布图(单位:J·kg^{-1})

采用CAPE值25%百分位作为各代表站短时强降水预报最低阈值的初猜值,从图3-7可以看出伊犁为125 J·kg^{-1}、阿勒泰为317 J·kg^{-1}、天山北坡为153 J·kg^{-1}、南疆西部135 J·kg^{-1}、阿克苏23 J·kg^{-1}和巴州为145 J·kg^{-1}。

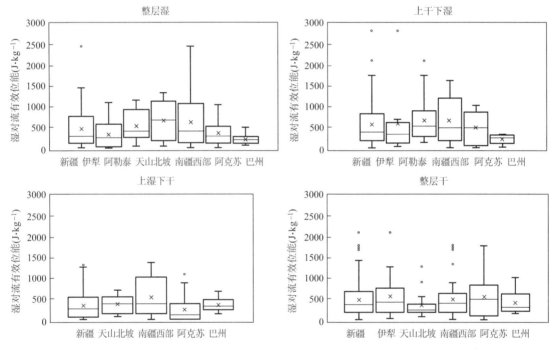

图3-7　新疆各代表站4类强降水对流有效位能CAPE箱线分布图(单位:J·kg^{-1})

CIN的物理意义是指抬升力必须克服负浮力才能将气块抬升到自由对流高度,即深厚湿对流形成所需要的抬升触发强度由CIN决定。新疆4种类型短时强降水型的CIN值25%～75%百分位分别为−112～0 J·kg^{-1}(Ⅰ型)、−125～0 J·kg^{-1}(Ⅱ型)、−311～0 J·kg^{-1}(Ⅲ型)和-60～0 J·kg^{-1}(Ⅳ型),综合以上,新疆短时强降水CIN的阈值可以设定为绝对值≤170 J·kg^{-1}。同样的,北疆和南疆的短时强降水CIN的阈值可以设定为绝对值≤130 J·kg^{-1}和≤67 J·kg^{-1}。

代表站短时强降水预报CIN最低阈值的初猜值,伊犁≤19 J·kg^{-1}、阿勒泰≤167 J·kg^{-1}、天山北坡≤273 J·kg^{-1}、南疆西部≤71 J·kg^{-1}、阿克苏≤298 J·kg^{-1}和巴州≤271 J·kg^{-1}。

3.2.2.5　深层垂直风切变

垂直风切变(vertical wind shear)是风向风速随高度的变化。在给定水汽、静力不稳定性及抬升触发的条件下,对流性风暴组织和特征决定于垂直风切变的大小,是强对流天气预报的重要参数。用地面到

6 km 高度的风矢量差来表示深层垂直风切变,将 0～6 km 垂直风切变划分为三类,即＜12 m·s^{-1} 为弱垂直风切变,12～20 m·s^{-1} 为中等强度垂直风切变,≥20 m·s^{-1} 为强垂直风切变。如图 3-8 所示,新疆短时强降水 4 种探空温湿度廓线型 0～6 km 垂直风切变的中位数值为 10.0～10.9 m·s^{-1},属于弱垂直风切变,可见新疆短时强降水多数由弱垂直风切变脉冲风暴所产生。新疆 4 类短时强降水 0～6 km 垂直风切变≥12 m·s^{-1} 为 41％,达到 20 m·s^{-1} 以上较少,通常发生在大气斜压性较强的春末夏初或者夏末秋初,这种情况下强对流天气多数由强垂直风切变背景下的高架雷暴所产生。

新疆 4 种探空温湿度廓线型 0～6 km 垂直风切变 25％～75％百分位值(图 3-8)为 5.3～14.0 m·s^{-1}(Ⅰ型)、6.3～15.9 m·s^{-1}(Ⅱ型)、6.0～14.0 m·s^{-1}(Ⅲ型)和 7.4～14.0 m·s^{-1}(Ⅳ型),Ⅱ型的箱体范围略宽于其他各型。北疆 0～6 km 垂直风切变 25％～75％百分位值为 6.2～18.2 m·s^{-1}(Ⅰ型)、9.3～18.8 m·s^{-1}(Ⅱ型)、6.5～14.0 m·s^{-1}(Ⅲ型)和 7.3～14.3 m·s^{-1}(Ⅳ型);0～6 km 垂直风切变最大值为 31.5 m·s^{-1},出现在 2016 年 6 月 19 日,当日北疆伊犁州 10 站出现≥10 mm·h^{-1} 的短时强降水过程。南疆 0～6 km 垂直风切变 25％～75％百分位值分别为 5.3～13.4 m·s^{-1}(Ⅰ型)、5.6～12 m·s^{-1}(Ⅱ型)、5.7～14.0 m·s^{-1}(Ⅲ型)和 7.4～14 m·s^{-1}(Ⅳ型);0～6 km 垂直风切变最大值为 31.4 m·s^{-1},出现在 2017 年 7 月 17 日,当日南疆西部地区 19 站出现≥10 mm·h^{-1} 的短时强降水过程。可见 0～6 km 垂直风切变分布特征无法区分 4 种类型。采用 25％百分位值作为预报新疆 4 类短时强降水的最小阈值,分别为 5.3 m·s^{-1}、6.3 m·s^{-1}、6 m·s^{-1} 和 7.3 m·s^{-1}。若考虑北疆和南疆短时强降水的阈值,相应的 0～6 km 垂直风切变阈值分别为 7.5 m·s^{-1} 和 6.0 m·s^{-1}。

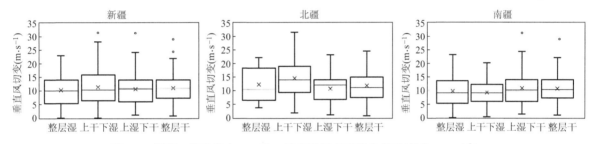

图 3-8　新疆 4 类强降水 0～6 km 垂直风切变箱线分布图(单位:m·s^{-1})

新疆各代表站短时强降水预报 0～6 km 垂直风切变最低阈值由图 3-9 可见,伊犁为 11.0 m·s^{-1}、阿勒泰为 6.0 m·s^{-1}、天山北坡为 7.0 m·s^{-1}、南疆西部为 4.7 m·s^{-1}、阿克苏为 5.7 m·s^{-1} 和巴州为 8.8 m·s^{-1}。

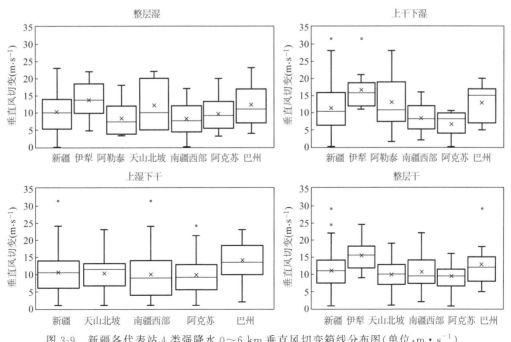

图 3-9　新疆各代表站 4 类强降水 0～6 km 垂直风切变箱线分布图(单位:m·s^{-1})

3.2.2.6 暖云层厚度

对于强降水而言,有利环境条件除了具备静力不稳定、水汽和抬升触发外,还有一个条件就是暖云层厚度。将抬升凝结高度到 0 ℃层高度之间的高度差定义为暖云层厚度。暖云层厚度越大,降水效率越高,越有利于强降水的产生。新疆、北疆和南疆短时强降水 4 种探空温湿度廓线型暖云层厚度的箱线分布见图 3-10,新疆Ⅱ型短时强降水对应的中位数值 2.3 km,高于其他各型。各类暖云层厚度最厚为 3.8 km,出现在 2015 年 7 月 25 日,当日伊犁特克斯县 2 站出现雨强≥20 mm·h^{-1} 的短时强降水天气过程。新疆 4 种探空温湿度廓线型暖云层厚度 25%～75%百分位值分别为 1.7～2.8 km、1.7～2.8 km、1.3～2.3 km 和 1.1～2.1 km,新疆短时强降水暖云层厚度明显低于国内其他地方,这可能是新疆短时强降水的量级及强度偏弱的原因之一。北疆 4 种探空温湿度廓线型暖云层厚度 25%～75%百分位值分别为 2.5～3.1 km、2.3～3.1 km、1.1～2.3 km 和 1.1～2.3 km;南疆 25%～75%百分位值分别为 1.5～2.6 km、1.6～2.4 km、1.4～2.3 km 和 1.0～2.0 km,南疆暖云层厚度最大为 3.6 km,出现在 2015 年 6 月 28 日,当日巴州平原北部 10 站出现短时强降水,轮台县铁热克巴扎乡二营出现小时最大雨强 39.1 mm·h^{-1}。北疆各型箱体范围明显宽于南疆,说明新疆短时强降水的强弱与暖云层厚度关系密切。因此采用暖云层厚度 25%百分位值作为预报新疆 4 类短时强降水的最小阈值,分别为 1.7 km、1.7 km、1.3 km 和 1.1 km。若考虑北疆和南疆短时强降水暖云层厚度的阈值,均为 1.4 km。

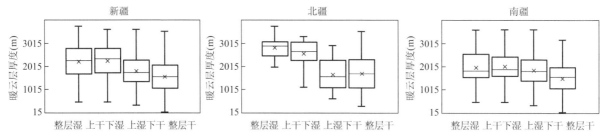

图 3-10 新疆 4 类强降水暖云层厚度(单位:m)

新疆各代表站短时强降水暖云层厚度的预报最低阈值,从图 3-11 可见伊犁为 1.4 km、阿勒泰为 2.4 km、天山北坡为 1.2 km、南疆西部 1.0 km、阿克苏 1.5 km 和巴州为 1.5 km。

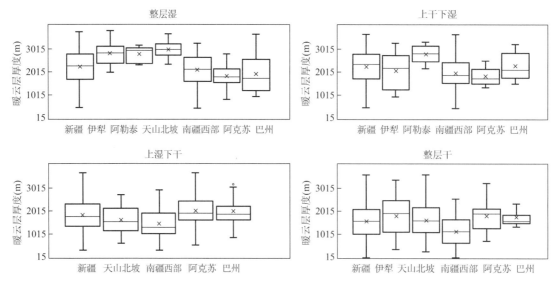

图 3-11 新疆各代表站 4 类强降水暖云层厚度(单位:m)

3.2.2.7 其他参数

图 3-12 给出了新疆 4 类探空温湿度廓线型 K 指数、SI 指数、抬升指数(LI)、A 指数分布的箱线图。可以看出新疆短时强降水 4 类探空温湿度廓线型 K 指数 25%～75%百分位分别为 32～36 ℃(Ⅰ型)、

31～36 ℃(Ⅱ型)、27～33 ℃(Ⅲ型)和 25～33 ℃(Ⅳ型)。SI 指数 25％～75％百分位分别为－1.3～1.3 ℃(Ⅰ型)、－1.4～0.7 ℃(Ⅱ型)、－0.7～1.9 ℃(Ⅲ型)和－0.8～1.7 ℃(Ⅳ型)。抬升指数(LI)25％～75％百分位分别为－1.7～0.6 ℃(Ⅰ型)、－3.3～0 ℃(Ⅱ型)、－1.8～1.1 ℃(Ⅲ型)和－2.3～1.1 ℃(Ⅳ型)。A 指数 25％～75％百分位分别为 10～18(Ⅰ型)、0～14(Ⅱ型)、－5～8(Ⅲ型)和－15～2(Ⅳ型)。综上所述,新疆 4 类短时强降水探空温湿度廓线型敏感参数的预报最小阈值,K 指数分别为 32 ℃(Ⅰ型)、31 ℃(Ⅱ型)、27 ℃(Ⅲ型)和 25 ℃(Ⅳ型);SI 指数分别为 1.3 ℃(Ⅰ型)、0.7 ℃(Ⅱ型)、1.9 ℃(Ⅲ型)和 1.7 ℃(Ⅳ型);抬升指数(LI)分别为 0.6 ℃(Ⅰ型)、0 ℃(Ⅱ型)、1.1 ℃(Ⅲ型)和 1.1 ℃(Ⅳ型);A 指数分别为 10(Ⅰ型)、0(Ⅱ型)、－5(Ⅲ型)和－15(Ⅳ型),由此可见,新疆短时强降水Ⅰ型中表现出 A 指数与短时强降水的正相关,但在其他各型中均无指示意义。新疆短时强降水 K 指数、SI 指数、抬升指数(LI)、A 指数的阈值分别为 28.0 ℃、－1.0 ℃、－2.2 ℃和－7.0。

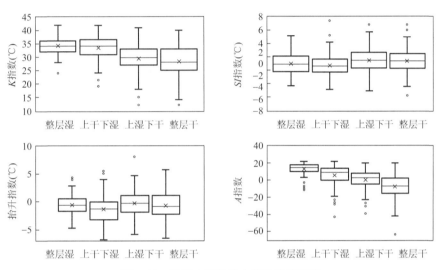

图 3-12　新疆 4 类强降水其他敏感要素

图 3-13 给出了北疆和南疆 4 类探空温湿度廓线型强对流天气 K 指数、SI 指数、抬升指数(LI)、A 指数分布的箱线图,北疆短时强降水 4 种探空温湿度廓线型 K 指数 25％～75％百分位分别为 31～35 ℃(Ⅰ型)、31～35 ℃(Ⅱ型)、31～34 ℃(Ⅲ型)和 24～31 ℃(Ⅳ型);南疆短时强降水 4 种探空温湿度廓线型 K 指数 25％～75％百分位分别为 32～36 ℃(Ⅰ型)、31～37 ℃(Ⅱ型)、26～32 ℃(Ⅲ型)和 25～34 ℃(Ⅳ型),南疆各型箱体范围均略宽于北疆。北疆 SI 指数 25％～75％百分位分别为－1.1～2.2 ℃(Ⅰ型)、－1～1 ℃(Ⅱ型)、－0.4～2.3 ℃(Ⅲ型)和－0.1～2.4 ℃(Ⅳ型);南疆 SI 指数 25％～75％百分位分别为－1.4～1.0 ℃(Ⅰ型)、－1.6～0.5 ℃(Ⅱ型)、0.4～1.9 ℃(Ⅲ型)和 0.1～1.4 ℃(Ⅳ型);南疆极小值明显低于北疆。北疆抬升指数(LI)25％～75％百分位分别为－2.8～1.6 ℃(Ⅰ型)、－3.3～0.6 ℃(Ⅱ型)、－2.2～1.4 ℃(Ⅲ型)和－1.9～1.2 ℃(Ⅳ型);南疆抬升指数(LI)25％～75％百分位分别为－1.4～0.4 ℃(Ⅰ型)、－3～0.2 ℃(Ⅱ型)、－1.7～1.1 ℃(Ⅲ型)和－2.6～1.1 ℃(Ⅳ型)。北疆 A 指数 25％～75％百分位分别为 14～18(Ⅰ型)、5～17(Ⅱ型)、3～14(Ⅲ型)和－11～3(Ⅳ型);南疆 A 指数 25％～75％百分位分别为 10～18(Ⅰ型)、－3～14(Ⅱ型)、－7～7(Ⅲ型)和－17～1(Ⅳ型),可见 A 指数对北疆短时强降水有一定的指示意义。综上所述,北疆和南疆短时强降水的敏感参数的预报最小阈值,K 指数分别为 28 ℃和 27 ℃;SI 指数分别为－0.7 ℃和－1.1 ℃;抬升指数(LI)分别为－2.5 ℃和－2.1 ℃;A 指数分别为－3 和－9。

新疆各代表站短时强降水 K 指数的预报阈值伊犁、阿勒泰、天山北坡、南疆西部、阿克苏和巴州分别为 28 ℃、32 ℃、27.3 ℃、28 ℃、28 ℃和 26 ℃;SI 指数的预报阈值伊犁、阿勒泰、天山北坡、南疆西部、阿克苏和巴州分别为－0.7 ℃、－1.3 ℃、－0.4 ℃、－1.6 ℃、－0.9 ℃和－0.1 ℃;抬升指数(LI)的预报阈值伊犁、阿勒泰、天山北坡、南疆西部、阿克苏和巴州分别为－2.1 ℃、－3.7 ℃、－1.6 ℃、－2.7 ℃、－1.7 ℃

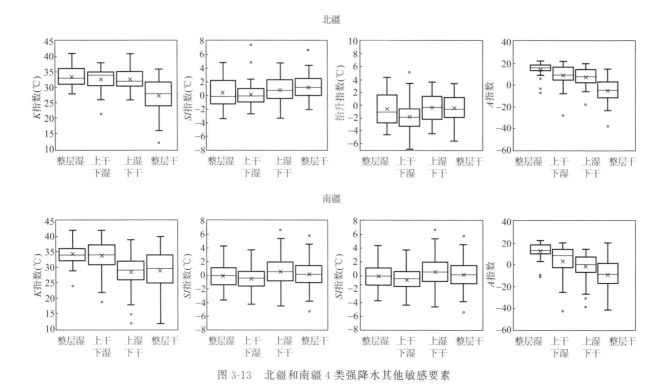

图 3-13 北疆和南疆 4 类强降水其他敏感要素

和-0.8 ℃;A 指数的预报阈值伊犁、阿勒泰、天山北坡、南疆西部、阿克苏和巴州分别为-6、5、-5、-4、-15 和-8。

3.3 新疆强降水天气关键参数阈值列表

3.3.1 新疆短时强降水关键参数阈值列表

表 3-2、表 3-3 分别给出了新疆、北疆和南疆近 9 a 433 次短时强降水天气过程 ΔT_{85}、Td_{sur7}、对流有效位能 CAPE、$0\sim6$ km 垂直风切变以及暖云层厚度、K 指数、SI 指数、抬升指数、A 指数等各类敏感参数的最小值、25%百分位值、中位数值、75%百分位值和最大值分布。若以各参数最小值作为预报上述对流天气阈值,一定会有很高的虚警率,用 25%百分位值作为预报阈值相对合理,新疆则分别为 27 ℃、4.4 ℃、113 J·kg^{-1}、6.7 m·s^{-1}、1.4 km、28 ℃、-1.0 ℃、-2.2 ℃和-7;北疆则分别为 26 ℃、5.1 ℃、162 J·kg^{-1}、7.5 m·s^{-1}、1.4 km、28 ℃、-0.7 ℃、-2.5 ℃和-3;南疆则分别为 28 ℃、4.0 ℃、98 J·kg^{-1}、6.0 m·s^{-1}、1.4 km、27 ℃、-1.1 ℃、-2.1 ℃和-9。

表 3-2 新疆短时强降水关键环境参数分布特征

关键参数	ΔT_{85} (℃)	Td_{sur7} (℃)	CAPE (J·kg^{-1})	$0\sim6$ km 垂直风切变(m·s^{-1})	暖云层厚度(km)	K 指数 (℃)	SI 指数 (℃)	抬升指数 (℃)	A 指数
最小值	20.0	-2.6	0	0	0.02	19	-4.6	-6.4	-34
25%百分位	27.2	4.4	113	6.7	1.4	28	-1.0	-2.2	-7
中位数	30.0	7.1	318	10.1	1.8	32	0.2	-0.8	4
75%百分位	32.0	9.3	650	14.0	2.5	34	1.5	0.7	12
最大值	39.0	16.4	1455	24.4	3.8	42	4.9	5.1	22

表 3-3　北疆和南疆短时强降水关键环境参数分布特征

关键参数	区域	ΔT_{85} (℃)	Td_{sur7} (℃)	CAPE (J·kg⁻¹)	0~6 km 垂直风切变(m·s⁻¹)	暖云层厚度 (km)	K 指数(℃)	SI 指数 (℃)	抬升指数 (℃)	A 指数
最小值	北疆	20.0	−1.5	0	1.0	0.2	16	−3.4	−8.9	−28
	南疆	21.0	−3.3	0	0	0.02	19	−4.6	−5.9	−39
25%百分位	北疆	26.0	5.1	162	7.5	1.4	28	−0.7	−2.5	−3
	南疆	28.0	4.0	98	6.0	1.4	27	−1.1	−2.1	−9
中位数	北疆	29.0	7.3	355	11.9	2.3	32	0.6	−0.9	6
	南疆	30.1	6.8	309	9.9	1.8	31	0	−0.7	2
75%百分位	北疆	31.7	9.9	639	15.9	2.8	34	2.1	0.8	15
	南疆	33.0	9.0	670	14.0	2.3	35	1.3	0.6	11
最大值	北疆	36.0	16.4	1329	28.0	3.8	41	4.9	5.1	22
	南疆	39.0	16.3	1455	24.2	3.6	42	4.9	4.7	22

3.3.2　探空温湿度廓线分类强降水天气的关键参数阈值列表

表 3-4 列出了新疆 4 种探空温湿度廓线型 ΔT_{85}、Td_{sur7}、对流有效位能 CAPE、0~6 km 垂直风切变以及暖云层厚度、K 指数、抬升指数、A 指数等各类敏感参数的预报阈值(对应于参数 25%百分位)。可以看出,4 种类型各关键参数阈值均有差异,其中 Ⅰ 型(整层湿)各参数阈值的极值(极大值、极小值)均高于其他各型。

表 3-4　新疆短时强降水天气主要关键环境参数预报阈值表(以 25%百分位作为预报阈值)

分类	ΔT_{85} (℃)	Td_{sur7} (℃)	CAPE (J·kg⁻¹)	0~6 km 垂直风切变(m·s⁻¹)	暖云层厚度 (km)	K 指数(℃)	SI 指数 (℃)	抬升指数 (℃)	A 指数
Ⅰ 型(整层湿)	24.0	7.3	111	5.3	1.7	32	−1.3	−1.7	10
Ⅱ 型(上干下湿)	25.0	7.0	165	6.3	1.7	31	−1.4	−3.3	0
Ⅲ 型(上湿下干)	29.1	3.5	45	6.0	1.3	27	−0.7	−1.8	−5
Ⅳ 型(整层干)	29.3	3.0	164	7.4	1.1	25	−0.8	−2.3	−16

表 3-5 列出了北疆 4 种探空温湿度廓线型 ΔT_{85}、Td_{sur7}、对流有效位能 CAPE、0~6 km 垂直风切变以及暖云层厚度、K 指数、抬升指数、A 指数等各类敏感参数的预报阈值(对应于参数 25%百分位)。可以看出,4 种类型各关键参数阈值均有差异,与新疆短时强降水趋势一致,Ⅰ 型(整层湿)各参数阈值的极值(极大值、极小值)均大于其他各型。

表 3-5　北疆短时强降水天气主要关键环境参数预报阈值表(以 25%百分位作为预报阈值)

分类	ΔT_{85} (℃)	Td_{sur7} (℃)	CAPE (J·kg⁻¹)	0~6 km 垂直风切变(m·s⁻¹)	暖云层厚度 (km)	K 指数(℃)	SI 指数 (℃)	抬升指数 (℃)	A 指数
Ⅰ 型(整层湿)	23.2	8.4	34	6.2	2.5	31	−1.1	−2.8	14
Ⅱ 型(上干下湿)	25.0	7.9	218	9.3	2.3	31	−1.0	−3.3	5
Ⅲ 型(上湿下干)	28.0	3.5	123	6.5	1.1	31	−0.4	−2.2	3
Ⅳ 型(整层干)	29.1	2.2	164	7.3	1.1	24	0.1	−1.9	−11

表 3-6 列出了南疆 4 种探空温湿度廓线型 ΔT_{85}、Td_{sur7}、对流有效位能 CAPE、0~6 km 垂直风切变以及暖云层厚度、K 指数、抬升指数、A 指数等各类敏感参数的预报阈值(对应于相应参数分布的 25%百分位)。可以看出,4 种类型各关键参数阈值均有差异,与北疆短时强降水不同,其 Ⅳ 型(干绝热)各参数阈值的极值(极大值、极小值)均大于其他各型。

表 3-6　南疆短时强降水天气主要关键环境参数预报阈值表(以 25% 百分位作为预报阈值)

分类	ΔT_{85} (℃)	Td_{sur7} (℃)	CAPE (J·kg^{-1})	0~6 km 垂直风切变(m·s^{-1})	暖云层厚度 (km)	K 指数(℃)	SI 指数 (℃)	抬升指数 (℃)	A 指数
Ⅰ型(整层湿)	24.8	6.7	112	5.3	1.5	32	−1.4	−1.4	10
Ⅱ型(上干下湿)	27.0	6.7	103	5.6	1.6	31	−1.6	−3.0	−3
Ⅲ型(上湿下干)	30.0	3.5	37	5.7	1.4	26	−0.9	−1.7	−7
Ⅳ型(整层干)	30.0	3.2	159	7.4	1.0	26	−1.1	−2.6	−17

3.4　结论与讨论

(1)从 T-$\log P$ 的温湿廓线形态分析,新疆短时强降水探空温湿度廓线型分为短时强降水Ⅰ型(整层湿)、短时强降水Ⅱ型(上干下湿)、短时强降水Ⅲ型(上湿下干)和短时强降水Ⅳ型(整层干)。Ⅰ型、Ⅱ型、Ⅲ型发生前大气层结水汽含量充沛,存在一定的对流有效位能和暖云层厚度、弱的垂直风切变和较低的 0 ℃层高度等特征,而合适的抑制有效位能,有利于对流不稳定能量的积聚和爆发,促进短时强降水的发生。Ⅳ型与其他三型不同,存在大气层结干、ΔT_{85} 大和暖云层厚度小以及很小的对流有效位能(CAPE)和对流抑制(CIN)的特征。

(2)短时强降水Ⅰ型多中亚低槽和中亚低涡型,主要出现在平原、浅山山麓和山区地带。Ⅱ型多中亚低槽、中亚低涡和西伯利亚低槽型,大多出现在平原和沿山地带。Ⅲ型是新疆温湿廓线主要类型,多中亚低槽、中亚低涡和西北气流型,巴州、阿克苏地区少数个例为西西伯利亚低槽,大多出现在沿山、浅山山麓和山区地带,伊犁州、巴州和阿克苏地区平原大部均有发生。Ⅳ型多中亚低槽和中亚低涡型,巴州和阿克苏地区部分个例为西北气流型,主要出现在浅山山麓和平原地带,伊犁和阿克苏的山区时有发生。

(3)850 hPa 和 500 hPa 温差 ΔT_{85}、0~6 km 垂直风切变是随着月份逐渐减小的,其中受暖季晴空少云天气较多的影响,使得新疆出现 850 hPa 和 500 hPa 温差接近干绝热层结的独特地域特征。地面至 700 hPa 露点温度均值 Td_{sur7}、对流有效位能 CAPE 均随着月份呈先增大后减小的趋势。地面至 700 hPa 露点温度均值在 8 月最大,5 月最小。CAPE 7 月最大,9 月最小。0~6 km 垂直风切变 5—6 月大气斜压性仍然较强,但均为弱的垂直风切变。

(4)新疆短时强降水 850 hPa 和 500 hPa 温差最低阈值的建议值(25%百分位值)为 27.0 ℃;地面至 700 hPa 露点温度均值最低阈值的建议值(25%百分位)为 4.4 ℃;CAPE 值最低阈值的建议值(25%百分位)为 113 J·kg^{-1};0~6 km 垂直风切变最低阈值的建议值(25%百分位值)为 6.7 m·s^{-1}。

(5)对于暖云层厚度最低阈值的建议值(25%百分位)为 1.4 km。K 指数最低阈值的建议值(25%百分位)为 28.0 ℃,SI 指数最低阈值的建议值(25%百分位)为 −1.0 ℃,抬升指数(LI)最低阈值的建议值(25%百分位)为 −2.2 ℃,A 指数最低阈值的建议值(25%百分位)为 −7。

(6)北疆短时强降水 850 hPa 和 500 hPa 温差、地面至 700 hPa 露点温度均值、CAPE 值、0~6 km 垂直风切变、暖云层厚度、K 指数、SI 指数、抬升指数(LI)和 A 指数最低阈值的建议值(25%百分位值)分别为 26.0 ℃、5.1 ℃、162 J·kg^{-1}、7.5 m·s^{-1}、1.4 km、28.0 ℃、−0.7 ℃、−2.5 ℃和−3;南疆最低阈值的建议值(25%百分位值)分别为 28.0 ℃、4.0 ℃、98 J·kg^{-1}、6.0 m·s^{-1}、1.4 km、27.0 ℃、−1.1 ℃、−2.1 ℃和−9。

本书的分析方法尚有一定的局限性,新疆短时强降水多出现在凌晨,午后到傍晚,粗陋的时空分辨率远远超过 4 h;另外由于新疆短时强降水多出现在区域自动气象站,受资料的局限性,无法观测到短时强降水发生的同时是否伴有冰雹、雷雨大风等其他强对流天气。在本节对新疆西部各类短时强降水潜势阈值的讨论中,对气候概率及触发机制没有进行讨论,今后还需进一步细致分析。

第4章　新疆短时强降水天气的中尺度系统特征

4.1　资料及方法

应用新疆气象信息中心经过质量控制的区域自动气象站逐小时观测资料、ECMWF（简称"EC"）（0.25°×0.25°（高空）、0.125°×0.125°（地面））逐 3 h 再分析资料和新疆 8 部多普勒天气雷达探测资料，对伊犁州、天山北坡、南疆西部、阿克苏地区、巴州北部（简称巴州）等地 2010—2018 年暖季短时强降水过程的中尺度特征进行分析，并根据箱形图确定雷达探测参数阈值。

其他资料和方法参见第 1 章和第 2 章，在此不再赘述。

4.2　低空急流与短时强降水天气

新疆短时强降水天气一般伴随出现低空急流，主要有西南急流、偏西急流、西北急流、偏东急流、东南急流等，低空急流与中纬度气压系统（如锋面、气旋、低涡、高空急流中心等）有关。低空急流与其他中尺度系统共同作用，为新疆短时强降水的发生提供水汽、动力及不稳定条件等。

4.2.1　偏西（西南）低空急流

偏西（西南）低空急流主要与北疆伊犁州、塔城地区和阿勒泰地区短时强降水联系（图 4-1）。当低值系统主体随冷空气东移南下，上述地区常受低槽前偏南气流控制，850 hPa 或 700 hPa 中亚地区有一支偏西（西南）急流携带暖湿气流进入北疆西部北部，在西南急流、对流层低层及地面中尺度系统和中高层偏西气流共同作用下，垂直风切变增大，不稳定层结明显，造成该区域短时强降水天气。如 2015 年 7 月 5 日 18:00 伊犁州霍城县短时强降水发生前，5 日 14:00 中亚地区到伊犁州北部有 ≥24 m·s^{-1} 西南低空急流，伊犁州位于其前部辐合区，有利于水汽的辐合抬升和不稳定能量的聚集。

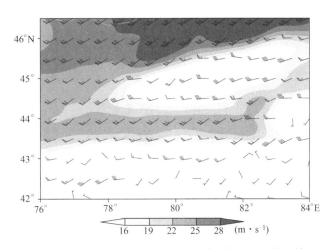

图 4-1　2015 年 7 月 5 日 14:00 700 hPa 风场（阴影区为偏西低空急流）

4.2.2　西北低空急流

高空低槽进入北疆后表现为"后倾槽"结构，即冷空气从低层先进入北疆，850～700 hPa 塔城—克拉玛依—天山北坡出现西北低空急流(图4-2),急流不断增强并维持,其携带湿冷空气东南下,天山以北区域位于低空西北急流出口区,由于天山地形阻挡,西北急流前端转为偏北风,与天山地形近乎垂直,增强了地形强迫抬升。

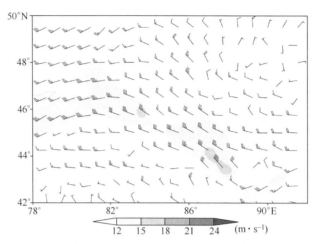

图4-2　2013年7月16日08:00 700 hPa风场(阴影区为西北低空急流)

天山北坡短时强降水过程850～700 hPa西北低空急流极为重要,是一个充分必要条件:一是其前方存在着速度和质量辐合,可以是天气尺度的,也可以是中小尺度的;二是遇天山地形作用产生强迫抬升,增强上升运动,将暖湿空气不断抬升至高空;三是与来自于不同高度不同方向的显著气流形成冷暖空气垂直切变,加剧大气层结不稳定并触发不稳定能量;四是利于低层水汽输送与辐合。在天山北坡短时强降水过程中均有西北低空急流遇天山地形辐合抬升,强降水出现在低空急流(大风速轴)出口区的前方或左前方。

4.2.3　低空东南急流

低空东南急流主要与阿勒泰地区东部短时强降水联系。当中亚低涡南伸至35°N附近时,前期主要影响南疆的强降水天气,随着中亚低涡的北移或东北移,北疆及阿勒泰地区东部出现强降水天气,形成新疆典型的大圆弧降水落区。在阿勒泰地区东部强降水开始前,700 hPa常形成一支由河西走廊—哈密—北塔山或沿着国境线至阿勒泰地区东部的东南低空急流,阿勒泰地区东部处于急流出口区前部辐合区,对应850 hPa常有气旋性辐合及切变配合。东南低空暖湿气流与中高层不同风向的气流形成垂直风切变,有利于不稳定层结的形成和加强,在中尺度系统的触发下易发生强对流天气,造成短时强降水。

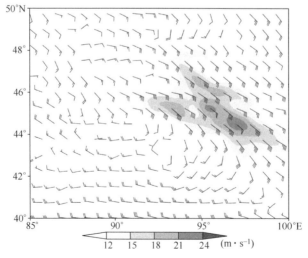

图4-3　2013年6月20日08:00 700 hPa风场(阴影区为东南低空急流)

4.2.4　偏东低空急流

偏东低空急流主要与南疆短时强降水联系。850～700 hPa 南疆盆地出现偏东低空急流(图 4-4),不断增强并维持,其携带暖湿空气进入南疆盆地西部,南疆西部位于急流出口区的左侧,由于西天山和帕米尔高原地形阻挡,偏东急流与帕米尔高原地形几乎垂直,增强了地形强迫抬升作用。

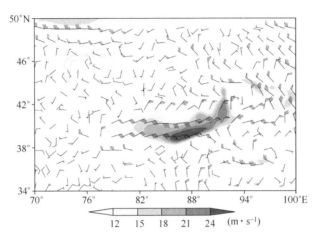

图 4-4　2018 年 5 月 15 日 08:00 700 hPa 风场(阴影区为偏东低空急流)

南疆西部短时强降水过程 850～700 hPa 偏东低空急流极为重要:一是遇帕米尔高原地形作用产生强迫抬升,增强上升运动,将暖湿空气不断抬高;二是与来自不同高度不同方向气流形成冷暖空气垂直切变,增强大气层结不稳定并触发不稳定;三是形成低层水汽输送及辐合。南疆西部短时强降水过程均有偏东低空急流遇帕米尔高原、昆仑山地形辐合抬升,强降水出现在低空急流出口区的前方或左前方,与中高层偏西或西南急流(显著气流)形成较强的垂直上升运动,造成南疆西部较大范围的强降水。

4.3　中尺度系统

短时强降水是在有利的大尺度环流背景下,由中尺度天气系统造成。由于新疆特殊的地形地貌,造成短时强降水的中尺度系统较为复杂,中尺度系统在地面图上主要有露点锋、切变线、辐合线等,850 hPa 或700 hPa 中尺度系统主要有切变线、辐合线及中尺度气旋等。短时强降水的发生、发展一般由一个或多个中尺度系统与天气尺度系统共同作用造成。

4.3.1　中尺度辐合线与切变线

新疆短时强降水过程多与低层辐合线、切变线有密切的关系。对 2010—2018 年新疆短时强降水过程分析表明,短时强降水发生在高空西南急流(或显著气流)与东南、偏西、西南、西北低空急流前部辐合及切变线的重叠区域内,短时强降水落区位于 700 hPa、850 hPa 辐合线或切变线附近。由于新疆地形复杂,不同区域辐合线与切变线表现形式有所不同。下面以天山北坡为例进行分析。

700 hPa 或 850 hPa 天山北坡主要表现为冷式切变线或辐合线:一是西北(偏北)风和西南(偏南)风的切变(图 4-5a),短时强降水关键区多出现在石河子市及其以西的沿天山一带;二是西北低空急流前部风速辐合区(图 4-5b),天山北坡发生短时强降水;三是偏北风和偏南风切变(图 4-5c),强降水区多位于乌鲁木齐附近、昌吉州及其以东地区。在天气尺度背景下低空切变线多属于 β 中尺度系统,冷暖空气对峙明显,斜压性强,短时强降水多出现在低空冷式切变线靠暖区一侧。

4.3.2　中尺度气旋

南疆短时强降水发生前及过程中,低层有中尺度气旋,主要表现为气旋性风场,与大范围短时强降水

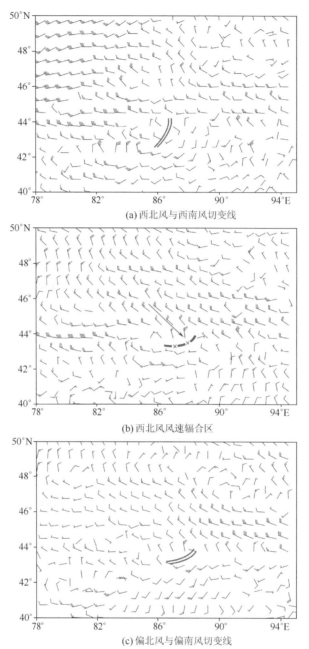

(a) 西北风与西南风切变线

(b) 西北风风速辐合区

(c) 偏北风与偏南风切变线

图 4-5　700 hPa 风场,天山北坡切变线(图中双实线为切变线,━×━为辐合区,细箭头为显著流线)

密切联系,下面以巴州短时强降水为例。

　　700 hPa 或 850 hPa 出现中尺度气旋,系统比较浅薄。如 2016 年 7 月 9 日 09:00—13:00,影响巴州北部自西向东一次区域性短时强降水过程,有 38 站次出现短时强降水,700 hPa 天山南坡为中尺度气旋系统(图 4-6)。由 2016 年 7 月 8 日 20:00 到 9 日 11:00 700 hPa 南疆盆地风场演变可知:短时强降水发生、发展过程与 700 hPa 中尺度气旋向东移动、演变密切联系。9 日 05:00(图 4-6a)库尔勒市西南侧均为西南气流,西南风速逐步增大,库车县附近偏北气流减弱,中尺度气旋西退至库车南侧,气旋西退时在轮台县周边出现小到中雨,局地大雨。而大范围短时强降水发生在 9 日 08:00 后,即 700 hPa 中尺度气旋中心开始缓慢向东移动时,11:00(图 4-6b)明显东移,中尺度气旋暖区一侧西南气流增强,造成 1 h 多达 10 站次出现短时强降水,其中轮台县轮南镇轮南小区 1 h 降水量为 31.8 mm;此时由于偏南气流与巴州库尔勒—尉犁境内的霍拉山和库鲁塔格山脉基本接近垂直,因此在山前中尺度气旋暖区一侧的沿山形成一条明显的西南—东北向中尺度地形辐合线。14:00(图略)位于轮台县附近的中尺度气旋逐步减弱东移,短时强降水结束。因此,巴州北部大范围短时强降水过程与中尺度气旋关系密切,移动性强的中尺度气旋与其暖区一侧

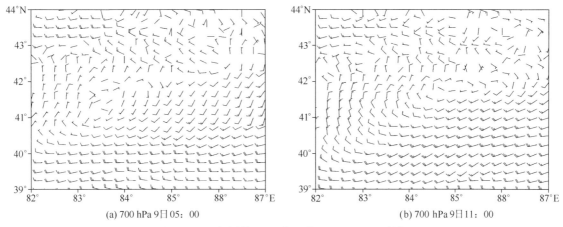

(a) 700 hPa 9日05：00　　　　　　　　　　(b) 700 hPa 9日11：00

图 4-6　EC 细网格 2016 年 7 月 9 日 700 hPa 风场

西南风风速辐合区及地形辐合线周边是短时强降水发生的主要落区。

4.3.3　地面中尺度系统

地面切变线、辐合线可能是中尺度天气系统在地面的反映，在强对流发生过程中起到抬升触发作用和对流系统组织作用，也可能是对流过程伴随因子。

（1）地面切变线

2015 年 6 月 9 日乌鲁木齐出现一次短时强降水、雷电、大风强对流天气，18：30—20：00（北京时，下同）乌鲁木齐降水量达 20.1 mm，其中 19：00—20：00 降水量达 14.7 mm，为乌鲁木齐站 1991 年有小时降水资料以来极值，18：30—20：00 乌鲁木齐站短时强降水主要集中在 4 个时段：第一阶段 18：35—18：50，降水量达 5.4 mm；第二阶段 19：10—19：25，降水量为 7.6 mm；第三阶段 19：25—19：40，降水量为 3.3 mm；第四阶段 19：45—20：00，降水量为 3.8 mm。

图 4-7 给出该强降水过程乌鲁木齐地区 21 个区域加密自动站观测的风场，强降水发生前北疆区域基

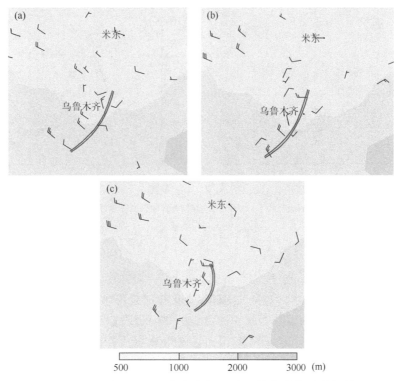

图 4-7　2015 年 6 月 9 日乌鲁木齐 21 个区域自动站观测的风场

(a)18：40，(b)19：10，(c)19：40（阴影为地形）

47

本为一致西北风,风速多小于 4 m·s^{-1}。18:00 左右近地层西北风明显增大,伴随对流单体移到乌鲁木齐,区域自动站观测到 18:35 左右乌鲁木齐区域地面风速突然加大,并出现西北风与西南风地面中尺度切变线。18:40(图 4-7a),西北风与西南风进一步增强且切变线尺度约在 20 km 以内,此切变线伴随对流单体移到乌鲁木齐而出现,18:35—18:50 乌鲁木齐降水量达 5.4 mm,此后对流单体减弱,西北风与西南风速明显减弱,地面切变线也随之减弱,随着 19:10 昌吉 γ 中尺度对流单体移动到乌鲁木齐。19:10(图 4-7b)西北风与西南风速再次增强,地面切变线再次出现,19:10—19:20 乌鲁木齐出现 6.2 mm 降水。19:30—19:40 和 19:45—19:55 发展 2 个新生 γ 中尺度对流单体影响乌鲁木齐,19:40(图 4-7c)西北风与西南风切变再次出现形成地面切变线,此阶段乌鲁木齐分别出现 2.6 mm 和 2.9 mm 降水,20:00 以后随着西北低空急流减弱,线状多单体回波减弱,地面切变线减弱消失,短时强降水随之结束。从风廓线雷达和天气雷达观测可知,γ 中尺度对流单体在中尺度低空急流上出现,γ 中尺度对流单体生命史约为 20 min,西北风与西南风切变形成地面中尺度切变线伴随对流单体出现,4 个中尺度切变线生命史也约为 15~20 min。从目前的观测手段看,天气雷达能反映 γ 中尺度对流单体演变,逐 5 min 区域自动站观测反映出 γ 中尺度地面切变线伴随对流单体出现。

(2)地面中尺度高压前沿辐合线

天山北坡短时强降水发生前地面冷高压中心位于中亚地区巴尔喀什湖附近,在中低层冷平流强迫作用下地面加压,冷高压舌沿着天山地形进入北疆,高压舌气压值为 1006~1012 hPa(图 4-8),3 h 内有 3~5 hPa 加压,中尺度高压舌前地面辐合线造成天山北坡短时强降水,该辐合线在短时强降水 0~2 h 前增强,对短临预警有一定的指示意义。

南疆短时强降水天气也存在中尺度高压前沿辐合线,由南疆盆地偏东(东北)气流引起的辐合线最为常见。由于南疆盆地三面环山向东开口的特殊地形,地面冷高压舌或中尺度高压由南疆盆地东部进入南疆西部,南疆西部 24 h 地面气压上升 5~10 hPa,在中尺度高压前沿阿克苏地区东部形成中尺度辐合线,强降水落区位于辐合线附近,且辐合线的位置与偏东气流西伸程度和高空影响系统的位置相关(图 4-9)。

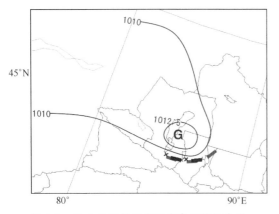

图 4-8 天山北坡地面中尺度高压前辐合线

(黑实线为地面等压线,—×—线为辐合线)

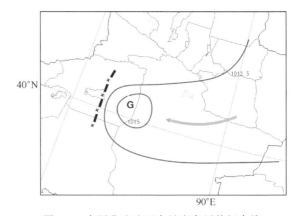

图 4-9 南疆盆地地面中尺度高压前辐合线

(黑实线为地面等压线,—×—线为辐合线,灰箭实线为冷空气路径)

4.3.4 地面露点锋

新疆短时强降水过程发生前 2 m 温度和 2 m 露点温度场(简称温度、露点)常常能够分析出露点锋,对短时强降水预报具有重要的指示意义。下面以阿勒泰地区短时强降水天气为例。

短时强降水发生前,在阿尔泰山或萨吾尔山的沿山一带,低压或低压舌(倒槽)北部、东北部或南部存在温度锋区和露点锋区。如 2017 年 6 月 30 日 14:00—18:00 发生在阿勒泰地区西部(哈巴河县、布尔津县)和中部(阿勒泰市、福海县)的短时强降水过程,露点锋区在强降水发生前 6 h 逐渐增强,到前 3 h 达最强,1 h 前迅速减弱。在 2 m 露点场上,08:00、11:00、14:00 露点温度梯度分别为:20.0 ℃·(100 km)$^{-1}$、31.6 ℃·(100 km)$^{-1}$、11.8 ℃·(100 km)$^{-1}$;在 2 m 温度场上,08:00、11:00、14:00 温度梯度分别是:

21.6 ℃ • (100 km)$^{-1}$、19.9 ℃ • (100 km)$^{-1}$、23.1 ℃ • (100 km)$^{-1}$,温度锋区在短时强降水发生前强度明显增强(图 4-10a)。2016 年 7 月 22 日(图 4-10b)19:00—20:00 发生在吉木乃县拉斯特村南(萨吾尔山的丘陵区)的短时强降水,08:00—17:00 露点温度梯度由 28.2 ℃ • (100 km)$^{-1}$ 增至 51.7 ℃ • (100 km)$^{-1}$,温度锋区由 54.7 ℃ • (100 km)$^{-1}$ 减小到 36.5 ℃ • (100 km)$^{-1}$;20:00 露点温度梯度减小到 41.0 ℃ • (100 km)$^{-1}$,温度锋区则增强到 41.7 ℃ • (100 km)$^{-1}$。由此可见,温度锋区在短时强降水前或发生时有一个增强过程,露点锋在短时强降水前明显增强,对短时强降水的发生有较好的预报指示意义。

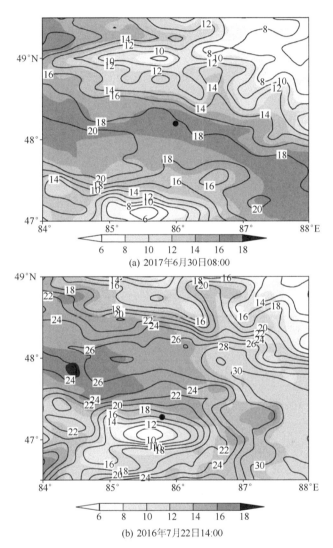

(a) 2017年6月30日08:00

(b) 2016年7月22日14:00

图 4-10　EC 2 m 要素场(实线表示温度、填色表示露点温度,单位:℃;黑点是短时强降水中心)

4.4　短时强降水天气的雷达观测特征与预警阈值

根据对流系统生成发展机制、生命史和新疆短时强降水过程的关系,参照孙继松等(2014)和俞小鼎等(2006)对风暴的分类方法,影响新疆短时强降水天气的对流风暴主要有:合并加强多单体雷暴(合并加强型)、线状多单体雷暴(线状多单体)、列车效应、孤立对流单体风暴 4 类。(1)合并加强型:表现为从多方向(至少 1 个方向)移入的 1 个以上的对流单体进入影响地区后,受中尺度系统辐合等影响,多个回波(或与本地块状回波)聚合加强,特点是回波强度较强,雨强较大,范围较小;(2)线状多单体雷暴(包括飑线):呈西南—东北向或南—北向排列的多单体风暴整体向下游传播,其传播方向与降水落区的夹角较小,短时强降水范围较大,常造成区域性的短时强降水过程;飑线风暴造成短时强降水也归到此类中;(3)列车效应:

该类回波是线状多单体雷暴的特例,是相对独立的多个对流单体沿着高空引导气流或低空急流的方向传播,在移动过程中相继影响同一地区造成短时降水;(4)孤立对流单体:一类为雷达回波孤立发展的对流单体,另一类为层状云降水回波中存在孤立的中尺度对流云团,具有降水范围大、强度弱、质心低、降水时间长等特点;孤立对流单体回波强度一般在30~45 dBz,强回波高度低于4 km,生命史较短。上述4类对流风暴均可以发展为超级单体,因此,本书不单独对超级单体进行分析。

由表4-1可知,在新疆8部多普勒雷达有效探测范围内,2010—2018年全疆共出现233次短时强降水过程,合并加强型对流风暴86次,占总次数的36.9%,是发生最多的一类对流风暴,各地均有发生。其中,南疆西部最多;其次是孤立对流单体81次,占总次数的34.8%,主要发生在阿克苏和天山北坡;列车效应型47次,占总次数的20.2%,主要发生在天山北坡;线状多单体最少只有19次,占总次数的3.9%。造成天山北坡短时降水的雷达回波合并加强、列车效应、孤立对流单体均较多。伊犁州和南疆西部及巴州以合并加强型为主。阿克苏地区短时强降水以孤立对流单体和合并加强型为主。下面对各地州雷达回波主要参数做箱形图分析。

表 4-1　新疆各地雷达回波分类(单位:次)

	合并加强型	线状多单体	列车效应型	孤立对流单体	合计
伊犁州	18	6	9	7	40
天山北坡	20		23	16	59
南疆西部	26		11	5	42
阿克苏	13	9	1	50	73
巴州	9	4	3	3	19
合计	86	19	47	81	233

4.4.1　伊犁哈萨克自治州

统计伊犁州雷达有效范围的40次短时强降水过程,按照雷达反射率因子特征得到该区域有4类对流风暴:合并加强型18次、列车效应型9次、孤立对流单体7次及线状多单体6次(表4-1)。下面对主要雷达参数做集合箱形图分析。样本总数代表相应地州雷达回波的总体情况,如伊犁州短时强降水个例40个,在讨论时就以40个个例的雷达回波参数做相应的统计分析(下同)。在对各地州雷达回波参数进行分型时,部分类型个例较少,统计学意义不足,本节对满足5~10个个例的类型也进行统计分析,其阈值在业务工作中要结合实际天气分析运用。

4.4.1.1　最大反射率因子强度

图4-11为伊犁州短时强降水对流风暴最大反射率因子强度箱形图,图中线段的最高点为统计最大值,最低点为统计最小值,箱形的上部框线为上四分位值,下部框线为下四分位值,箱内线为中位线,"×"

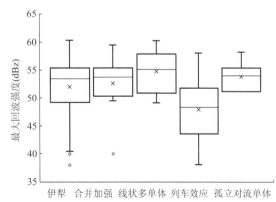

图 4-11　伊犁州4类对流风暴短时降水个例最大反射因子强度(单位:dBz)箱形分布图

为平均值(下同)。中位线(该线不一定位于箱形正中间)表示包含样本总数50%个例的样本数值,从最小值到上四分位值、下四分位值分别表示包含样本总数的75%和25%(下同)。图中空心圆点为异常值。伊犁州最大回波强度箱体较窄,说明最大回波强度值较集中;除2个异常极小值外,回波在40~60 dBz,25%~75%四分位值分别为49~55 dBz,中位数为53 dBz,平均值为52 dBz。从4类短时强降水的雷达最大反射率因子强度箱线分布图(图4-11)可知,合并加强型、线状多单体型及孤立对流单体的值比较集中,箱体较窄,列车效应型箱体宽于其他3型,值较分散。合并加强型、线状多单体、列车效应型和孤立对流单体最大反射率因子的中位数依次为 54 dBz、55 dBz、48 dBz 和 54 dBz;平均值分别为 53 dBz、55 dBz、48 dBz 和 54 dBz,都强于 45 dBz。其中,列车效应明显小于其他 3 型,也小于伊犁州最大反射率因子强度平均值(52 dBz)。对比分析最小值,合并加强型为 50 dBz,线状多单体为 49 dBz,列车效应型 38 dBz 和孤立对流单体型 51 dBz。最大值分别为 50 dBz、60 dBz、58 dBz、58 dBz。可见,线状多单体最大超过 60 dBz,在近 9 a 伊犁州雷达有效探测半径内也仅有 1 例,极值为 60.3 dBz,造成 3 个县共 14 个站出现 10 mm·h⁻¹ 以上短时强降水,最大雨强为 22.2 mm·h⁻¹。合并加强型、线状多单体、列车效应型和孤立对流单体型短时强降水的最大反射率因子强度分别为 50～60 dBz、49～60 dBz、38～58 dBz 和 51～58 dBz;25%～75%四分位值分别为 50～55 dBz、52～57 dBz、45～49 dBz 和 51～55 dBz,列车效应型的 25%四分位值明显小于其他 3 类,75%四分位值列车效应型也是明显小于其他 3 型,而其他 3 型相当。统计发现,雨强超过 24 mm·h⁻¹ 的短时强降水最大反射率因子强度均超过 50 dBz。可以将最大反射率因子强度 25%四分位值作为伊犁州短时强降水阈值。

4.4.1.2　强回波中心(40 dBz)顶高

图 4-12 为伊犁州短时强降水 4 类对流风暴雷达强回波中心(40 dBz)顶高箱形分布。伊犁州、合并加强型、列车效应型箱体较窄,强回波顶高较为集中。伊犁州、合并加强型、线状多单体、列车效应型和孤立对流单体型雷达强回波中心顶高的中位数依次为 4.0 km、3.9 km、4.0 km、4.1 km 和 4.1 km,平均值分别为 4.2 km、3.9 km、4.3 km、4.2 km 和 4.6 km,伊犁州及 4 类差别不大。剔除异常极大值和异常极小值,伊犁州及其短时强降水 4 类对流风暴强回波中心顶高最小值分别为 3.6 km、3.6 km、2.4 km、4.0 km 和 2.0 km,线状多单体和孤立对流单体较小,其他 2 类较大;最大值为 4.8 km、4.4 km、4.0 km、4.8 km、6.3 km,孤立对流单体较高。伊犁州有 4 个异常极大值(6.0 km、6.2 km、8 km、8.2 km)和 3 个异常极小值(1.8 km、2.0 km、2.4 km);合并加强型有 2 个(2.0 km、1.8 km)异常极小值,和一个

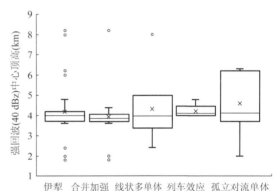

图 4-12　伊犁州 4 类对流风暴短时强降水个例强回波中心(40 dBz)顶高(单位:km)箱形图

异常极大值(8.2 km),线状多单体有 1 个异常极大值(8.0 km),其中强回波中心顶高达 8.2 km 的个例小时雨强为 21.8 mm·h⁻¹。伊犁州、合并加强型、线状多单体、列车效应型和孤立对流单体型强回波中心顶高分别为 3.6～4.8 km、3.6～4.4 km、2.4～4 km、4～4.8 km 和 2～6.3 km;25%～75%四分位值分别为 3.7～4.2 km、3.7～4.4 km、3.8～4.0 km、4.0～4.8 km 和 3.8～6.3 km,基本一致;75%四分位值孤立对流单体为 6.3 km,其他均小于 5 km。伊犁州夏季短时强降水大多为低质心回波的高效率降水。造成雨强超过 24 mm·h⁻¹ 短时强降水的强回波中心顶高为 4 km 左右的低质心回波。因此以≥40 dBz 强回波中心顶高≥3.7 km 为阈值。

4.4.1.3　其他导出雷达产品

(1)回波顶高(ET)

图 4-13 为伊犁州短时强降水 4 类对流风暴的雷达回波顶高箱线分布,除合并加强型箱体较窄外,其他 3 类回波顶高分布比较分散,ET 分布较分散。合并加强型有 1 个异常极小值 7.1 km。伊犁州、合并加强型、线状多单体、列车效应型和孤立对流单体 ET 中位数依次为 9.4 km、9.4 km、9.8 km、6.6 km 和 9.1 km,列车效应型较低,其他基本一致,ET 平均值分别为 9.3 km、9.7 km、9.7 km、7.7 km 和 9.6 km。可以看出,列车效应型 ET 较低,一般产生的短时短强水为 10.0～15 mm·h⁻¹,

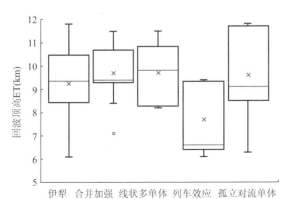

图 4-13　伊犁州 4 类对流风暴短时强降水个例回波顶高(单位:km)箱形分布图

且维持时间较长,一般在 30 min 以上。伊犁州、合并加强型、线状多单体、列车效应型和孤立对流单体 ET 分别为 6.0~11.8 km、8.4~11.5 km、8.2~11.5 km、6.1~9.4 km 和 6.3~11.8 km。伊犁州及 4 类对流风暴 ET 的 25%~75%四分位值分别为 8.4~10.5 km、9.3~10.4 km、8.6~10.8 km、6.5~9.4 km 和 8.5~11.7 km,25%四分位值列车效应型较其他 3 型偏低,而 75%四分位值孤立对流单体大于其他 3 型。雨强超过 24 mm·h^{-1} 的回波顶高大多数超过 9.4 km,也超过所有个例回波顶高平均态(9.3 km)。4 类对流风暴 ET 阈值为 25%四分位值。

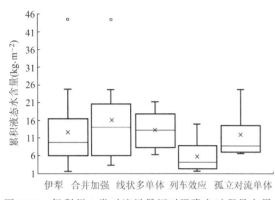

图 4-14　伊犁州 4 类对流风暴短时强降水过程最大累积液态水含量(单位:kg·m^{-2})箱线图

(2)最大累积液态水含量(VIL)

图 4-14 为伊犁州短时强降水 4 类对流风暴的雷达 VIL 箱形分布图,合并加强型箱体宽度明显宽于其他 3 类,且存在 2 个异常极大值(44.5 kg·m^{-2}、45.0 kg·m^{-2}),线状多单体和孤立对流单体相差不大,列车效应型 VIL 值分布比较集中。伊犁州、合并加强型、线状对流单体、列车效应型和孤立对流单体 VIL 的中位数依次为 9.7 kg·m^{-2}、14.0 kg·m^{-2}、13.2 kg·m^{-2}、4.1 kg·m^{-2} 和 8.7 kg·m^{-2};平均值分别为 12.6 kg·m^{-2}、16.1 kg·m^{-2}、13.2 kg·m^{-2}、5.7 kg·m^{-2} 和 11.8 kg·m^{-2},列车效应型小于其他 3 型。去掉异常极值点,VIL 范围分别为 1.6~24.7 kg·m^{-2}、6.0~24.6 kg·m^{-2}、6.2~21.2 kg·m^{-2}、1.6~14.9 kg·m^{-2} 和 6.6~24.7 kg·m^{-2},可见合并加强型、线状对流单体和孤立对流单体相差较大,而列车效应型最小。VIL 最小值为 1.6~6.6 kg·m^{-2},最大值为 21.2~24.7 kg·m^{-2},而异常极值点 44.5 kg·m^{-2}、45 kg·m^{-2} 个例小时雨强为 27.5 mm·h^{-1},3 h 累积雨量 52.3 mm;VIL 的 25%~75%四分位值分别为 6.0~16.4 kg·m^{-2}、6.1~20.6 kg·m^{-2}、8.2~17.8 kg·m^{-2}、2.3~8.7 kg·m^{-2} 和 6.9~14.5 kg·m^{-2},可见,列车效应型 25%四分位值较其他 3 型明显偏小,而合并加强型 75%四分位值最大,列车效应型最小。伊犁州短时强降水最大累积液体水含量的阈值为 ≥6.0 kg·m^{-2}。

4.4.1.4　径向速度图识别特征

图 4-15 为伊犁州短时强降水 4 类对流风暴有无逆风区比例分布图,根据雷达平均径向速度图识别而分析得到的统计结果。伊犁州短时强降水个例中 35%识别出逆风区,其中合并加强型、线状多单体、列车效应型和孤立对流单体型分别有 28%、50%、22%、57%可识别出逆风区。大多数短时强降水过程中低层在径向速度图上存在辐合,能识别出中气旋的只有 2 例,说明伊犁州由超级单体风暴造成的短时强降水过程为小概率事件。

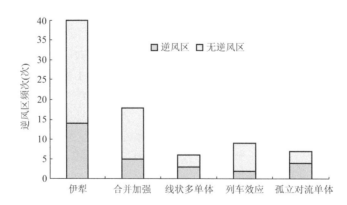

图 4-15　伊犁州 4 类对流风暴短时强降水个例有无逆风区的比例分布图

4.4.1.5　风暴回波参数阈值

通过对伊犁州短时强降水个例雷达回波特征的统计分析,总结出各类型回波阈值(表 4-2)。由表 4-1 可知,线状多单体、列车效应、孤立对流单体个例较少(6~9 次),统计学意义不足。而表 4-2 中最大回波强度列车效应型为≥45 dBz,其他 2 类均>49 dBz,因此以最大回波强度≥49 dBz 为伊犁州的阈值,但在预报业务中其他类型的短时强降水根据实际情况具体分析。同样,强回波中心高度、回波顶高、累积液态水含量等阈值参见表 4-2。值得注意的是线状多单体、列车效应和孤立对流单体的阈值由于个例较少,在实际预报业务中需要结合天气分析应用。

表 4-2　新疆伊犁州短时强降水及各类风暴回波阈值

	合并加强型	线状多单体	列车效应	孤立对流单体	伊犁州
最大回波强度(dBz)	50.0*	52.0	45.0	51.0	49.0*
强回波中心顶高(km)	3.7*	3.8	4.0	3.8	3.7*
回波顶高 ET(km)	9.3*	8.6	6.5	8.5	8.4*
累积液态水含量(kg·m^{-2})	6.1*	8.2	2.3	6.9	6.0*

注:带 * 表示为伊犁州雷达回波可参考阈值,其他阈值因个例<10 个(业务运用需根据实际情况分析,下同)

4.4.2　天山北坡

统计天山北坡石河子、克拉玛依及乌鲁木齐 3 部雷达有效探测范围内 59 次短时强降水过程,按照雷达反射率因子特征得到该区域有 3 种类型对流风暴:合并加强型、列车效应型、孤立对流单体。下面对主要雷达参数做集合箱形图分析。

4.4.2.1　最大反射率因子强度

由天山北坡 3 类对流风暴短时强降水的雷达最大反射率因子强度箱形分布(图 4-16)可见,天山北坡、合并加强型、列车效应型值分布比较集中,孤立对流单体型箱体宽于其他两型及天山北坡,分布较分散。天山北坡、合并加强型、列车效应型和孤立对流单体型的最大反射率因子强度中位数依次为 52 dBz、51 dBz、52 dBz 和 47 dBz,平均值分别为 50 dBz、51 dBz、52 dBz 和 47 dBz,都强于 45 dBz,其中,孤立对流单体明显小于其他两型及天山北坡,也小于天山北坡最大反射率因子强度平均值(50 dBz)。天山北坡及各类对流风暴短时强降水最大反射率因子强度最小值为 35～40 dBz,最小值范围个例仅占总数的 15.3%,即大多数超过 45 dBz;而最大值为 62～63 dBz,仅有 4 例,其中出现 63 dBz 个例小时雨强为 28.6 mm·h^{-1}。天山北坡、合并加强型、列车效应型和孤立对流单体最大反射率因子强度分别为 35～63 dBz、39～63 dBz、40～62 dBz 和 35～62 dBz;25%～75%四分位值分别为 47～55 dBz、48～56 dBz、49～55 dBz 和 37～54 dBz,孤立对流单体 25%四分位值明显小于其他两类,而合并加强型 75%四分位值和列车效应型相当,孤立对流单体略偏小。统计发现,雨强超过 24.0 mm·h^{-1} 的短时强降水最大反射率因子强度均超过 50 dBz。因此,取天山北坡最大反射率因子强度≥47 dBz 为阈值。

4.4.2.2　强回波中心(40 dBz)顶高

图 4-17 为天山北坡短时强降水 3 类对流风暴的雷达强回波中心(40 dBz)顶高箱形分布,天山北坡、合

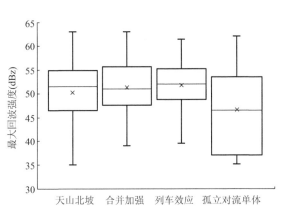

图 4-16　天山北坡 3 类对流风暴短时强降水最大反射率因子强度(单位:dBz)箱形分布图

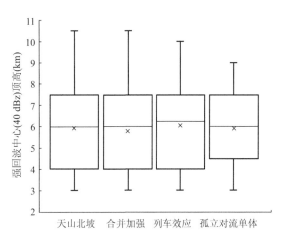

图 4-17　天山北坡 3 类对流风暴短时强降水强回波中心(40 dBz)顶高(单位:km)箱形分布图

并加强型、列车效应型和孤立对流单体强回波中心顶高的中位数依次为 6.0 km、6.0 km、6.3 km 和 6.0 km，平均值分别为 5.9 km、5.8 km、6.1 km 和 5.9 km，天山北坡及 3 类差别不大。天山北坡及 3 类对流风暴短时强降水强回波中心顶高最小值均为 3.0 km；而最大值为 9.0～10.5 km，仅为个例总数的 10％，其中强回波中心顶高达 10.5 km，个例小时雨强为 33.8 mm·h^{-1}（所有个例中的次强雨强）。天山北坡、合并加强型、列车效应型和孤立对流单体强回波中心顶高分别为 3.0～10.5 km、3.0～10.5 km、3.0～10.0 km 和 3.0～9.0 km；25％～75％四分位值分别为 4.0～7.5 km、4.0～7.5 km、4.0～7.5 km 和 4.5～7.5 km，基本一致。而雨强超过 24.0 mm·h^{-1} 短时强降水的强回波中心顶高为 4.0 km 左右的低质心回波或强回波中心顶高超过 7.0 km 的高质心回波。因此，取天山北坡短时强降水强回波中心顶高 ≥4.0 km 为阈值。

4.4.2.3 其他导出雷达产品

（1）回波顶高（ET）

图 4-18 为天山北坡短时强降水 3 类对流风暴 ET 箱形分布图，列车效应型箱体宽于其他两型和天山北坡，ET 分布较分散，合并加强型和孤立对流单体 ET 比较集中。天山北坡、合并加强型、列车效应型和孤立对流单体 ET 中位数依次为 10.7 km、10.2 km、10.8 km 和 11.3 km，平均值分别为 10.4 km、10.5 km、10.1 km 和 10.6 km，都高于 10.0 km。天山北坡及合并加强型、列车效应型和孤立对流单体 ET 分别为 4.7～14.5 km、7.9～14.5 km、4.7～14.1 km 和 6.7～12.5 km，可见，列车效应型的回波顶高最小，合并加强型最大，且此个例的 ET 高达 10.5 km。天山北坡及 3 类对流风暴 ET 的 25％～75％四分位值分别为 8.7～11.9 km、9.5～11.9 km、7.8～12.1 km 和 9.3～11.8 km，列车效应型 25％四分位值较其他两型偏低，而 75％四分位值略大于其他两型，天山北坡短时强降水 ET 阈值为 ≥8.7 km。雨强超过 24.0 mm·h^{-1} 的 ET 大多数超过 10.0 km，也超过所有个例回波顶高平均态。

（2）最大累积液态水含量（VIL）

图 4-19 为天山北坡 3 类短时强降水的雷达 VIL 箱形分布。天山北坡及合并加强型、列车效应型和孤立对流单体 3 类 VIL 箱体宽度差别不大，VIL 值分布均比较集中。天山北坡及合并加强型、列车效应型和孤立对流单体的 VIL 平均值依次为 11.2 kg·m^{-2}、11.8 kg·m^{-2}、11.3 kg·m^{-2} 和 10.0 kg·m^{-2}；中位值分别为 9.0 kg·m^{-2}、9.6 kg·m^{-2}、9.1 kg·m^{-2} 和 8.1 kg·m^{-2}，其中孤立对流单体小于其他 2 型；去掉极值点，VIL 范围分别为 5.0～20.6 kg·m^{-2}、6～17.6 kg·m^{-2}、5.0～20.1 kg·m^{-2} 和 5.0～20.6 kg·m^{-2}，可见 3 类差别较小，VIL 最小值为 5.0～6.0 kg·m^{-2}，最大值为 18.0～20.6 kg·m^{-2}，而极值点 32.1 kg·m^{-2} 的个例小时雨强为 15.2 mm·h^{-1}；25％～75％四分位值分别为 7.0～12.5 kg·m^{-2}、8.2～12.5 kg·m^{-2}、7.0～12.5 kg·m^{-2} 和 6.5～12.2 kg·m^{-2}，2 孤立对流单体型 25％四分位值较其他两型偏低，而 75％四分位值 3 类相当。因此，天山北坡短时强降水 VIL 阈值为 ≥6.5 kg·m^{-2}。

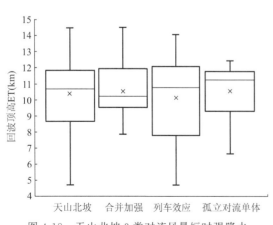

图 4-18　天山北坡 3 类对流风暴短时强降水
回波顶高（单位：km）箱形分布图

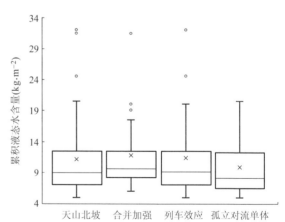

图 4-19　天山北坡 3 类对流风暴短时强降水过程最大
累积液态水含量（单位：kg·m^{-2}）箱形图

4.4.2.4　雷达速度图识别特征

图 4-20 为天山北坡短时强降水 3 类对流风暴有无逆风区比例分布图。天山北坡短时强降水个例中 81％识别出逆风区,其中合并加强型、列车效应型分别有 95％、91％可识别出逆风区,而孤立对流单体仅 50％能识别出逆风区。大多数个例也能够识别出径向速度辐合,中气旋只有 1 例,和伊犁州一样,天山北坡由超级单体造成的短时强降水为小概率事件,但天山北坡短时强降水中逆风区所占比率明显大于伊犁州。

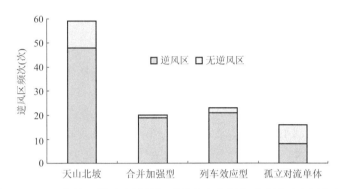

图 4-20　天山北坡 3 类对流风暴短时强降水个例有无逆风区比例分布图

4.4.2.5　风暴回波阈值

根据上述对天山北坡短时强降水及各类雷达回波的分析,总结出该区域雷达强回波中心高度、回波顶高、最大累积液态水含量略高于伊犁州,尤其是列车效应型明显高于伊犁州,这可能是该型在伊犁州个例较少的缘故,有待在今后的工作中用更多的个例来验证。

表 4-3　天山北坡短时强降水及各类风暴回波阈值

	合并加强型	列车效应型	孤立对流单体	天山北坡
最大回波强度(dBz)	48.0	49.0	37.0	47.0
强回波中心顶高(km)	4.0	4.0	4.5	4.0
回波顶高 ET(km)	9.5	7.8	9.3	8.7
累积液态水含量(kg·m^{-2})	8.2	7.0	6.5	7.0

4.4.3　南疆西部

统计南疆西部雷达有效范围内 42 次短时强降水过程,按照雷达反射率因子特征得到该区域有 3 类对流风暴:合并加强型 26 次、列车效应型 11 次、孤立对流单体 5 次。下面对主要雷达参数做集合箱线图分析如下。

4.4.3.1　最大反射率因子强度

南疆西部短时强降水 3 类对流风暴的雷达最大反射率因子强度箱形分布见图 4-21,南疆西部和列车效应型所对应的箱体宽于合并加强型、孤立对流单体型,最大反射率因子强度值较分散。南疆西部及合并加强型、列车效应型和孤立对流单体型的最大反射率因子强度平均值分别为 50 dBz、51 dBz、51 dBz、44 dBz,中位数依次为 50 dBz、51 dBz、52 dBz 和 45 dBz,强于 40 dBz,孤立对流单体明显小于其他两型,且小于南疆西部最大反射率因子强度平均值 50 dBz。短时强降水各类对流风暴最大反射率因子强度最小值均大于 40 dBz,仅合并加

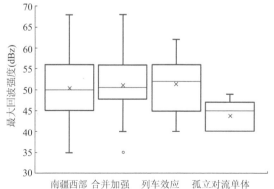

图 4-21　南疆西部 3 类对流风暴短时强降水最大反射率因子强度(单位:dBz)箱形图

强型有 1 个异常极小值 35 dBz,占个例总数的 2.4%,大多数超过 40 dBz;而最大值为 49～68 dBz,其中出现 68 dBz 个例小时雨为 25.2 mm·h⁻¹,并伴有冰雹。南疆西部及合并加强型、列车效应型和孤立对流单体最大反射率因子强度 25%～75%四分位值分别为 45～56 dBz、48～56 dBz、45～56 dBz 和 40～47 dBz,南疆西部及各型最大反射率因子强度分别为 35～48 dBz、40～68 dBz、40～62 dBz 和 40～49 dBz,孤立对流单体 25%～75%四分位值明显小于其他两类。由于孤立对流单体个例较少,因此,南疆西部短时强降水的最大回波强度阈值为≥45 dBz。雨强大于 20.0 mm·h⁻¹ 的短时强降水最大反射率因子强度均超过 50 dBz。

4.4.3.2 强回波中心顶高(40 dBz)

图 4-22 为南疆西部短时强降水 3 类对流风暴的雷达强回波中心(40 dBz)顶高箱形分布。南疆西部及合并加强型、列车效应型和孤立对流单体强回波中心顶高的中位数依次为 4.0 km、4.0 km、4.0 km 和 3.0 km,平均值分别为 4.5 km、4.5 km、4.7 km 和 4.0 km,差别不大。对比分析最小值和最大值,各种类型对流风暴强回波中心顶高最小值为 2.0～3.0 km;而最大值为 7.0～8.0 km,为个例总数的 15.0%,其中强回波中心顶高达 8.0 km 的个例小时雨强为 25.2 mm·h⁻¹。南疆西部及合并加强型、列车效应型和孤立对流单体强回波中心顶高 25%～75%四分位值分别为 3.0～6.0 km、3.0～6.0 km、3.0～6.0 km 和 3.0～5.5 km,基本一致。而雨强超过 20.0 mm·h⁻¹ 短时强降水的强回波中心顶高为 3.0 km 左右的低质心回波或强回波中心顶高超过 5 km 的高质心回波。因此,取南疆西部强回波中心顶高的阈值≥3.0 km。

4.4.3.3 其他导出雷达产品

(1)回波顶高 ET

图 4-23 为南疆西部短时强降水 3 类对流风暴的雷达回波顶高箱形分布图,孤立对流单体箱体明显宽于其他两型,回波顶高值分布较分散,合并加强和列车效应型回波顶高分布比较集中。南疆西部及合并加强型、列车效应型和孤立对流单体 ET 的中位数依次为 8.0 km、8.0 km、8.0 km 和 6.0 km,平均值分别为 7.8 km、7.9 km、8.1 km 和 6.6 km,都高于 6.0 km。南疆西部及合并加强型、列车效应型和孤立对流单体 ET 分别为 4.0～10.0 km、6.0～10.0 km、8.0～9.0 km 和 4.0～10.0 km,孤立对流单体回波顶高最小值,合并加强型和孤立对流单体的最大值均为 10 km;南疆西部及 3 类短时强降水 ET 的 25%～75%四分位值分别为 7.0～9.0 km、7.0～9.0 km、8.0～9.0 km 和 4.5～9.0 km。可见,孤立对流单体 25%四分位值 ET 较其他两型明显偏低,而 75%四分位值与其他两型较为一致。因此,南疆西部短时强降水回波顶高阈值为≥7.0 km。雨强超过 20.0 mm·h⁻¹ 的回波顶高大多数超过 8.0 km,也超过所有个例回波顶高平均值。

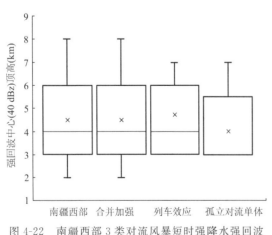

图 4-22 南疆西部 3 类对流风暴短时强降水强回波中心(40 dBz)顶高(单位:km)箱形分布图

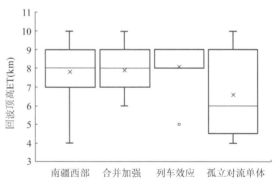

图 4-23 南疆西部 3 类对流风暴短时强降水个例回波顶高(单位:km)箱形分布图

(2)最大累积液态水含量 VIL

图 4-24 为南疆西部短时强降水 3 类对流风暴的雷达 VIL 箱形分布,合并加强型和列车效应型箱体较宽,VIL 较分散,合并加强型有 2 个异常极大值;孤立对流单体箱体较窄,VIL 较集中。南疆西部及合并加

强型、列车效应型和孤立对流单体 VIL 中位数依次为
11.5 kg·m⁻²、12.0 kg·m⁻²、13.0 kg·m⁻² 和
3.0 kg·m⁻²;平均值分别为 13.4 kg·m⁻²、14.2 kg·
m⁻²、15.5 kg·m⁻² 和 4.2 kg·m⁻²,其中孤立对流单
体 VIL 明显小于其他两型;去掉异常极值点,VIL 范围
分别为 2.0～32.0 kg·m⁻²、2.0～26 kg·m⁻²、3.0～
32.0 kg·m⁻² 和 3.0～6.0 kg·m⁻²,VIL 最小值为
2.0～3.0 kg·m⁻²,各类相差不大;最大值为 6.0～
32.0 kg·m⁻²,孤立对流单体 VIL 明显小于其他两类
型。25%～75% 四分位 VIL 值分别为 5.8～17.0 kg·
m⁻²、5.8～17.3 kg·m⁻²、9.0～21.0 kg·m⁻² 和

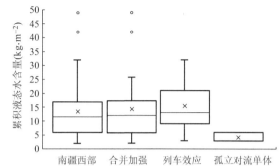

图 4-24　南疆西部 3 类对流风暴短时强
降水过程最大累积液态水含量(单位:kg·m⁻²)箱形图

3.0～6.0 kg·m⁻²,可见,孤立对流单体 VIL 的 25% 四分位值至 75% 四分位值均较其他两型偏低,而孤立对流单体个例较少,因此,南疆西部最大累积液态水含量的阈值是 ≥5.8 kg·m⁻²。

4.4.3.4　雷达速度图识别特征

图 4-25 为南疆西部 3 类对流风暴短时强降水有无逆风区比例分布。可见,南疆西部短时强降水个例中 83% 识别出逆风区,其中合并加强型、列车效应型分别有 92%、82% 可识别出逆风区,而孤立对流单体仅 40% 能识别出逆风区。大多数个例在中低层能够识别出径向速度辐合,而中气旋只有 2 例,因此,由超级单体造成的短时强降水在南疆西部也是小概率事件。

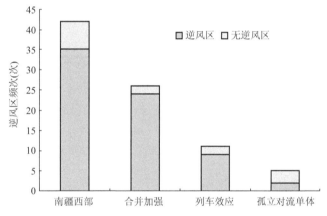

图 4-25　南疆西部 3 类对流风暴短时强降水个例有无逆风区比例分布图

4.4.3.5　风暴回波阈值

通过对南疆西部雷达站回波参数特征的统计分析,概括出该地区对流风暴短时强降水阈值表 4-4。对比分析可知,南疆西部雷达回波阈值小于天山北坡。就各类型来看,南疆西部孤立对流单体个例只有 5 例,可比性较差,其他两型中除列车效应型的累积液态水含量较北疆的略大外,其回波参数接近或小于北疆。值得注意的是孤立对流单体个例只有 5 个,在实际预报业务中其阈值根据实际情况运用。

表 4-4　南疆西部短时强降水及各类风暴回波阈值

	合并加强型	列车效应型	孤立对流单体*	南疆西部
最大回波强度(dBz)	48	45	40*	45
强回波中心顶高(km)	3	3	3*	3
回波顶高 ET(km)	7	8	4.5*	7
累积液态水含量(kg·m⁻²)	5.8	9.0	3.0*	5.8

注:* 个例<10 个,在实际预报业务中,根据实际情况运用。

4.4.4 阿克苏地区

对 2010—2018 年阿克苏地区多普勒雷达有效探测范围内 73 个短时强降水过程的雷达回波特征进行统计分析。按照雷达回波形态和演变特点将造成阿克苏地区短时强降水过程的对流风暴分为 4 类:孤立对流单体、线状多单体、合并加强型和列车效应型。其中孤立对流单体造成的短时强降水有 50 次,占总次数的 68.5%。其次是合并加强型,共出现 13 次,占总次数的 17.8%。线状多单体共出现 9 次,占 12.3%,列车效应型仅有 1 次,占 1.4%。因此,本节仅对孤立对流单体、合并加强型、线状多单体进行统计分析。

4.4.4.1 最大反射率因子强度

阿克苏地区 3 类对流风暴短时强降水的雷达最大反射率因子强度箱形分布(图 4-26),合并加强型分布比较集中,阿克苏地区及线状多单体和孤立对流单体型箱体宽度略宽,较分散,该地区最大回波强度值分布较窄。阿克苏地区及合并加强型、线性多单体、孤立对流单体最大反射率因子强度的中位数依次为 45 dBz、48 dBz、47 dBz 和 43 dBz,平均值分别为 43 dBz、46 dBz、45 dBz 和 42 dBz。孤立单体最小,平均回波强度明显小于其他两型。阿克苏地区及各类对流风暴短时强降水个例最大反射率因子强度最小值在 25~36 dBz 之间,占个例总数的 17.8%,即大多数个例回波强度超过 40 dBz,强度超过 50 dBz 的个例占 20.5%。除异常极值外,阿克苏地区及合并加强型、孤立对流单体和线性多单体型短时强降水最大反射率因子强度分别为 30~54 dBz、46~52 dBz、25~54 dBz 和 36~51 dBz;25%~75% 四分位值分别为 40~48 dBz、46~50 dBz、37~47 dBz 和 40~49 dBz,孤立对流单体 25% 四分位值较明显小于其他两类,75% 四分位值孤立单体和线状多单体相当,合并加强型略高于其他两类。由于阿克苏地区孤立对流单体个例较多,因此,取 ≥37 dBz 为该地区短时强降水最大回波强度的阈值。

4.4.4.2 强回波中心顶高(40 dBz)

图 4-27 为阿克苏地区 3 类对流风暴短时强降水的雷达强回波中心(40 dBz)顶高箱形分布。阿克苏地区及合并加强型、孤立对流单体和线状多单体风暴的强回波中心顶高中位数依次为 5.0 km、7.0 km、4.5 km 和 7.0 km,平均值分别为 5.3 km、6.8 km、4.6 km 和 6.6 km,孤立对流单体低于其他两类。除异常极值点外,阿克苏地区及各类对流风暴短时强降水个例强回波中心顶高最小值为 1.0~5.0 km,最大值均在 10.0 km。强回波中心顶高超过 8.0 km,占总个例数的 19.2%。阿克苏地区及合并加强型、孤立对流单体和线状多单体风暴的强回波顶高范围分别为 1.0~10.0 km、5.0~10.0 km、1.0~10.0 km 和 4.0~10.0 km;25%~75% 四分位值分别为 3.0~7.0 km、6.0~8.0 km、2.8~6.0 km 和 4.5~8.0 km,孤立对流单体最小。雨强超过 24.0 mm·h^{-1} 短时强降水 80% 个例强回波中心顶高超过 4.0 km,57% 强回波中心顶高超过 6.0 km。因此,可取阿克苏地区强回波中心顶高阈值为 ≥3.0 km。

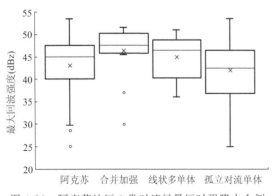

图 4-26 阿克苏地区 3 类对流风暴短时强降水个例
最大反射率因子强度(单位:dBz)箱形图

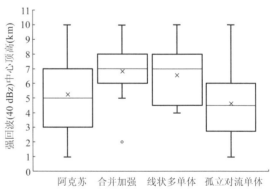

图 4-27 阿克苏地区 3 类对流风暴短时强降水个例
强回波中心(40 dBz)顶高(单位:km)箱形图

4.4.4.3 其他导出雷达产品

(1)回波顶高(ET)

图 4-28 为阿克苏地区 3 类对流风暴短时强降水的雷达回波顶高箱形分布,孤立单体型箱体宽于其他

两型,ET 分布较分散,合并加强和线状多单体 ET 分布比较集中。阿克苏地区及合并加强型、孤立单体和线性多单体风暴的 ET 中位数依次为 9.0 km、9.0 km、8.0 km 和 9.0 km,平均值分别为 8.3 km、9.1 km、7.9 km 和 9.2 km,孤立单体型低于其他两类。阿克苏地区及合并加强型、孤立单体和线状多单体风暴短时强降水 ET 分别为 4.0~12.0 km、8.0~10.0 km、4.0~11.0 km 和 7.0~12.0 km,线性多单体风暴 ET 最大。阿克苏地区及 3 类对流风暴 ET 25%~75%四分位值分别为 7.0~10.0 km、9.0~10.0 km、6.8~9.0 km 和 8.0~10.0 km,可见,25%四分位值孤立单体型较其他两型偏低,75%四分位值相差不大,孤立单体型略低。雨强超过 24.0 mm·h^{-1} 的对流风暴平均回波顶高 8.4 km,其中 64%回波顶高超过 9.0 km。因此,阿克苏地区 ET 阈值为≥6.8 km。

　　(2)最大累积液态水含量(VIL)

　　图 4-29 为阿克苏地区 3 类对流风暴短时强降水的雷达 VIL 箱形分布,线状多单体箱体宽度比合并加强型和孤立对流单体窄,VIL 值分布比较集中。阿克苏地区及合并加强型、孤立对流单体和线性多单体风暴 VIL 中位数依次为 5.2 kg·m^{-2}、9.0 kg·m^{-2}、2.4 kg·m^{-2} 和 6.3 kg·m^{-2};平均值分别为 5.8 kg·m^{-2}、8.5 kg·m^{-2}、4.5 kg·m^{-2} 和 8.0 kg·m^{-2},其中孤立对流单体明显小于其他两型;VIL 范围分别为 0.5~17.0 kg·m^{-2}、3.0~15.4 kg·m^{-2}、0.5~12.8 kg·m^{-2} 和 2.5~8.4 kg·m^{-2}。阿克苏地区及 3 类对流风暴短时强降水 VIL 25%~75%四分位值分别为 1.8~8.1 kg·m^{-2}、6.3~10.8 kg·m^{-2}、1.7~6.2 kg·m^{-2} 和 5.6~8.1 kg·m^{-2}。孤立对流单体 VIL 强度明显低于其他两型,尤其是 25%四分位 VIL 值。取 VIL≥1.7 kg·m^{-2} 为阿克苏地区最大累积液态水含量的阈值。

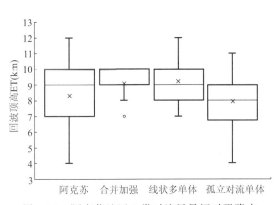
图 4-28　阿克苏地区 3 类对流风暴短时强降水
个例回波顶高(单位:km)箱形分布图

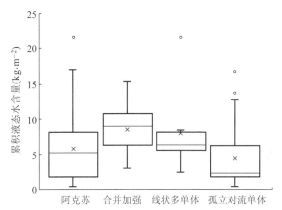
图 4-29　阿克苏地区 3 类对流风暴短时强降水过程最大
累积液态水含量(单位:kg·m^{-2})箱形分布图

4.4.4.4　雷达速度图识别特征

　　图 4-30 为阿克苏地区 3 类对流风暴短时强降水个例有无逆风区比例分布。阿克苏地区对流风暴短时强降水个例中 81%识别出逆风区,其中合并加强型、孤立单体型分别有 77%、80%可识别出逆风区,而线性多单体为 89%存在逆风区。73 个强降水雷达个例中,中气旋共出现 19 次,占总次数的 26%,其中合

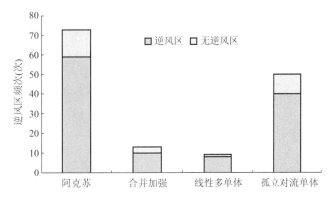
图 4-30　阿克苏地区 3 类对流风暴短时强降水个例有无逆风区比例分布图

并加强型出现 3 次、孤立对流单体型出现 11 次、线性多单体型出现 5 次。可见,阿克苏地区由超级单体风暴造成的短时强降水最多。

4.4.4.5 风暴回波阈值

同样,通过上述分析总结出阿克苏地区对流风暴短时强降水过程的雷达回波阈值(表 4-5),各类回波阈值接近南疆西部,小于北疆的伊犁州和天山北坡。个例最多的孤立对流单体各阈值小于伊犁州和天山北坡,合并加强型的最大回波强度和强回波中心高度的阈值小于南疆西部和北疆,但回波顶高和最大累积液态水含量则大于南疆西部,略小于北疆。值得注意的是线状多单体在阿克苏地区个例为 9 例,在实际预报业务中须根据情况运用。

表 4-5　阿克苏地区短时强降水各类风暴回波阈值

	合并加强型	线状多单体*	孤立对流单体	阿克苏
最大回波强度(dBz)	46.0	40.0*	37.0	37.0
强回波中心顶高(km)	3.0	6.0*	4.5	2.8
回波顶高 ET(km)	9.0	8.0*	6.8	7.0
累积液态水含量(kg·m^{-2})	6.3	5.6*	1.7	1.8

注:*表示个例<10 个,其阈值在实际预报业务中根据情况运用。

4.4.5 巴音郭楞蒙古自治州

对库尔勒雷达站有效探测范围内发生的 19 次短时强降水过程雷达回波进行分析可知:合并加强型最多为 9 次,占 47.4%,线状多单体雷暴 4 次,占 21.1%,列车效应 3 次,占 16.8%,孤立对流单体 3 次,占 16.8%。可见,只有合并加强型个例较多,其他类型个例<5 次。因此,本节仅对全部 19 次及合并加强型雷达回波主要参数做集合箱形图(图 4-31),巴州和合并加强型回波最大反射率因子一般在 43~62 dBz 和 50~60 dBz,中位数值均为 57 dBz,高于平均值 54 dBz 和 55 dBz,25%~75%四分位值均是 51~59 dBz。回波顶高除异常极小值外,巴州及合并较强型均在 6.0~12.5 km,中位数值 9.4 km 和 9.6 km,高于平均值 8.8 km,25%~75%四分位值分别为 7.5~10.0 km、7~10.8 km。最大累积液态含水量 VIL 分别为 2.0~62.1 kg·m^{-2}、6.2~55.7 kg·m^{-2},中位数值为 16.4 kg·m^{-2}、16.0 kg·m^{-2},二者也较为接近,小于平均值 22.3 kg·m^{-2};25%~75%四分位值分别为 10.0~35.0 kg·m^{-2}、10.5~31.2 kg·m^{-2}。强

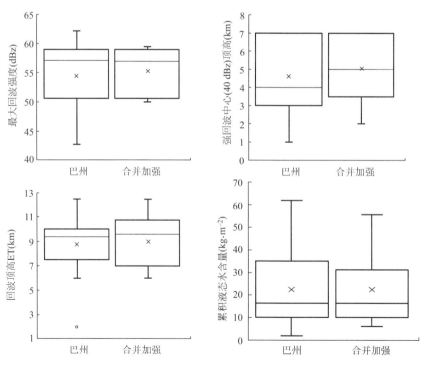

图 4-31　巴州合并加强型短时强降水个例雷达回波特征箱形分布图

回波中心(>40 dBz)顶高在 1.0～7.0 km、2.0～7.0 km,中位数值为 4.0 km、5.0 km,平均值为 4.1 km、5.1 km,25%和 75%四分位值分别是 3.0～7.0 km、3.5～7.0 km。

在径向速度风场上存在气旋式辐合和逆风区等特征,逆风区巴州为 33%,合并加强型为 42%,线状多单体为 50%,其他类型没有出现过。巴州短时强降水个例中仅出现 2 次中气旋,因此,由超级单体造成的短时强降水,在该州也为小概率事件。

综上可知,由于巴州雷达有效探测范围内个例较少,鉴于巴州及合并加强型 25%四分位回波值相差不大,因此,巴州雷达回波参考阈值为:最大回波强度≥51 dBz,强回波中心顶高≥3 km,回波顶高≥7 km,最大累积液态水含量≥10.0 kg·m^{-2}。

对比分析南疆和北疆各雷达站有效探测范围发生的短时强降水阈值,北疆大于南疆,伊犁州最大,阿克苏最小,但巴州的最大回波强度和最大累积液态水含量为全疆最大,其他参数阈值小于北疆,这可能是巴州短时强降水发生最少的原因之一。在径向速度图上大多数个例能够识别出逆风区;就各地州而言,伊犁州能识别出逆风区的比率最低,阿克苏最高;天山北坡、南疆西部、阿克苏地区能识别出逆风区的比率较高,达 80%以上,但各类型存在差异。由超级单体造成的短时强降水阿克苏地区发生较多,其他地州为小概率事件。另外,伊犁州短时强降水以低质心降水为主,其他区域低质心和高质心均有。

4.5　典型个例分析

4.5.1　合并加强型

(1)天气实况及背景概况

2010 年 6 月 22 日午后至傍晚,石河子垦区出现全区性强对流天气,相继发生雷电、局地强降水和大风天气,其中 142 团南部山区及其附近的石南农场、芦草沟村出现特大暴雨和暴雨,为历史罕见;18:00、19:00 142 团南部山区小时雨强分别为 33.1 mm、28.6 mm。

此次天气是西西伯利亚低压东南象限分裂出的中尺度短波,低层至地面的中尺度切变线、辐合线及地面冷锋是短时强降水发生的影响系统。低层存在着强盛西南与东南暖湿气流的输送及其在天山山前的强烈辐合,为南部山区强降水的发生提供了水汽和不稳定能量条件。

(2)回波特征

多个 γ 中尺度单体沿天山北坡地形辐合线合并加强,造成 6 月 22 日 17:15—19:00 石河子南部山区罕见短时强降水。从石河子多普勒雷达组合反射率因子(图 4-32a)可见,17:09 在石河子垦区 142 团南部

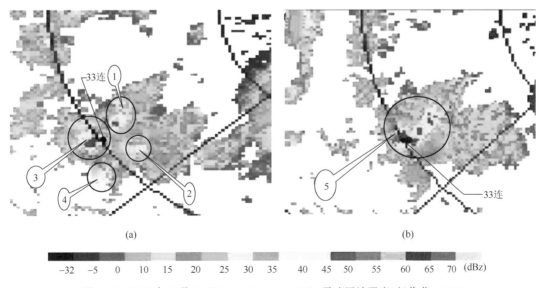

图 4-32　2010 年 6 月 22 日 17:09(a)、17:20(b)雷达回波强度(赵俊荣,2012)

山区特殊地形境内排列着十字型的序号为 1~4 的 γ 中尺度对流单体。由于 142 团南部山区为向西南开口的喇叭口特殊地形,使得低空盛行的偏南气流与山脉成正交,在迎风坡造成强烈抬升,有利于对流单体的发展。4 个 γ 中尺度对流单体逐渐向短时强降水区合并,17:20(图 4-32b)合并增强为 γ 中尺度对流单体(5 号),强度由 40~45 dBz 增加到 50~55 dBz,40 dBz 顶高达 8 km,水平尺度约 8 km,50 dBz 的回波顶高达 6 km,水平尺度约 5 km,55 dBz 的回波顶高约 5 km,水平尺度约 2 km。γ 中尺度对流单体合并加强明显,造成石河子南部山区罕见短时强降水。

6 月 22 日下午,石河子垦区南部山区罕见局地强降水,雨量最集中的 1 h 为 17:20—18:20,从多普勒雷达回波径向速度图 4-33,强降水中心南山附近有中气旋出现。17:03 南山附近出现一个弱中气旋(图略),17:20 中气旋发展,1.5°仰角速度图上的中气旋特征较明显,其中 3~6 km 表现最为典型。与中气旋对应的超级单体钩状回波强度和回波顶高以及垂直累积液态含水量均在强降水中心 142 团南部山区附近达到最大。

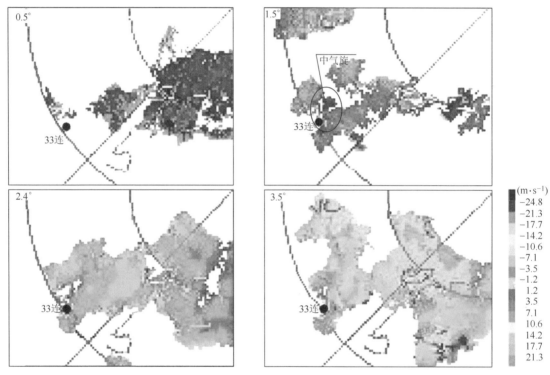

图 4-33　2010 年 6 月 22 日 17:20 仰角为 0.5°、1.5°、2.4°、3.5°的雷达回波相对径向速度

图 4-34 为中气旋中心与雷达径向垂直反射率因子和径向速度垂直剖面。回波强中心值达 55 dBz,50 dBz 的回波顶高达 6 km,宽度约为 5 km;55 dBz 的回波顶高约 5 km,宽度约 2 km。垂直累积液态含水量

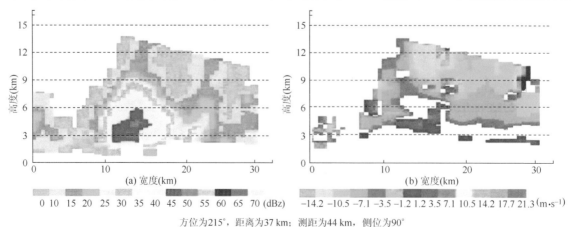

方位为215°,距离为37 km;测距为44 km,侧位为90°

图 4-34　2010 年 6 月 22 日 17:20 穿过中气旋中心并与雷达径向垂直的反射率因子(a)和径向速度(b)的垂直剖面

从 17:03 的 10 kg·m^{-2} 增加到 17:20 的 50 kg·m^{-2},并一直持续至 18:09。在组合反射率因子图上,强回波区(50 dBz)位于石河子垦区 142 团南部山区附近。径向速度剖面中最显著的特征为底部(2 km)一直向上扩展至 7.5 km 的弱中气旋,中气旋特征持续 1 h 后减弱消失。18:30 以后,风暴迅速减弱,强降水天气过程亦明显减弱。分析出中气旋后,可以提前 20 min 预警短时强降水发生。

在该个例中,各类雷达回波参数均大于天山北坡的阈值,累积液态水含量远远超过阈值。垂直累积液态水含量的大值区是对流强度最强区域,与强降水天气落区相对应;其高值区的强度和范围与强降水的强度和范围成正比。逆风区面积越大、厚度越厚,暴雨强度越强。中气旋的出现和垂直累积液态水含量 > 10 kg·m^{-2} 并开始增强,预示未来 20 min 左右将出现短时强降水。

4.5.2　孤立对流单体

(1)天气实况及背景概况

2017 年 8 月 12 日伊犁州出现强对流天气,相继发生雷电、短时降水天气,其中 15:00—16:00 巩留县铁鲁木图 1 h 降水量 15.1 mm,为此次过程最强短时强降水。

此次天气是西西伯利亚低槽分裂短波沿槽前西南气流东移北上,造成巩留县短时强降水天气。对流层中低层有较强的暖湿气流,高层有干冷空气侵入,大气为不稳定层结。对流层低层至地面的中尺度切变线、辐合线及低空偏西急流触发不稳定能量,造成短时强降水天气。

(2)回波特征

15:08(图 4-35a)在铁鲁木图站西部距离测站 54 km 左右有孤立对流单体回波发展,东移过程中发展加强。15:46(图 4-35b)对流单体移入测站,强回波中心达 55 dBz,短时强降水出现在强回波单体东侧反射率因子梯度大值区;对应强回波中心剖面图上,回波为低质心结构的普通对流单体,40~50 dBz 的回波顶高达 4 km 左右并接地,强回波中心在 2 km 附近(图略)。同时刻的径向速度上(图 4-35c)入流速度面积大于出流速度面积,表明为汇合型流场,且测站处沿径向有明显的风速辐合,有利于风暴的发展。16:00 铁

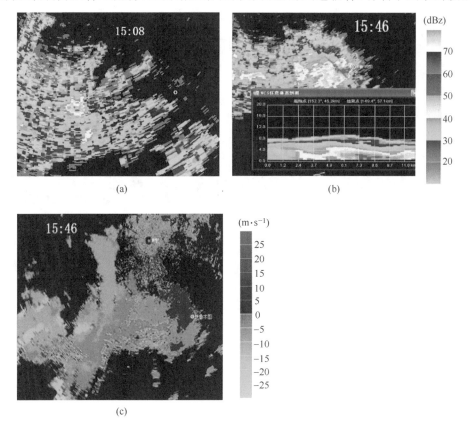

图 4-35　2017 年 8 月 12 日
伊宁站雷达 1.5°仰角基本反射率因子(a)、(b)及径向速度图(c)

鲁木图站处于对流单体北侧的强反射率因子梯度处。对应的垂直累积液态水含量由 2.6 kg・m^{-2} 增加到 9.3 kg・m^{-2}（图略）。16:15 以后,降水回波单体减弱东移,由此可见,此站最大累积降水在 20 min 内产生,由本地发展的孤立对流单体直接影响造成。

4.5.3 列车效应型

（1）天气实况及背景概况

2015 年 6 月 9 日 18:30—20:00 乌鲁木齐站降水量达 20.1 mm,其中 19:00—20:00 的 1 h 降水量达

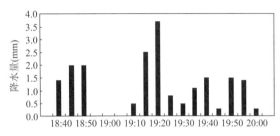

图 4-36　乌鲁木齐站 2015 年 6 月 9 日 18:30—20:00
逐 5 min 降水量演变（单位：mm）（杨莲梅等,2017）

14.7 mm,为乌鲁木齐站 1991 年有气象记录以来小时降水量极值。而同时间段位于乌鲁木齐站以北 10 km 的黑山头站、与乌鲁木齐站相距 20 km 的米东站 1 h 降水量仅分别为 2.5 mm、0.6 mm,可见此次强对流天气具有明显的 γ 中尺度特征。图 4-36 是 18:30—20:00 乌鲁木齐站逐 5 min 降水演变,短时强降水主要集中在 4 个时段:第一阶段 18:35—18:50,降水量达 5.4mm;第二阶段 19:10—19:25,降水量为 7.6 mm;第三阶段 19:25—19:40,降水量为 3.3 mm;第四阶段 19:45—20:00,降水量为 3.8 mm。在整个强对流天气过程中

伴有强烈雷电、大风,19:15 出现极大风速,达 16.4 m・s^{-1}。

该短时强降水发生在高压脊前西北气流背景下,降水发生前低槽移过北疆,北疆地区 925～600 hPa 处于高湿状态,对流层为"低层干暖、中层湿、高层干冷"结构,对流层中低层 β 中尺度西北低空急流上 γ 中尺度对流单体是强降水的直接影响系统,乌鲁木齐周围水汽在合适动力条件下,2～3 h 内迅速集中。

（2）回波特征

图 4-37 给出了不同时次乌鲁木齐多普勒天气雷达组合反射率。6 月 9 日 17:53（图 4-37a）沿乌鲁木齐

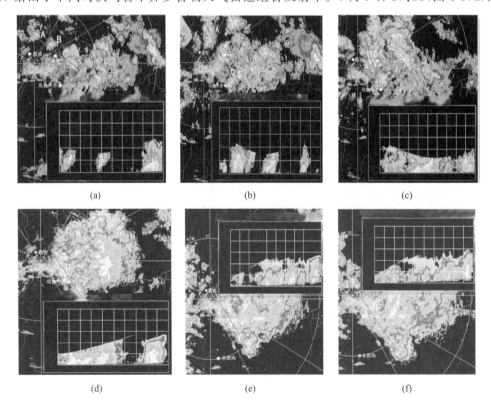

(a)　　　　　　　　　(b)　　　　　　　　　(c)

(d)　　　　　　　　　(e)　　　　　　　　　(f)

图 4-37　2015 年 6 月 9 日不同时次乌鲁木齐多普勒天气雷达组合反射率（单位：dBz,面横坐标为距离,纵坐标为高度,单位:km）:
(a)17:53,(b)18:10,(c)18:38,(d)19:12,(e)19:34,(f)19:46（杨莲梅等,2017）

西北方向西北低空急流上生成 3 个分离的 γ 中尺度对流单体,呈西北—东南向线状多单体回波依次排列 (A、B、C 对流单体)。A 位于昌吉(距离乌鲁木齐约 40 km),B 位于昌吉东南方(距离乌鲁木齐约 30 km),C 位于米东以北(距离乌鲁木齐约 20 km)一带,C 对流单体回波强度达 40～45 dBz,较强回波伸展高度 4 km 以下,A 和 B 对流单体回波强度为 35～40 dBz,较强回波伸展高度约在 2～6 km。18∶10 (图 4-37b),A 和 B 对流单体快速东南下并发展,回波强度达 45～50 dBz,对流单体范围有所增加但仍 为 γ 中尺度,强回波在 6 km 向下伸展到离地面很近的高度,表明这 2 个对流单体为低质心风暴,C 对 流单体已移到乌鲁木齐附近,单体范围有所减小,但回波强度有所增强,达 45～50 dBz,这 3 个对流单 体仍呈西北—东南向线状多单体回波排列,与西北低空急流一致,受西北急流引导对流单体向东南方 向的乌鲁木齐移动。18∶38(图 4-37c),C 对流单体移至乌鲁木齐上空,造成 18∶35—18∶50 出现 5.4 mm 强降水,随着该对流单体的减弱移出,降水随之减弱,此时 A 和 B 对流单体合并为一个对流单体 D,D 范围有所增大但强度无变化。19∶12(图 4-37d),合并的 D 对流单体向东南方向的乌鲁木齐移动 并有所增强,造成乌鲁木齐 19∶10—19∶25 出现 7.6 mm 短时强降水并伴有大风,19∶15 出现极大风速 16.4 m·s^{-1}。19∶34 和 19∶46(图 4-37e,f),沿西北低空急流乌鲁木齐附近新生 2 个 γ 中尺度对流单体 E 和 F,回波强度约为 40～45 dBz,强回波伸展高度在 4 km 以下,这 2 个对流单体弱于前两个时段强降 水对流单体,造成 19∶25—19∶40 和 19∶45—20∶00 出现 3.3 mm 和 3.8 mm 的较强降水。从对流单体 的演变可知,沿西北低空急流形成多个 γ 中尺度单体回波,γ 中尺度对流单体依次移向影响乌鲁木齐, 造成乌鲁木齐间歇性短时强降水,最终造成乌鲁木齐站出现小时雨量极值,这是典型的"列车效应"。 方翀等(2012)研究 2012 年 7 月 21 日北京地区特大暴雨指出,对流系统持续的"列车效应"以及低质心 高效率的对流系统是其主要成因,对流系统组合反射率回波强度最强为 45 dBz,此次乌鲁木齐短时强 降水过程也具有类似的特点。

　　沿高空引导气流或低空急流方向,距离强降水区约 40 km 距离内沿引导气流或低空急流方向几乎是 平行的走向,排列若干个 γ 中尺度对流单体,γ 中尺度对流单体以"列车效应"方式依次经过同一地点,造 成短时强降水,对流单体组合反射率最强达 45～50 dBz,强回波伸展高度 4 km 且向下延伸到离地面很近 的位置;生命史较短。

4.5.4　线状多单体

　　(1)天气实况及背景概况

　　2015 年 6 月 1 日 17∶00—22∶00 自巴州北部轮台县东部至库尔勒市东部,先后有 5 站次达短时强降 水,其中最大雨强为 29 团扬排站达 35.9 mm·h^{-1},并伴有冰雹和大风天气。

　　此次天气是欧洲高压脊发展东伸,推动西西伯利亚低涡东移南下,巴州北部受低涡横槽前偏南气流影 响,轮台县、库尔勒市—博湖县等地多站出现短时强降水天气,并伴有冰雹和短时大风。

　　(2)回波特征

　　6 月 1 日 16∶03(图 4-38a)雷达回波快速移动,1 h 移动了 40 km,强中心增强到 60 dBz,其南部还有多 个中心在增长,形成准南北向的线状多单体风暴。16∶35(图 4-38b)线状对流风暴在轮台县境内强烈发展, 55 dBz 强回波超过-20 ℃层,回波悬垂、弱回波区明显,因此造成了轮台县东部一带 14.0 mm·h^{-1} 的短 时强降水,并伴有冰雹天气。17∶02(图略)强回波维持并进入库尔勒市境内。至 18∶02(图 4-38c)强回波又 东移了 40 km,强回波低层达 65 dBz,造成了 29 团扬排站等多站短时强降水,并伴有冰雹天气。19∶02(图 4-38d)线状多单体回波东移过程中强回波(60 dBz)主要集中在低层,此后线状多单体强回波经库尔勒站, 在东移北上过程中又造成多站短时强降水。

　　径向速度图上,6 月 1 日 16∶03(图 4-39a)轮台县东部混合云强烈发展并东移,并有逆风区,雷达站低 层为东南风,以辐散为主。16∶35(图 4-39b)逆风区范围扩大,与之相伴的强回波不断增强,低层风向转为 东北风,与高层西南风形成明显的垂直风切变。17∶02(图略),正速度范围进一步扩大,强回波中心对应速 度辐合中心附近,其东西两侧出现了 12 m·s^{-1} 的正负速度对。18∶02(图 4-39c)在强回波带北侧和南侧 又分别出现了一个逆风区,强回波中心成为正负速度共轭的共同体,中小尺度特征十分明显,中心负速度

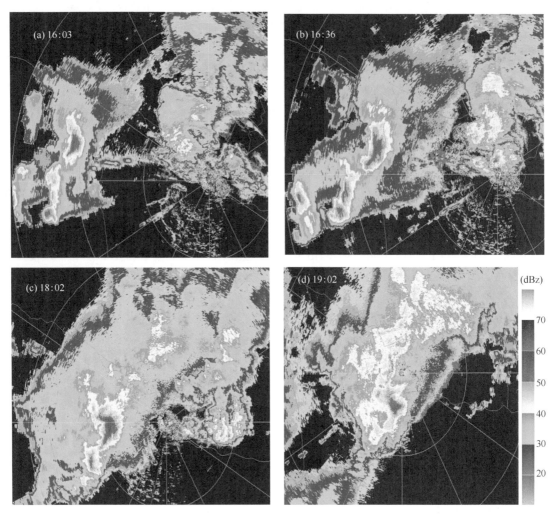

图 4-38　2015 年 6 月 1 日库尔勒雷达站 16:03—19:02 雷达组合反射率因子演变(单位:dBz)

达−15 m·s^{-1},南北两侧为弱的正速度,此时雷达站上空仍然维持低层东北和高层西南为主的垂直风切变。19:02(图 4-39d)低层转为偏北风,强回波中心处于均一风场中。随后逆风区逐渐消失,低层正速度中心大于负速度中心且为辐散场时,强对流天气结束。

15:52 即短时强降水前,最大累积液态水含量达 30 kg·m^{-2},随后下降;至 16:25—16:57(图 4-40a)VIL 值增强并超过 35 kg·m^{-2},对应着轮台县东部短时强降水和冰雹天气。17:41、17:57 维持 35 kg·m^{-2},

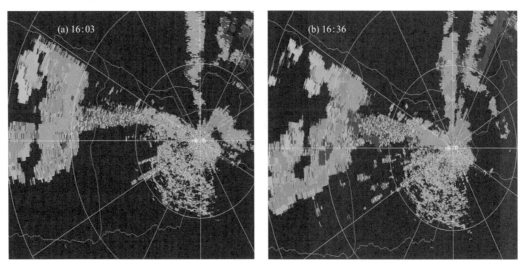

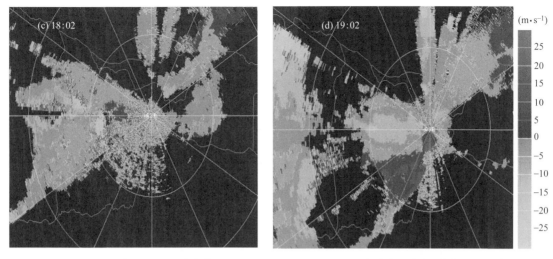

图 4-39　2015 年 6 月 1 日库尔勒雷达站 16:03—19:02 雷达径向速度图演变(单位:m·s^{-1})

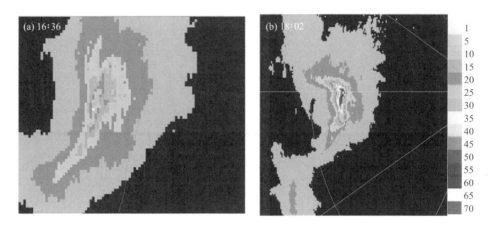

图 4-40　2015 年 6 月 1 日库尔勒雷达站 16:03—18:02 雷达累积液态水含量演变(单位:kg·m^{-2})

18:02(图 4-40b)VIL 值迅速增强到 63 kg·m^{-2},随后造成 29 团附近多站短时强降水。可见最大累积液态水含量出现后预示将有较强的短时强降水出现。

4.6　小结

(1)与新疆短时强降水密切联系的有西南、偏西、西北、偏东、东南低空急流。偏西(西南)低空急流主要与伊犁、塔城、阿勒泰等地区的短时强降水有关。当冷空气从低层开始进入北疆,700~850 hPa 风场建立一支自塔城—克拉玛依—天山北坡的西北急流,与天山北坡的短时强降水密切相关。而偏东急流则与南疆短时强降水发生联系。低空东南急流(气流)与阿勒泰地区东部短时强降水天气联系。

(2)新疆短时强降水的中尺度系统有:地面的露点锋、切变线等及对流层低层的切变线、辐合线及中尺度气旋等。受新疆特殊地形影响,一般由 1 类或以上的中尺度系统与天气尺度系统共同作用造成短时强降水的发生、发展及维持。短时强降水发生在切变线附近。北疆主要表现为西北(偏北)风和西南(偏南)风的切变、低空急流(气流)前部风速辐合线、偏北风和偏南风的切变;地面图上,在天山北坡和南疆盆地常出现中尺度高压前沿辐合线以及由于下垫面和地形差异形成的露点锋对新疆等地的短时强降水发生均具有较好的指示意义。

(3)影响新疆短时强降水的对流风暴主要有合并加强型、线状多单体、列车效应型和孤立对流单体 4 类。合并加强型最多,占总次数的 36.9%,其次是孤立对流单体,占总次数的 34.8%,线状多单体最少,只有 19 次,占总次数的 3.9%。就各地州而言:天山北坡合并加强、列车效应、孤立对流单体均较多,伊犁州和南疆西部及巴州以合并加强型为主,阿克苏地区短时强降水以孤立对流单体为主。

(4)通过对各地州及各型短时强降水雷达探测参数做箱形图分析,主要回波参数的阈值南疆短时强降水阈值小于北疆,其中,伊犁州最大,阿克苏最小,但巴州最大回波强度和最大累积液态水含量均为全疆最大,其他参数阈值小于北疆,这可能是巴州短时强降水发生最少的原因之一。另外,伊犁州短时强降水以低质心回波为主,其他地州低质心和高质心均有发生。

(5)径向速度图大多数个例能够识别出逆风区,伊犁州能识别出逆风区的比率最低,阿克苏最高;天山北坡、南疆西部、阿克苏地区能识别出逆风区的比率较高,在 80% 以上,但各类型存在差异。由超级单体造成的短时强降水阿克苏地区发生最多,其他地州为小概率事件。

第 5 章　中尺度对流系统(MCS)活动特征与新疆短时强降水

新疆地处欧亚大陆腹地,四周高山环绕,天山山脉横亘中央,形成南北两大盆地,地势平坦开阔,为典型的干旱半干旱气候区,生态环境脆弱。近 20 年新疆(尤其山区)短时强降水次数呈显著增加趋势。新疆植被稀疏,土壤颗粒孔隙度小,蓄水能力差,加上当地水利设施落后,因此短时强降水极易引发山洪、泥石流或山体滑坡等次生灾害,给国民经济和人民生命财产带来巨大损失。

中尺度对流系统(Mesoscale Convective System,简称 MCS)是新疆夏季暴雨、短时强降水、冰雹、雷雨大风等灾害性天气的直接影响系统之一,由于 MCS 所引发的短时强降水突发性强、历时短、强度大、灾害强,在天气预报中一直是难点和重点。

本章利用常规观测、FY-2 静止卫星及再分析等多源资料提出新疆夏季 MCS 的判定标准并深入分析其时空分布和活动特征,应用典型降水天气个例分析 MCS 的环境场、雷达和云图特征,归纳总结 MCS 引发强降水预报预警指标并在卫星天气应用平台(Satellite Weather Application Platform,简称 SWAP)上业务应用,以提高新疆强对流天气的短临预报能力。

5.1　新疆 MCS 判定标准

5.1.1　国内外研究概况

Maddox(1980)最早对中尺度对流辐合体(MCC)建立了判定标准。MCC 不仅导致大范围降水,还往往伴随着龙卷、冰雹、大风和强烈的闪电现象。Velasco 等(1987)、Miller 等(1990)对世界不同地区 MCC 进行了普查分析,发现 MCC 定义过于严格且有较强的区域性,不符合各气候区的实际情况。Anderson 等(1998)提出了 MCS 还应包括持续性拉长对流系统(Persistent Elongated Convective Systems,简称 PECS),并根据 MCC 的判定标准对 PECS 进行了具体定义。Jirak 等(2003)则依据 Orlanski(1975)提出的中尺度定义对 α 中尺度和 β 中尺度对流系统定义进行了全面总结。但由于世界各地气候背景差异较大,20 世纪 80 年代以来,国内外学者针对不同气候区 MCS 判定标准进行了本地化修订。

国内学者也对产生暴雨 MCS 进行了深入研究,修订了 MCS 偏心率、冷云盖面积和持续时间等指标。基于修订标准,相继开展了中国南部、青藏高原、黄淮流域、东北各地区 MCS 时空分布特征的研究,但对于西北干旱地区 MCS 研究的较少。近几年新疆气象工作者对新疆 MCS 判定标准本地化修订、时空分布、环境特征及预报应用等进行了深入的研究。

5.1.2　新疆 MCS 判定标准

我国地球静止气象卫星 FY-2 系列 02 和 03 批卫星和 FY-4A,探测范围均能覆盖新疆全境。因此本章主要利用地面降水实况结合 FY-2 卫星开展 MCS 标准研究工作。按照中尺度系统定义,静止气象卫星主要对 β 中尺度及以上尺度的对流系统进行识别和判定,因此本章主要针对 β 中尺度及以上尺度(云团直径≥20 km)的 MCS 识别标准进行本地化修订。

新疆 MCS 判定标准本地化修订的具体思路为:根据前期国内外学者关于 MCS 定义的研究成果,结合新疆地面降水实况,筛选夏季短时强降水过程,并统计对应对流云团的云参数阈值,修订不同尺度 MCS 冷云盖面积、偏心率、持续时间等指标,将这些指标在短时强降水过程进行验证,最终确定本地化的判识指标。由于新疆夏季受亚洲副热带西风急流影响,降水区主要集中于天山山区及其两侧地区,天山山区包括伊犁河谷、天山山脉,天山山区两侧地区主要涵盖天山南北麓以及哈密北部,包括博州、塔城地区南部、北疆沿天山一带、南疆西部(英吉沙到巴楚一线的以西地区)、阿克苏北部和巴州北部。因此,短时强降水过程以上述区域为主,具体范围为 73°—97°E,38°—46°N(见图 5-1)。此区域包括 62 个国家基本自动气象站,布站范围占新疆总面积的 1/3 左右,下垫面复杂多变,主要以山地为主。

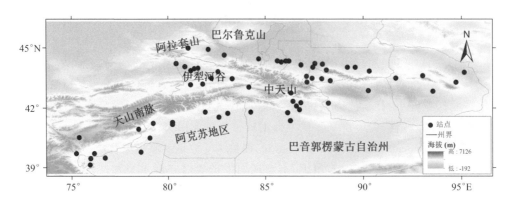

图 5-1　研究区域及气象站点分布

本章应用研究区域内国家基本气象站 2005—2015 年 4—9 月逐小时降水观测资料,此数据序列已经过新疆维吾尔自治区气象局信息中心质量控制和审核。卫星资料来自国家气象中心处理生成的 Lambert 投影 FY-2 系列静止卫星相当黑体亮温(Temperature of Black Body,简称 TBB)产品资料,资料时段与降水资料一致,资料时间间隔为 1 h。

为了准确地跟踪 MCS 变化,选取 FY-2 系列静止卫星业务星(星下点位于 105°E)资料进行统计和计算。2005 年 6 月—2009 年 9 月为 FY-2C,2010 年 4 月—2015 年 5 月为 FY-2E,2015 年 6—9 月为 FY-2G,共计大约有 45000 时次(部分时次由于卫星自身故障而缺失),空间分辨率为 0.1°×0.1°,范围为 45°—165°E,60°S—60°N。

本研究短时强降水过程定义为:对于某个站点,若小时降水量 $R \geqslant 20$ mm,且降水停止时间超过 24 h。对 FY-2 静止卫星 TBB 产品处理方法为:先对云图进行数值增强处理并选择合适的底图以突出对流云团,根据判定依据对影响强降水的 MCS 特征进行普查,包括形状、TBB 极小值、源地、时空分布等。本章所用时间均为北京时间,比新疆地方时早 2 h。

依据天山山区短时强降水过程对应云系面积和椭圆率,结合新疆的特殊地形,对 MCS 判定标准进行修订,具体为:利用 TBB$\leqslant -32$ ℃的连续冷云区面积大小对 α 中尺度对流系统($M_\alpha CS$)和 β 中尺度对流系统($M_\beta CS$)进行区分,修正 β 中尺度对流系统($M_\beta CS$)的连续冷云区面积判定标准;限定不同尺度 MCS 的持续时间;增加对流云团初生时刻的判定和移动路径指标,具体见表 5-1。对流云团成熟期椭圆率为 0.2~0.5 的 $M_\alpha CS$ 和 $M_\beta CS$ 分别为 α 中尺度尺度持续伸长型对流系统(PECS)和 β 中尺度持续伸长型对流系统($M_\beta ECS$),椭圆率$\geqslant 0.5$ 的为 MCC 和 β 中尺度圆形对流系统($M_\beta CCS$)。

表 5-1　新疆 MCS 判定标准

判据	$M_\alpha CS$	$M_\beta CS$
最小尺度	TBB$\leqslant -32$ ℃的连续冷云区面积$>10^5$ km²	TBB$\leqslant -32$ ℃的连续冷云区面积$>10^3$ km²
持续时间	满足尺度定义时间$\geqslant 6$ h	满足尺度定义时间$\geqslant 3$ h
形状	-32 ℃连续冷云区达最大范围时,椭圆率$\geqslant 0.5$	
初生	从不小于 γ 尺度的对流云团开始算起	
形成	开始满足最小尺度的时间	
成熟	连续冷云区(TBB$\leqslant -32$ ℃)达到最大面积的时刻	

续表

判据	M$_\alpha$CS	M$_\beta$CS
消亡	不再满足最小尺度的时刻	
路径	−32 ℃冷云盖形心的位置变化	

表 5-2　新疆各尺度 MCS 具体判定标准

MCS 类型	尺度标准	初生	持续时间	形状
MCC	$A \geqslant 10^5$ km^2	从不小于 γ 尺度的对流云团开始算起	满足尺度定义时间≥6 h	最大尺度时 $E \geqslant 0.5$
PECS				最大尺度时 $0.2 \leqslant E \leqslant 0.5$
M$_\beta$CCS	$A \geqslant 10^3$ km^2	同上	满足尺度定义时间≥3 h	最大尺度时 $E \geqslant 0.5$
M$_\beta$ECS				最大尺度时 $0.2 \leqslant E \leqslant 0.5$

注：A 代表云团面积；E 为椭圆率（短轴/长轴）。

　　对天山山区及其两侧 2005—2015 年短时强降水过程进行筛选，共有 35 次天气过程，对流云团的面积和椭圆率见表 5-3 和表 5-4。

表 5-3　2005—2015 年 M$_\alpha$CS 统计表（加粗记录代表 MCC）

编号	日期（日/月/年）	成熟时间	TBB≤−32 ℃连续冷云区最大面积（km^2）	椭圆率
1	**01/06/2006**	**0600**	**229754.0**	**0.71**
2	06/07/2006	1100	262311.3	0.14
3	05/06/2007	0400	104009.6	0.47
4	14/06/2007	0600	380789.3	0.20
5	15/07/2007	2200	369215.3	0.23
6	**18/06/2010**	**0300**	**175098.4**	**0.50**
7	13/06/2011	0600	185631.0	0.30
8	**04/06/2012**	**0200**	**132256.8**	**0.66**
9	**16/06/2013**	**1500**	**168390.1**	**0.76**

表 5-4　2005—2015 年 M$_\beta$CS 统计表（加粗记录代表 M$_\beta$CCS）

编号	日期（日/月/年）	成熟时间	TBB≤−32 ℃连续冷云区最大面积（km^2）	椭圆率
1	**04/08/2005**	**0300**	**9518.7**	**0.63**
2	02/07/2006	0000	89745.6	0.46
3	**01/07/2007**	**0300**	**78425.9**	**0.52**
4	**01/08/2007**	**0900**	**93210.0**	**0.88**
5	17/07/2009	0700	18005.9	0.44
6	**04/08/2009**	**0200**	**45662.4**	**0.61**
7	20/06/2010	0300	34217.7	0.32
8	22/06/2010	0200	10779.6	0.39
9	22/06/2010	0300	64891.7	0.38
10	**13/06/2011**	**0300**	**56420.3**	**0.61**
11	17/08/2011	0400	6028.7	0.46
12	**21/06/2012**	**0900**	**17596.3**	**0.56**
13	14/07/2012	0200	1545.1	0.42
14	14/05/2013	0600	57241.3	0.27
15	17/06/2013	1300	93976.5	0.26
16	04/07/2013	2100	35330.7	0.47
17	22/07/2013	0800	17758.1	0.28
18	**25/07/2013**	**0300**	**28614.4**	**0.55**
19	**08/08/2013**	**0500**	**8829.6**	**0.67**
20	**09/08/2013**	**0100**	**15798.6**	**0.61**
21	14/08/2014	1000	25045.1	0.40
22	28/06/2015	0300	55314.0	0.41
23	24/08/2015	1600	39004.4	0.41
24	**01/09/2015**	**1600**	**6328.2**	**0.66**
25	**29/06/2007**	**0800**	**4870.3**	**0.56**
26	07/06/2008	0600	9106.5	0.48

5.2 新疆 MCS 时空分布特征

5.2.1 α 中尺度对流系统时空分布

本节所用资料为 2010—2014 年夏季(6—8 月)FY-2E 地球静止卫星相当黑体亮温(TBB,下同),共计大约有 21300 时次(部分时次由于卫星自身故障而缺失),空间分辨率为 0.1°×0.1°,时间分辨率为 1 h,数据范围为 45°—165°E,60°S—60°N。常规观测资料为中国气象局下发的地面和探空资料。普查区域包含新疆境内及境外的天山山脉及其南北麓狭长地区,具体范围为 70°—95°E,40°—45°N。

对 TBB 产品进行相应的图像增强处理以突出其中的对流云团,并根据判定依据利用计算机程序对研究区内 M_αCS 进行追踪,并通过人工反查确定符合标准的样本,包括形状、TBB 极小值、源地、时空分布等。本节所用时间均为北京时间(BST)。应用 M_αCS 判定标准,筛选出 40 个 M_αCS,其中 MCC 为 16 个,PECS 为 24 个。

图 5-2a 为各月 M_αCS 出现次数,6 月是 M_αCS 高发期,出现次数是 7—8 月总和的两倍,7 月和 8 月基本持平;从不同形状 M_αCS 来看,PECS 占比 6 月达到 60%,7 月和 8 月占比 58%。6 月是该地区春夏交替的过渡期,冷暖空气活动较频繁,对流活动旺盛,山区出现 M_αCS 最多。此外,由于高大山体的阻挡,对流云团在靠近山区时云系被拉长,易形成 PECS。从日分布看,正午到傍晚(13:00—22:00)是 M_αCS 形成的高发期,其中 17:00 左右达到峰值;成熟时间主要在两个时段,分别为 17:00—22:00 和 07:00—09:00;消亡时间集中在 19:00—23:00。另外,MCS 形成、旺盛和消亡出现的高峰时间依次滞后大约 2 h(图 5-2b)。

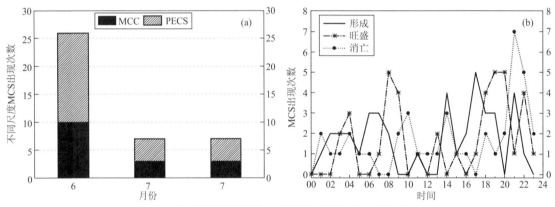

图 5-2 M_αCS 的月际变化(a)和形成、旺盛、消亡日分布(b)

从 M_αCS 不同分类来看,MCC 日频次变化呈现单峰型特征,形成期集中于 14:00—19:00,并且在 17:00—20:00 发展到最强,19:00—23:00 趋于结束(图 5-3a)。PECS 日变化具有多峰型,除在 09:00—

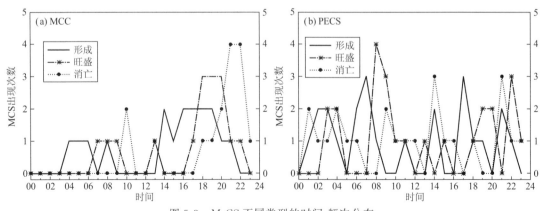

图 5-3 M_αCS 不同类型的时间-频次分布

(a)MCC;(b)PECS

12:00 频次较少外,午后和夜间都相对集中,其中最大值出现在 07:00 和 17:00;成熟期也与形成期较类似,只是频次集中时段向后推迟了 1~2 h;结束时间日分布较均匀,其中 14:00、21:00 是 PECS 消亡的高峰期,从总体看比成熟时段滞后 1 h 左右。(图 5-3b)。

从持续时间来看,M_aCS 随持续时间出现频次呈现快速下降趋势,持续时间主要集中在 3~6 h,占总样本数的 75%,持续 7~13 h 频次较少,其中 10~11 h 的次数相对较多。从不同类型来看,MCC 和 PECS 维持时间主要在 3~8 h,MCC 最大值为 4 h 和 6 h,而 PECS 为 3 h 和 5 h。维持时间为 9~13 h 的 MCC 频次少,PECS 出现 6 次,占 PECS 总样本数的 25%(图 5-4a)。从月分布看(图 5-4b),6 月 M_aCS 集中于 3~6 h 和 >9 h;7 月 MCS 维持时间主要为 3~8 h,但频次相对较低;8 月主要为 4 h 和 6 h。

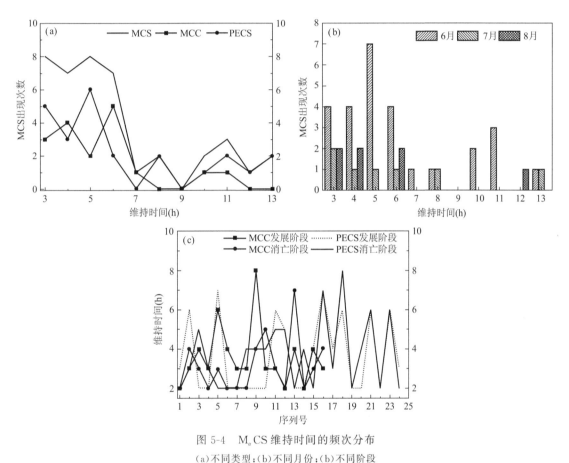

图 5-4　M_aCS 维持时间的频次分布
(a)不同类型;(b)不同月份;(b)不同阶段

通过分析 M_aCS 各个阶段的维持时间分布(图 5-4c)可以看出,MCC 云团发展阶段(形成到成熟,下同)时间略长于消亡阶段(成熟到消亡,下同),最长达到 8 h;PECS 云团发展阶段则略短于消亡阶段。

从以上分析可知,新疆 M_aCS 主要在午后到傍晚生成,在傍晚或清晨成熟,结束在前半夜,且各时段频次集中期依次推迟 1~2 h,说明该区域 M_aCS 不仅具有夜发性特征,而且各时段转变较快。从各阶段来看,MCC 云团形成阶段略慢,PECS 则表现为消亡阶段较慢。M_aCS 维持时间主要为 3~6 h,MCC 维持时间在 9 h 内居多,PECS 生命史较长。

从初生期的空间分布来看(图 5-5a),M_aCS 在新疆境内分布较密集,在境外相对较少,只有 12 个,且主要分布在西天山区的边缘和北部平原区,占总样本数的 30%,其中 MCC 在天山南脉内天山区南北两侧分布较密集;PECS 则分布较广,整个山区都有出现,特别是在伊犁河谷西部、天山南脉以及阿克苏地区中东部分布较集中。

对于形成时刻,M_aCS 表现为在位于天山两侧的克特缅山和乌孙山、伊犁河谷北部分布较集中,另外阿克苏地区中西部也是 MCS 易形成的区域。对于 MCC 来说,在克特缅山和乌孙山及阿克苏地区西部出现频次较高,在东天山区巴州北部也有分布;PECS 初生期分布相对集中,主要在克特缅山、乌孙山、伊犁

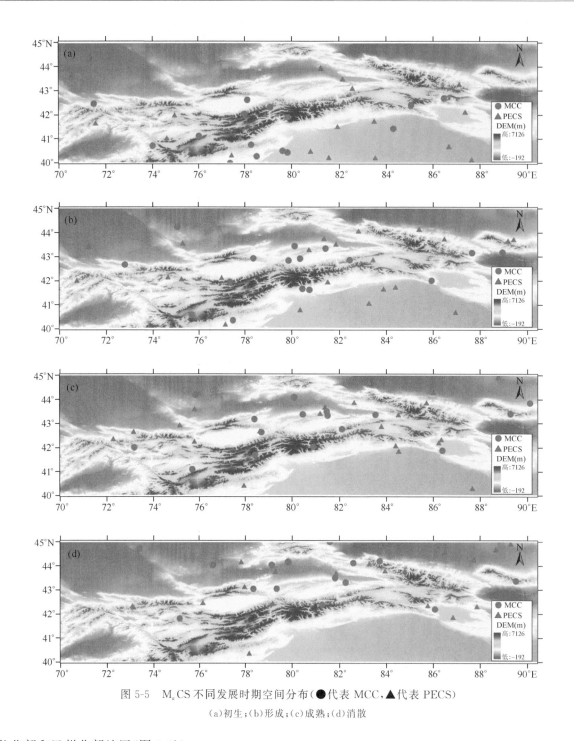

图 5-5　M_aCS 不同发展时期空间分布(●代表 MCC,▲代表 PECS)

(a)初生;(b)形成;(c)成熟;(d)消散

河谷北部和巴州北部地区(图 5-5b)。

图 5-5c 为 M_aCS 成熟期分布,M_aCS 易在天山山脉上空面积达到最大,其中伊犁河谷南北界山、西部的克特缅山和乌孙山以及巴州北部浅山区分布较集中。从不同分类看,MCC 在克特缅山和乌孙山、伊犁河谷南部中央天山区、伊塞克湖东部山区;PECS 分布与 MCC 基本一致,另外伊塞克湖西部和巴州北部也是 PECS 成熟的主要区域。

M_aCS 消亡时刻大部分在天山山区两侧的平原,具体表现为在伊犁河谷平原地区和新疆境内的北疆沿天山一带。MCC 集中在伊犁河谷的西部平原区,PECS 除了上述地区外,还集中于北疆沿天山一带(图 5-5d)。

从上述分析可以看出,新疆 M_aCS 从初生到消亡呈现的主要特点为:从地形来看,多生成于地势起伏不大的山边平原或浅山区,在高大山脉上空发展成熟,在山区两侧平原区消亡。从集中区域来看,初生期主要在西天山地区和伊犁河谷南部界山,在中天山及其两侧形成,成熟于中天山地区,在伊犁河谷平原区、河谷东部南北界山及其两侧平原区消亡。这说明 $M_\alpha CS$ 的移动路径基本上与山脉主体西南—东北方向一致。由于山脉地形复杂,空气易产生绕流,因此 $M_\alpha CS$ 不论在山区迎风坡还是背风坡都可以形成。

5.2.2 新疆 MCS 的云参数特征

对 2010—2014 年夏季天山山区中尺度对流云团成熟时期的冷云盖长轴尺度分析,天山山区夏季 $M_\alpha CS$ 对流云团的长轴尺度为 400~1200 km,最大为 1121 km,最小为 443 km,其中 MCC 云团长轴为 500~600 km 分布较多,随着长轴尺度的增加,个数依次减少;PECS 也有相似的变化趋势,云团长轴集中在 600~800 km,较 MCC 长度略有增加,且长轴 600~700 km 最多,长轴大于 900 km 的 PECS 个数占比较少(如图 5-6a)。这说明在天山山区,PECS 对流云团虽然椭圆率比相应 MCC 云团小,但空间长度相差不大,基本集中在 1000 km 以下。

图 5-6b 为不同 $M_\alpha CS$ 成熟期时≤−32 ℃冷云盖最大面积分布,云顶面积主要为 $1×10^5$~$4×10^5$ km^2,随着面积的增大,MCS 个数逐渐减少,面积 $1×10^5$~$2×10^5$ km^2 最多,所占比例达到70%,其中 $1×10^5$~$1.5×10^5$ km^2 占比42%最多,大于 $2×10^5$ km^2 的 MCS 占比较低。从 MCC 来看,云顶面积在 $1×10^5$~$2.5×10^5$ km^2 较集中,PECS 与 MCC 分布区间相似,只是大于 $2×10^5$ km^2 的云团以 PECS 为主。

从椭圆率的分布来看,MCC 主要为 0.6~0.7,PECS 大多为 0.3~0.4。这说明在天山山区 $M_\alpha CS$ 云团形状主要在标准值小值区占比较多(图 5-6c)。从云团平均移动速度来看,MCC 云团发展阶段较消亡阶段移动较慢,前者只有后者的 1/3,而 PECS 则并不相同,其云团在两个阶段速度基本一致,且和 MCC 发展阶段的平均速度持平(图 5-6d)。

从上述分析看,天山山区 $M_\alpha CS$ 中的 MCC 和 PECS 长轴长度都成单峰分布,在 500~700km 最为集

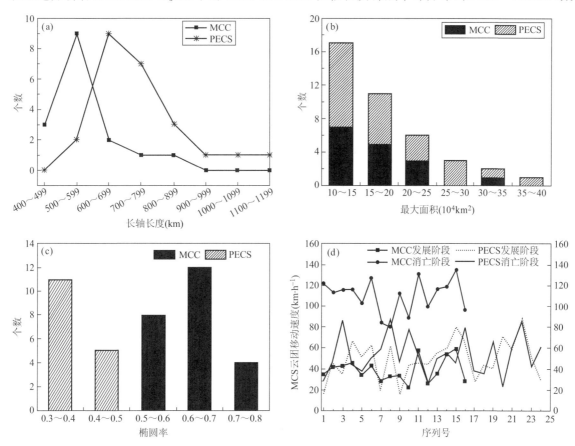

图 5-6 $M_\alpha CS$ 的尺度分布

(a)长轴长度;(b)云顶最大面积;(c)椭圆率;(d)云团平均速度

中,云顶面积变化基本一致,面积较小的所占比例较高,大部分云团形状在山区逐渐向椭圆转变。MCC 发展期缓慢移动,一旦成熟,移速加快,冷云盖面积变小,直至消亡;PECS 自始至终移速缓慢。

在云区,TBB 值越低,表明云顶越高,对流越旺盛。由 TBB 值的大小可以分析和推断云团发展的强度。图 5-7a 显示了天山山区不同类型 $M_{\alpha}CS$ 生命史 TBB 最小值区间的分布情况,MCC 和 PECS 云团均呈现单峰型且近似正态分布,即在 $-46\sim-50$ ℃个数最多,其次为 $-51\sim-55$ ℃,这说明虽然山脉对气团具有抬升作用,但由于处于高纬度且水汽输送相对较难,因此云顶高度相对较低,对流活动较弱。

对流云团 TBB 等值线梯度特征可以表示云团的边界,判断云团的发展情况,通常在整齐清晰的云团边界处,产生的降水强度强。因此,对 TBB 等值线梯度的分析是判断 $M_{\alpha}CS$ 强度的一个重要依据。对 TBB 平均梯度进行了统计,并对结果采用"四舍五入"的方法。分析结果见图 5-7b,MCC 云团的 TBB 等值线梯度主要为 $0.16\sim0.5$ ℃·km^{-1},其中 $0.46\sim0.5$ ℃·km^{-1} 为峰区,占比为 31%;PECS 则在 $0.26\sim0.30$ ℃·km^{-1} 区间分布最为集中,占比也与 MCC 基本一致。

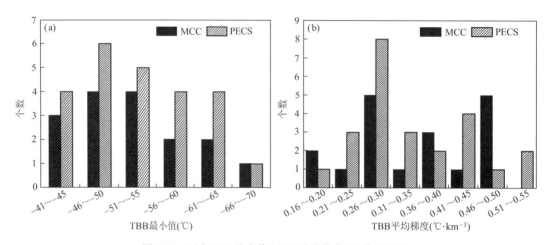

图 5-7 云团 TBB 最小值(a)和平均梯度(b)分布特征

从以上分析可知,天山山区对流云顶 TBB 最小值比中国东南和西南地区高 10 ℃左右,MCC 云团的 TBB 等值线平均梯度集中区间值比对应 PECS 高,云团平均梯度(0.36 ℃·km^{-1})也比 PECS(0.33 ℃·km^{-1})略高,这说明 MCC 云团在发展过程中强度相对较强。

5.2.3 南疆地区 β 中尺度对流系统活动特征

2016 年 8 月初至 9 月中旬南疆地区降雨频繁,短时强降水天气频发,阿克苏、巴州、喀什、克州、和田共 527 站次先后出现分散性短时降水,多地出现大暴雨,最大雨强为 63.2 mm·h^{-1},局地降水量突破历史极值,对于处在干旱地区的南疆极为罕见。暴雨引发多地出现洪涝、泥石流等地质灾害,对交通、农业生产造成不利影响。因此本节利用 FY-2G 逐小时 TBB 资料对 2016 年 8 月 8 日至 9 月 16 日南疆地区 MCS 进行研究,对 MCS 的时空分布、生命史以及日变化特征进行统计分析,以期为该地区强对流和暴雨天气的短时临近预报提供一定参考。

5.2.3.1 MCS 的时空分布特征

根据表 5-1 和表 5-2 所述标准,分析得到 2016 年 8 月 8 日至 9 月 16 日南疆地区 MCS 共 92 个,均为 β 尺度 MCS,其中包括 $M_{\beta}CCS$42 个和 $M_{\beta}ECS$ 50 个,无符合 α 尺度标准的 MCS。$M_{\beta}CCS$ 和 $M_{\beta}ECS$ 各占 MCS 总个数的 46% 和 54%,即圆状 MCS 和带状 MCS 的发生频次相当。

(1)MCS 空间分布特征

图 5-8 是 2016 年 8 月 8 日至 9 月 16 日南疆地区 MCS 不同发展阶段的空间分布。从图 5-8a 可以看出,天山南坡和昆仑山北坡是 MCS 生成的两个高频区域,这是由于上述地区山脉起伏明显,当携带充足水汽的西南气流在地形作用下抬升,易使山区出现对流活动;而巴州中部地区也有 MCS 生成,多为夏季午后出现的局地热对流活动。整体上看,天山南坡 MCS 发生的数量明显多于昆仑山北坡。图 5-8b 是 MCS 成

熟时刻的空间分布图,对比图 5-8a 可以看出,MCS 的移动方向主要以偏东或东北方向为主,这是由于研究时段内南疆地区多处于槽前西南气流上。MCS 消亡时的位置分布比较分散,同时结合 MCS 不同发展阶段的空间分布来看,MCS 的移动距离大多在 1 个经纬距以下,其原因是南疆地区整体较为干旱,只有局地水汽充沛,因此 MCS 的移动范围较小,MCS 大多为生成后在原地发展、消散。

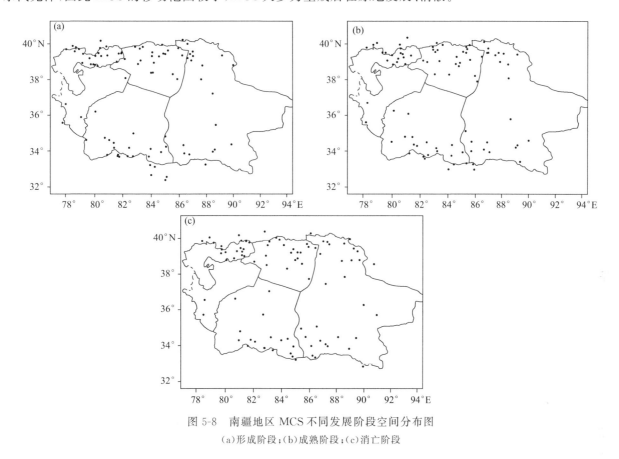

图 5-8　南疆地区 MCS 不同发展阶段空间分布图
(a)形成阶段;(b)成熟阶段;(c)消亡阶段

(2)MCS 成熟阶段属性和生命史特征

表 5-5 给出了天山南坡、昆仑山北坡的 $M_\beta CCS$ 和 $M_\beta ECS$ 在成熟阶段的属性特征,从中可以看出,2016 年 8 月 8 日—9 月 16 日南疆地区 $M_\beta CCS$ 成熟时的平均面积约为 $6.6 \times 10^4 \sim 9.5 \times 10^4$ km^2,比我国东部地区明显偏小。由于大部分 $M_\beta ECS$ 是由多个对流云团合并发展而成,因此夏季带状 MCS 成熟时的平均面积明显大于圆状 MCS,平均面积约为 1.1×10^5 km^2。$M_\beta CCS$ 和 $M_\beta ECS$ 成熟时平均最长直径为 $44 \sim 57$ km,由于地处干旱地区,MCS 的发展尺度远小于我国东部地区。云顶温度是判断 MCS 发展强弱的重要标志,$M_\beta CCS$ 成熟时平均云顶温度略低于 $M_\beta ECS$,说明 $M_\beta CCS$ 发展较 $M_\beta ECS$ 稍强。$M_\beta CCS$ 和 $M_\beta ECS$ 成熟时平均云顶温度约为 $-36 \sim -39$ ℃,平均最低云顶温度约为 $-41 \sim -47$ ℃,比我国东部地区明显偏弱。这是由于南疆地区气候干旱,水汽不足,MCS 发展较弱。此外可以注意到,昆仑山北坡 MCS 的平均云顶温度和最低云顶温度都明显低于天山南坡 MCS,同时昆仑山北坡 $M_\beta CCS$ 的成熟时平均面积也明显小于天山南坡 $M_\beta CCS$,这是由于青藏高原北部的 MCS 分裂出对流单体,随着偏南气流进入新疆,在昆仑山北坡再次发展,因此面积偏小但发展较强。

表 5-5　平均云团属性特征

	天山南坡 $M_\beta CCS$	昆仑山北坡 $M_\beta CCS$	天山南坡 $M_\beta ECS$	昆仑山北坡 $M_\beta ECS$
平均面积(km^2)	9531	6641	10883	11316
平均最长直径(km)	50	44	56	58
平均椭圆率	0.76	0.78	0.43	0.39
平均云顶温度(℃)	−38	−39	−36	−38
平均最低云顶温度(℃)	−42	−46	−41	−47

图 5-9 给出了南疆地区 MCS 的持续时间特征,活动最频繁的 M_βCCS 持续时间为 3 h,M_βECS 持续时间为 3~4 h。这些 MCS 大多为单体对流泡孤立发展,尺度较小,由于南疆地区水汽供应不足,MCS 成熟后很快消亡,生命史较短。带状 MCS 大多为对流云团合并发展而成,因而持续时间超过 6 h 的中尺度对流系统以 M_βECS 为主。另外,持续时间超过 10 h 的 M_βCCS、M_βECS 均很少。M_βECS 平均持续时间为 4.7 h,M_βCCS 平均持续时间为 4.2 h,相较我国东部地区的 β 中尺度对流系统,南疆地区 MCS 维持时间明显较短。

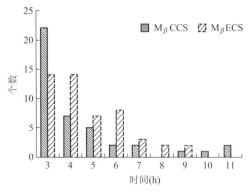

图 5-9 M_βCS 生命史特征

5.2.3.2 MCS 的日变化特征

(1)M_βCCS 和 M_βECS 日变化特征

M_βCS 活动具有显著日变化特征,图 5-10 是 2016 年 8 月 8 日至 9 月 16 日南疆地区 M_βCCS、M_βECS 形成、成熟时间的日变化特征。从图 5-10a 可以看到,M_βCCS 的形成时间有一个大的峰值,大多 M_βCCS 形成于傍晚前后 18:00—20:00(北京时,下同)。M_βCCS 大多在形成后 1~2 h 成熟,成熟时间主要出现在 22:00,其次出现在 19:00。M_βECS 的日变化特征与 M_βCCS 存在一定差异,其形成时间呈现出三峰型分布特征,最显著的形成峰值出现在午后 17:00、傍晚 20:00 和凌晨 03:00 也有较明显的小峰值,说明午后为 M_βCCS 最易形成时段,同时也具有傍晚和凌晨形成的特点。与 M_βCCS 相比,M_βECS 具有更明显的夜间活跃特征。M_βECS 的成熟时间呈现出双峰型分布特征,傍晚 19:00、夜间 22:00 是 M_βECS 成熟时间的两个峰值,对应为 M_βECS 形成后 2 h。

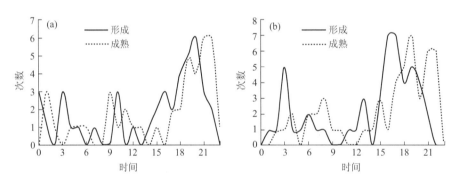

图 5-10 M_βCCS(a)、M_βECS(b)形成、成熟时间的日变化特征曲线

(2)天山南坡和昆仑山北坡 MCS 日变化特征

天山南坡和昆仑山北坡是 MCS 的两个活跃区,这两个地区的地理环境条件具有一定差异,分别分析这两个区域的 MCS 形成、成熟的日变化特征,可以了解这两个地区 MCS 日变化特征的异同点。

图 5-11a 是天山南坡 MCS 形成、成熟的日变化特征曲线。从图中可以看出,天山南坡 MCS 大多形成于午后 17:00 至傍晚 19:00,同时在凌晨 03:00 也有一个明显的形成高峰,此外午后 15:00 还有一个形成

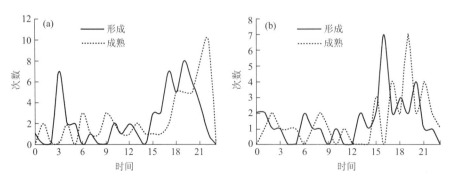

图 5-11 天山南坡 MCS(a)、昆仑山北坡 MCS(b)形成、成熟时间的日变化特征曲线

次峰,表明天山南坡 MCS 大多形成于午后至傍晚,并具有一定凌晨发生的特点,而在上午形成 MCS 的次数最少。天山南坡 MCS 最显著的成熟高峰在夜间 22:00,在午后 18:00 存在一个成熟次峰。傍晚前后形成的 MCS 大多在 2～3 h 后成熟,而夜间和午后形成的 MCS 大多成熟于 1～2 h 后。

图 5-11b 是昆仑山北坡 MCS 形成、成熟的日变化特征曲线。昆仑山北坡 MCS 的形成时间主要集中在午后 16:00,此外傍晚 20:00 也是明显的 MCS 多发时段。昆仑山北坡午后形成的 MCS 多数在形成后 3 h 即傍晚 19:00 成熟,而傍晚形成的 MCS 大多在形成后 1 h 即夜间 21:00 成熟。

天山南坡和昆仑山北坡 MCS 的活跃时段均具有多峰型的日变化特征,但也存在一定差异。午后 17:00 至傍晚 19:00 是天山南坡 MCS 最活跃的时段,同时在凌晨也有显著的形成峰值。而昆仑山北坡 MCS 的形成高峰时段在午后 16:00,傍晚 20:00 也有较明显的形成峰值。昆仑山北坡 MCS 的最活跃时段较天山南坡 MCS 更早,而天山南坡 MCS 夜间和凌晨形成的特征较昆仑山北坡 MCS 更为显著。

(3)长生命史和短生命史 MCS 日变化特征

将生命史为 3～5 h 的 MCS 定义为短生命史 MCS,生命史超过 6 h 的 MCS 定义为长生命史 MCS。图 5-12 是两类 MCS 的日变化特征曲线,其形成和成熟具有显著的日变化特征。图 5-12a 表明,短生命史 MCS 大多在傍晚 19:00—20:00 形成,另外午后 15:00 和 17:00 也是明显的活跃时段,午后至傍晚形成的 MCS 多数在形成后 2 h 达到成熟。

由图 5-12b 可见,长生命史 MCS 的形成呈现出双峰型特征,午后 16:00 和凌晨 03:00 是长生命史 MCS 活动最旺盛的时段,在傍晚和上午 MCS 最不活跃。午后形成的 MCS 在傍晚前后达到成熟,凌晨形成的 MCS 大多在生成 3～6 h 后才达到成熟。

长生命史与短生命史 MCS 的形成、成熟特征呈现出明显差异。短生命史 MCS 主要在午后和傍晚形成发展,凌晨活动不明显,多为午后因热力不稳定而产生的中尺度对流系统。长生命史 MCS 多发时段为午后和凌晨,具有凌晨活跃的特点,并且其发展阶段更长,在早晨达到成熟。

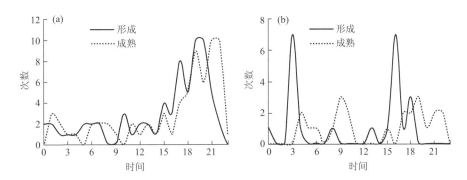

图 5-12　短生命史 MCS(a)、长生命史 MCS(b)形成、成熟时间的日变化特征曲线

5.2.3.3　典型 MCS 的云团演变特征

中小尺度对流系统造成的局地强对流天气一直是短时临近预报预警的重点和难点,下面通过 2 个典型 $M_\beta CS$ 分析其云团演变特征。

(1)2016 年 8 月 17 日天山南坡 $M_\beta CCS$ 云团演变特征

2016 年 8 月 17 日阿克苏、克州局部地区出现强降水过程为例,降水主要出现在 17 日 16:00 至 18 日 06:00,阿克苏地区、克州共 37 站次出现短时强降水。17 日 19:00—20:00 克州阿合奇气象站小时降水量达 25.4 mm。过程最大雨强出现在阿克苏地区乌什县英阿瓦提北,21:00—22:00 小时降水量达 63.2 mm。

红外云图表明短时强降水是由一个 $M_\beta CCS$ 引起的。追踪暴雨云团可见,17 日 19:00(图 5-13a),克州和阿克苏交界处有一个对流单体 A 生成,其 -32 ℃冷云盖面积约为 2.7×10^3 km²,最低云顶亮温为 -35 ℃,并在下一小时继续发展,受其影响,阿合奇县 4 站出现短时强降水。此后 $M_\beta CCS$ 在向东北方向移动的同时不断扩大,于 17 日 22:00(图 5-13d)移至阿克苏乌什县,此时 $M_\beta CCS$ 发展至成熟,TBB 值≤-32 ℃的连续冷云区面积增长至 1.0×10^4 km²,偏心率为 0.78,最低云顶亮温降低至 -38 ℃,达到最低。在旺盛的对流活动影响下,乌什县 5 站出现短时强降水,英阿瓦提北出现过程最大雨强。下一时刻,对流云团开始分裂消散,面积迅速减小,至 17 日 23:00(图 5-13e)不再满足 $M_\beta CCS$ 的定义标准,此次 $M_\beta CCS$ 过程结束。本次过程中,最大小时降水出现时间与 $M_\beta CCS$ 成熟时间、最低云顶亮温出现的时间一致,降水区域出现在 TBB 梯度最大的地方,可见 $M_\beta CCS$ 是造成阿克苏、克州局部地区强降水天气的直接影响系统。

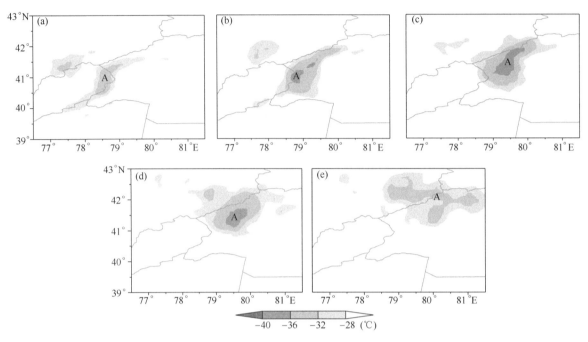

图 5-13　2016 年 8 月 17 日 19:00 至 17 日 23:00 $M_\beta CCS$ 逐 1 h 演变

(2)2016 年 8 月 21 日昆仑山北坡 $M_\beta ECS$ 云团演变特征

图 5-14 给出 2016 年 8 月 21 日发生于昆仑山北坡的一次 $M_\beta ECS$ 云团发展演变过程。21 日 16:00(图 5-14a),青藏高原北部有一个云团 A 满足 $M_\beta CS$ 定义标准,其 -32 ℃冷云盖面积约为 9.3×10^3 km²,最低云顶亮温为 -54 ℃,云团 A 在随偏南气流向北移动的过程中进入新疆昆仑山北坡,期间有小的对流云团并入,云团 A 不断发展扩大,并于 21 日 19:00(图 5-14d)发展至成熟,成熟时 TBB 值 $\leqslant -32$ ℃ 的连续冷云区面积扩大至 2.3×10^4 km²,偏心率为 0.58,最低云顶亮温降低至 -61 ℃。14 日 20:00—22:00,$M_\beta ECS$ 在发展成熟后继续维持在昆仑山北坡,但冷云盖范围逐渐缩减,对流活动减弱。14 日 23:00(图 5-14 h),对流云团向东北方向移动并逐渐消散。此次 $M_\beta ECS$ 形成于青藏高原,对流云团云顶高度高、云顶亮温低,生命史长达 8 h,表现出发展慢、移动距离短的特点。

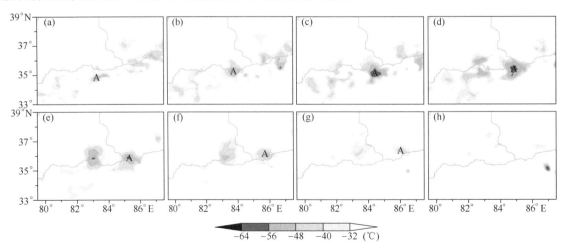

图 5-14　2016 年 8 月 21 日 16:00 至 21 日 23:00 $M_\beta ECS$ 逐 1 h 演变

5.3　短时强降水 MCS 的时空分布特征

统计 2005—2015 年新疆境内的天山山区及其两侧短时强降水过程,2007 年、2010 年和 2013 年出现频次最多。从 MCS 出现次数来看,M_αCS 出现次数较少,极大值出现在 2007 年(3 次),M_βCS 出现次数相对较多且变化趋势与短时强降水次数基本一致(图 5-15a)。

从月际变化(图 5-15b)来看,夏季(6—8 月)短时强降水最频繁,占总数的 94%,其中 6 月出现次数最多 13 次,其次为 7 月 12 次和 8 月 8 次;汛期其他时间强降水出现较少,另外季节过渡阶段降水次数变化较大,如 5—6 月、8—9 月。

从 MCS 各月分布来看,M_αCS 易在 6—7 月出现,M_βCS 则在各月出现,除 8 月外 M_βCS 的月发生次数与降水变化趋势基本一致,这说明在新疆引起短时强降水的对流云团主要以 M_βCS 为主。

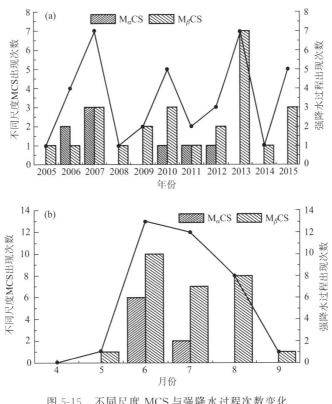

图 5-15　不同尺度 MCS 与强降水过程次数变化
(a)年际变化;(b)月际变化,实线为短时强降水频次

对 MCS 初生到消亡的日变化特征统计表明,M_βCS 的初生主要时段分别出现在 13:00—18:00 和 21:00,夜间到翌日 12:00 基本无 M_βCS 出现。而 M_αCS 在 14:00—16:00 出现的最多,其他时段出现次数较少。这说明新疆地区 MCS 在午后气温较高的时段开始出现,此时热对流发展迅速,有利于对流云团的形成,凌晨到上午气温相对较低,对流活动较弱,MCS 出现频次也较小(图 5-16a)。

从 MCS 成熟时刻出现的日频次(图 5-16b),M_βCS 出现次数呈现明显的"双峰"分布,即从 16:00 开始逐渐增加,19:00 达到极大值,然后下降,23:00 达到一日内的次高值,凌晨 03:00 最少,04:00—15:00 次数较少。M_αCS 多在 18:00—20:00 以及 22:00 前后达到成熟期,这和 M_βCS 频次极值的出现时间基本重合。可见在日气温达到最高点时 MCS 的面积也达到了最大值,由于春夏季新疆白天日光照射时间较长,因此到凌晨 00:00 仍有不断增强的对流云团出现。夜间对流减弱,MCS 达到成熟期的概率较低。

图 5-16c 为 MCS 消亡时刻日频次分布,相对于初生和成熟期,消亡期呈现"多峰"型分布,时段集中在傍晚到前半夜,分别为 22:00 至次日 00:00 和 02:00,此时段以戈壁为主的下垫面的温度下降明显,而在山

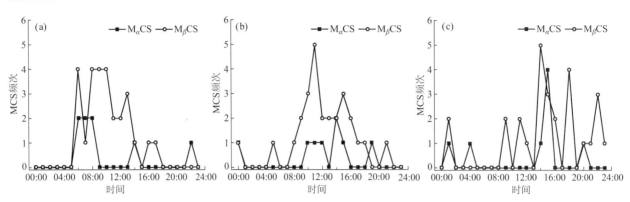

图 5-16 MCS 不同发展时段日发生频次分布
(a)初生;(b)成熟;(c)消亡

间盆地和沿天山一带的绿洲地区气温下降相对滞后,因此在前半夜仍有对流发展,到后半夜才开始消散,表现为在 06:00 左右出现次峰值。

从 MCS 生命史的分布(图 5-17a),MCS 生命周期为 3~14 h,其中 $M_\alpha CS$ 相对分散,在 6~14 h 都有分布,其中生命周期在 14 h 的次数相对较多;$M_\beta CS$ 生命周期分布比 $M_\alpha CS$ 更广泛,但在 7~11 h 较为集中。生命史达 14 h 的 MCS 共有 5 个,占总样本数的 1/7。从云团的发展演变来看,主要原因在于对流云团有时在翻越天山山脉时,受高山的阻挡,移速相对缓慢,加上底层水汽的不断抬升补充,造成冷云盖面积不断增大导致维持时间较长。图 5-17b 为各月 MCS 生命周期的分布,6 月 MCS 生命周期时长呈现"三峰"型分布,即在 3 h、6~9 h 和 14 h 较为集中;7 月 MCS 维持时间频次分布比较均匀,但在 6~9 h 次数相对较多;8 月生命史在 9~11 h 出现的 MCS 次数相对较多。其他各月 MCS 出现次数较少,生命周期也无明显规律。

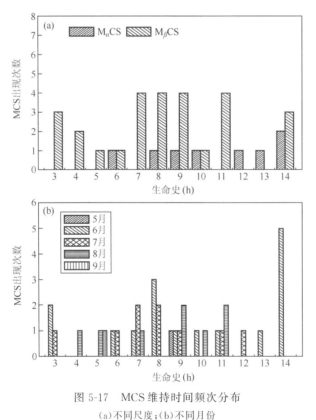

图 5-17 MCS 维持时间频次分布
(a)不同尺度;(b)不同月份

为了更深入地了解 MCS 各阶段维持时间,设定从初生到成熟所经历的时段为发展阶段,成熟到消亡所经历的时段为消散阶段。从发展阶段各月 MCS 频次分布来看(图 5-18a),6—8 月 MCS 的时长基本都在 2~9 h,其中在 3~6 h 出现次数较集中,10~12 h 出现频次较少。

MCS 消散阶段(图 5-18b),6 月时长在 2~12 h 都有分布,其中 2~8 h 占总次数的 85％以上,6~7 h 较为集中;7—8 月持续时间集中在 2~5 h。

图 5-18c 为两个阶段的总频次分布,从图中可以看出,发展阶段在 2~12 h 都有分布,但持续时间为 3~6 h 的总数达到 23 次,特别是持续 3 h 的 MCS 占到总数的 1/3;与发展阶段类似,大部 MCS 在 2~7 h 能快速消散,其中持续 3 h 的 MCS 仍然最多,达到 10 次。以上分析说明在干旱半干旱地区大部分 MCS 发展和消散速度较快,降水时间也相对较短,这在另一方面证实了新疆夏季以短时强降水为主的事实。

总的来说,新疆夏季 MCS 频繁出现,尤其 6—7 月出现 $M_\alpha CS$ 的概率较大,$M_\beta CS$ 在各月均出现。MCS 初生时段主要在午后到傍晚,成熟期多在傍晚前后,消亡期集中在傍晚到前半夜。MCS 生命史为 3~14 h,其中 $M_\alpha CS$ 持续时间在 14 h 的次数相对较多,$M_\beta CS$ 在 7~11 h 较为集中。从各月 MCS 生命史分布看,6—7 月维持时间在 6~9 h 的 MCS 相对较多,8 月则在 9~11 h 较为集中。从各阶段来看,发展阶段持续时间在 3~6 h 较为集中,这与 6—8 月 MCS 在该阶段表现的时长较为一致;消散阶段大部分 MCS 维持时间在 2~7 h,其中 6 月在 6~7 h 较为集中,7—8 月为 2~5 h。MCS 的生命史与下垫面及温度变化有很大关系,在干旱半干旱地区的大背景下,午后温度快速升高,如果遇到中低层有足够的水汽补充,非均匀下垫面导致上升运动增加,对流活动加强,卫星云图上也逐渐出现尺度不同的 MCS,随着西风气流逐渐东移,面积和 TBB 中心强度不断增加,在特殊地形的影响下造成局地短时强降水天气。

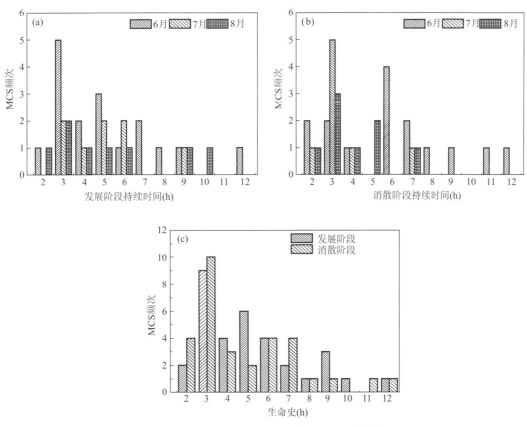

图 5-18　MCS 发展和消散阶段各月及总频次分布

(a)发展阶段各月频次分布;(b)消散阶段各月频次分布;(c)各阶段总频次分布

从 MCS 初生时期的位置分布来看(图 5-19a),影响新疆短时强降水过程的 MCS 主要分布在山区或者浅山区一带,盆地分布较少,主要在新疆境内,境外分布较少。$M_\alpha CS$ 主要分布在中天山两侧,另外在北天山阿拉套山和天山南脉也有分布,$M_\beta CS$ 源地在阿拉套山分布最为密集,其次为巴尔鲁克山靠近克拉玛依市的浅山区和阿克苏地区境内的天山南脉。以上现象可解释为:由于受到西北或西方冷空气的影响,在西天山或者天山南脉冷暖空气交汇,加上山脉的动力抬升和相对充足的水汽,极易造成对流活动,形成

MCS。图 5-19b 为 MCS 成熟时刻的地理分布,较初生期 MCS 整体向东移动,分布较均匀。$M_\beta CS$ 主要分布在伊犁河谷、博州及北疆沿天山一带,天山南脉也有少量分布。$M_\alpha CS$ 成熟期的位置比较分散,总体来看北疆较南疆多。

$M_\beta CS$ 主要消散区域位于准噶尔盆地边缘戈壁绿洲过渡带、位于巴尔鲁克山和阿拉套山中间的阿拉山口附近以及阿克苏地区中西部(图 5-19c),α 尺度的对流云团则在准噶尔盆地和塔里木盆地靠近天山的一侧较为密集,另外还有伊犁河谷的东西两侧。

通过对 MCS 不同时段出现位置的分析,可知 MCS 多形成于天山山区的迎风坡或浅山区,且天山北麓多于南麓,西部多于东部,说明天山山脉中西段及北侧地区是 MCS 的多发区,这与该地区地形复杂、空气湿度大且处于天山山区的迎风坡有关;成熟期 MCS 在准噶尔盆地中心地区分布较多,不同尺度 MCS 分布也不完全一致,$M_\alpha CS$ 较 $M_\beta CS$ 移速较快但较分散;消散期 MCS 主要分布在准噶尔盆地的边缘,主要原因在于 MCS 从绿洲移入戈壁时,由于下垫面空气干燥,中低层无水汽补充,对流云团逐渐消散。

对于天山南麓来说,阿克苏中西部和巴州北部浅山区分别为 $M_\beta CS$ 和 $M_\alpha CS$ 经常出现的地区,这主要是由于上述两个地区临近山口,当冷空气灌入时,与塔里木盆地中的暖空气相遇,下暖上冷易造成大气层结不稳定,引发局地对流形成 MCS。

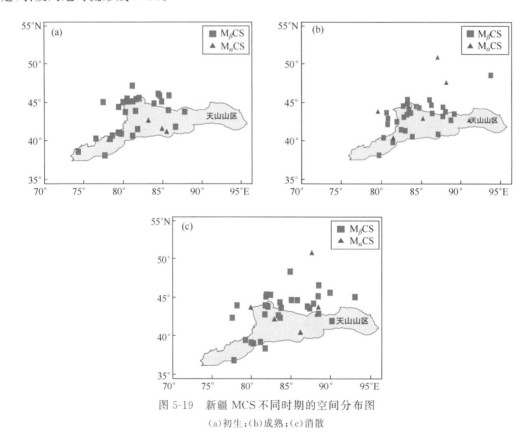

图 5-19　新疆 MCS 不同时期的空间分布图
(a)初生;(b)成熟;(c)消散

5.4　新疆短时强降水个例 MCS 环境特征

MCS 的发生、发展与其环流背景、所处的大气层结和水汽条件等环境条件有密切关系。为了能全面了解天山山区 MCS 对流云团的发展过程,选择两次典型个例分析其云团演变特征和环境条件。

5.4.1　2012 年 6 月 4 日天山山区短时强降水过程 α 中尺度对流系统环境特征

2012 年 6 月 4 日,新疆巴州北部出现了一次突发性大暴雨天气过程,强降水历时短,强度大且降水分布极其不均匀。大暴雨主要出现在巴州首府库尔勒市及其和静县城,15:00—17:00 两站降水量分别达到

73.8 mm 和 75.8 mm,均超过了两站的年降水量气候均值,两站最大雨强分别为 46.4 mm·h^{-1} 和 53.2 mm·h^{-1},均为历史第一位。图 5-20 为 2012 年 6 月 4 日发生在天山山区的一次圆形 M$_a$CS 云团演变,阿克苏东部 A、B 两个云团在 16:00 迅速向东北方向移动并与巴音郭楞蒙古自治州(简称巴州,下同)北部的对流云团 C 合并(图 5-20a),形成面积较大的冷云盖 D,并出现多个 TBB≤−52 ℃ 的深对流区(图中数字表示,下同)(图 5-20b);到 18:00 云团面积不断增大,圆形 M$_a$CS 达到成熟期(图 5-20c),TBB$_{min}$ 达到−55 ℃,椭圆率达到最大值 0.66;23:00 圆形 M$_a$CS 逐渐消亡(图 5-20d)。

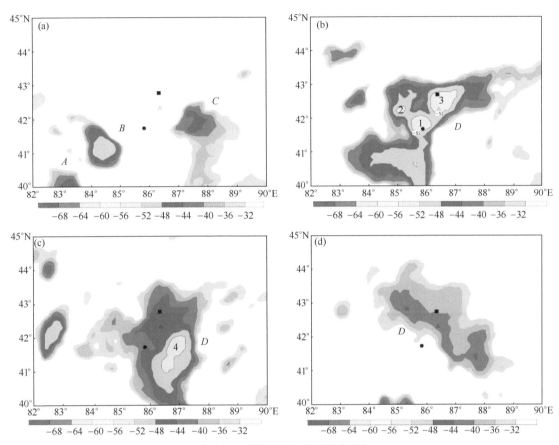

图 5-20　圆形 M$_a$CS 发展演变过程
(a)初生;(b)形成;(c)成熟;(d)消亡
(图中数字表示深对流区,图标■代表巴仑台,●代表库尔勒,△代表和静;单位:℃)

　　M$_a$CS 的发生、发展与其环流背景,所处的大气层结和水汽条件等环境条件有密切关系。利用 EC-Interim 0.5°×0.5°再分析资料对此次 M$_a$CS 的环境背景进行分析。2012 年 6 月 4 日 14:00 500 hPa 高度场为稳定的"两涡一脊"环流配置,即东欧低涡、蒙古低涡和西西伯利亚高压脊,天山山区受蒙古切断低涡后部的长波槽影响。20:00 东欧低涡东移增强而蒙古低涡移速缓慢,造成高压脊东移北伸,新疆仍处于低槽控制,南疆中部出现西南—西北的气旋性风场辐合。200 hPa 副热带急流 14:00—20:00 在南疆中部地区增强,最大风速增加到 48 m·s^{-1},巴州北部地区处于急流出口区的左前方,气流强烈辐散(图 5-21a)。

　　此次天气过程水汽主要来源于短波槽前部的西南气流和脊前西北气流,而且西北方向的水汽携带所占比重较大。两股水汽在研究区上空汇合。水汽通量场表现为 14:00 巴州北部出现水汽通量散度辐合中心,20:00 辐合区面积逐渐增大,中心强度增强到−5×10^{-7}g·cm^{-2}·hPa^{-1}·s^{-1},这对于局地强对流的产生极为有利(图 5-21b)。

　　由新疆库尔勒站(86.13°E,41.75°N)垂直速度随时间变化看出,4 日 02:00 近地面上升运动不断加强,08:00 负速度区扩展到 600 hPa,14:00—20:00 中心速度值达到−0.4 Pa·s^{-1},20:00 以后以弱辐散下沉运动为主,MCS 逐渐消亡。底层假相当位温 θ_{se} 14:00 前后相应逐渐增大,出现明显的能量舌,θ_{se} 梯度达到最大,为局地 MCS 触发提供了较好的热力条件(图 5-21c)。

从该区域的对流有效位能 CAPE 和 K 指数变化趋势看,3 日 14:00 开始 CAPE 值和 K 指数逐渐增大且大值区域逐渐北移,至 4 日 14:00 库尔勒周边区域 CAPE 最大值超过 450 J·kg^{-1},K 指数为 34~38 ℃,说明大气处于不稳定层结,圆形 M$_a$CS 冷云盖面积和强度逐渐达到最大值。从湿度条件看,4 日 02:00—14:00 巴州北部地区 700 hPa 比湿维持 6~8 g·kg^{-1},大气低层湿度较大,为短时强降水的发生提供了较好的水汽条件(图 5-21d)。

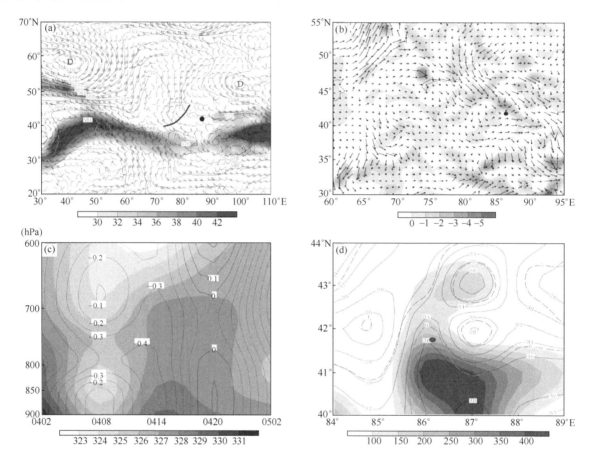

图 5-21　圆形 M$_a$CS 云团生成的环境条件

(a)4 日 08:00 大气环流配置(实线为 500 hPa 高度场,单位:dagpm;风羽为 500 hPa 风场,单位:m·s^{-1};
阴影部分为 200 hPa 急流区;黑色实线为槽线;D 为低压中心;黑色圆点代表库尔勒);
(b)4 日 20:00 的 700 hPa 水汽通量(矢量,单位:g·s^{-1}·cm^{-1}·hPa^{-1})和水汽
通量散度场(阴影,单位:10^{-7}g·cm^{-2}·hPa^{-1}·s^{-1});(c)库尔勒站垂直速度
(等值线,单位:Pa·s^{-1})和假相当位温(阴影区,单位:K)时间-高度剖面;
(d)4 日 14:00 的对流有效位能(阴影区,单位:J·kg^{-1})、K 指数
(实线,单位:℃)和 700 hPa 比湿(虚线,单位:g·kg^{-1})分布

从上述分析可见,M$_a$CS 的形成主要是大面积层云中多个独立的 β 中尺度对流云团合并形成。M$_a$CS 主要出现在地形起伏较大的山区或丘陵地带且移速较慢并在地势相对平坦的平原上空形成,高大山体使 M$_a$CS 云团的发展得以持续。从环境背景看,此次 M$_a$CS 形成于低槽内部的风场辐合区,多通道水汽输送和水汽辐合造成巴州北部底层比湿增大,垂直上升运动明显增大造成大气长时间处于不稳定层结,对流有效位能聚集,底层能量舌的形成和释放,促使了 MCS 云系发展加强。此外,天山南坡阻挡了云系向北发展,云团椭圆率不断增大,形成圆形 M$_a$CS。

5.4.2　2015 年 6 月 26—27 日西天山短时强降水天气 β 中尺度对流系统环境特征

2015 年 6 月 26—27 日,受中亚低涡东移影响,伊犁河谷多地出现雷电、短时强降水等强对流天气,降水集中在河谷中部平原地区(图 5-22a),强降水维持大约 10 h,尼勒克、伊宁县等 20 个气象站达到暴雨标准(日降水量>24 mm·d^{-1},新疆暴雨标准,下同),6 站达到大暴雨量级(>48 mm·d^{-1}),其中巩留县东买里乡克热森布拉克、新源县种羊场气象站日降水超过 65 mm,巩留站日降水达到 94.8 mm,破历史极值(日降水量 34.6 mm),暴雨引发多地洪水、泥石流以及城市内涝,造成严重经济损失。

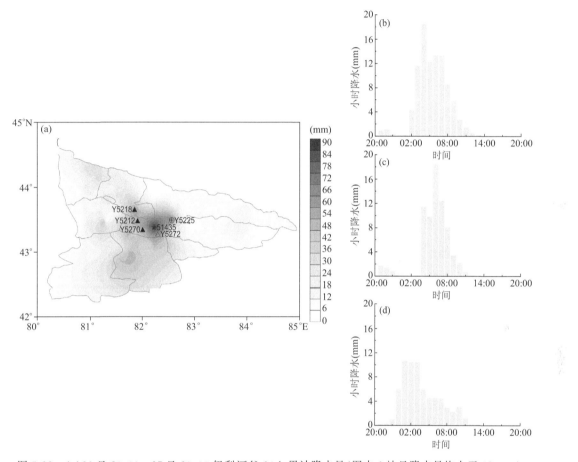

图 5-22　(a)26 日 20:00—27 日 20:00 伊犁河谷 24 h 累计降水量(图中 6 站日降水量均大于 48 mm),以及(b)巩留县、(c)新源县种羊场和(d)东买里乡克热森布拉克小时降水分布

从逐小时降水分布,巩留站 26 日 21 时开始出现降水但雨强较小,27 日 02:00 出现强降水,27 日 04:00 出现最大雨强 18.5 mm·h^{-1},短时强降水过程(雨强>10 mm·h^{-1},下同)持续 5 h,强降水持续 9 h,累计降水量达 68.9 mm(图 5-22b);种羊场站降水趋势与巩留站相似,短时强降水过程持续时间虽然只有 4 h,但短时强降水量占过程降水的 70%(图 5-22c);克热森布拉克站降水持续 11 h(图 5-22d),短时强降水时间只持续了 3 h。此次大范围暴雨过程主要是由短时强降水所引起,持续时间短但雨强较大,基本上都发生在夜间,这非常符合天山山区 MCS 云团引起降水的特点,从云图和雷达产品的演变来探讨 MCS 特征以及对短时强降水的影响。

此次降水过程红外云图 TBB 演变看(图 5-23a),26 日 23:00—27 日 02:00 昭苏县莫音仓村区域站(81.2°E,42.9°N)的南部和东部不断有弱对流单体发展并连接成片形成线型对流云团 A(椭圆率 0.25,为 M$_\beta$ECS),TBB$_{min}$ 达到 −42 ℃;27 日 03:00—04:00 云团 A 分裂成云团 B、C 和 E,并出现 TBB$_{min}$≤−52 ℃ 的深对流区域(图中数字表示,下同),其后云团 B 和 C 快速减弱(图 5-23b,c);05:00 云团 D(云团 A 的主体)和 E 合并在巩留站上空逐步发展增强并逐步西移(图 5-23d),在 09:00 达到旺盛时期,成为面积超过 10^4 km² 的 M_βCCS,14:00 M_βCCS 移动至昭苏县莫音仓村站附近减弱,并逐步移出河谷地区(图 5-23e,f)。

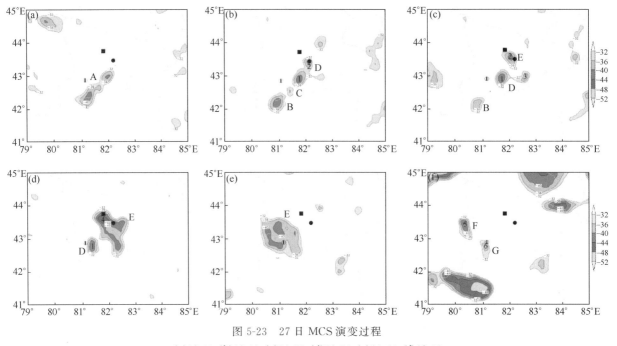

图 5-23   27 日 MCS 演变过程

(a)02:00;(b)03:00;(c)04:00;(d)06:00;(e)14:00;(f)18:00

(● 为巩留站,■ 为伊宁县维吾尔玉其温乡,① 为昭苏县莫音仓村)

上述分析表明,此次 MCS 首先在河谷南部界山主脉上空不断形成 M_βECS,并以分裂的形式不断向东北方向传播,并在河谷中部平原地区通过合并的方式迅速增强为 M_βCCS 并维持,最终缓慢减弱消散。

为了更深入地了解 MCS 云团发展与 TBB 阈值之间的对应关系,分析对此次天气影响较大的 D 和 E 云团各级 TBB 等值线所围冷云盖面积与 TBB_{min} 随时间的变化,如图 5-24 所示。云团 E 在 27 日 04:00 形成并发展,在 09:00 成熟,生命史长达 17 h。发展阶段(形成到成熟)维持时间为消亡阶段(成熟到消亡)的 1/2。

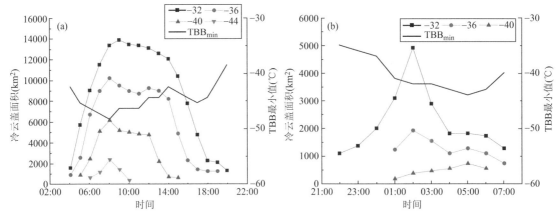

图 5-24   MCS 不同 TBB 等值线冷云盖面积变化与 TBB_{min} 的对应关系

(a)E 云团;(b)D 云团

云团 D 对应冷云盖面积和 TBB_{min} 变化见图 5-24b,云团 D 生命史较短且消亡阶段较发展阶段稍长,TBB 值和梯度特征与云团 E 基本相似。造成此次伊犁河谷中东部短时强降水过程主要是两个 β 中尺度 MCS 云团引起。MCS 发展较快,消散相对较慢,维持时间均超过 10 h,这是造成此次过程累计降水量较大的原因。另外,云团各时刻 TBB_{min} 与对应等值线所围冷云盖面积呈反比,TBB_{min} 越小相应云顶高度越高,云系发展越深厚、旺盛,相应冷云盖面积就越大。

图 5-25 为 27 日研究区 1.5°雷达反射率因子(Z)和径向速度(V)演变。02:00 伊宁市东南部出现大面积积层混合降水回波,有多个 β 中尺度对流单体分散其中,巩留站南部出现带状强回波带,其中 $Z>$ 34 dBz 的范围与图 5-23a 中 MCS 云团基本对应,径向速度场低层为偏西风且有超低空急流,中高层为偏东风,这对于水汽输送非常有利。巩留站东南部出现负速度区包含正速度区的逆风区,并一直持续到 02:43,说明该地区有中尺度系统的辐合加强,降水逐渐增强(图 5-25a,d);随着对流活动不断增强,强回波带向北移动并呈东—西向发展,03:00—06:00 强回波带持续维持在巩留站上空,回波最大值达到 40 dBz 持续 4 h,同时新源县种羊场(方位:112°,距离:107.9 km)有明显的对流单体生成回波强度逐渐增强至 30 dBz 左右,速度场上低层风速不断增大,巩留附近仍不断有正速度区包含负速度区的逆风区出现,新源县种羊场速度辐合较明显,此时段 MCS 面积和强度随之增大,短时强降水持续增强,(图 5-25b,e),两站雨强均超过 10 mm·h^{-1};09:00 以后河谷地区对流减弱,$Z>$34 dBz 面积逐渐减小,随着地面风向转为偏东风,14:00 巩留及新源县种羊场已无明显回波(图 5-25c,f),18:00 伊犁河谷大部地区降水基本结束。

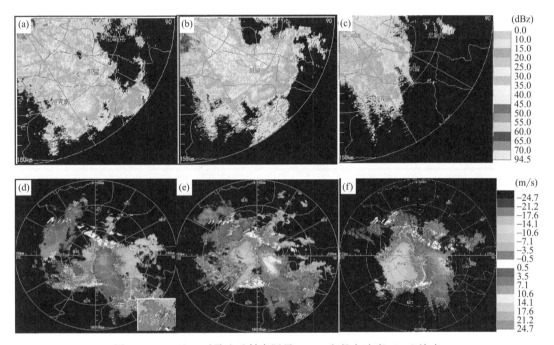

图 5-25　27 日 1.5°雷达反射率因子(a—c)和径向速度(d—f)演变
(a)(d)02:00;(b)(e)06:00;(c)(f)14:00

从以上分析可以看出,雷达强回波带持续和逆风区是局地短时强降水过程产生的主要原因,雷达 $Z>$ 34 dBz 的区域与 MCS 冷云盖范围有较好的对应关系,而径向速度场低层明显的风场辐合为 MCS 的触发和稳定维持提供了较好的条件。

为分析此次降水过程与云图 TBB、雷达回波的对应关系,选取降水量较集中的巩留站和新源县种羊场气象站进行分析。选择两站小时降水量、TBB 值、TBB 梯度、回波顶高以及垂直累积液态水含量,研究时段雨强大于 5 mm·h^{-1},其中巩留站为 27 日 02:00—09:00,种羊场站为 27 日 04:00—09:00。由于雷达资料获取频率为 6 min 一次,因此回波顶高(ET)以及 VIL 采用小时平均进行计算。

从两站雨强与 TBB 值的对应关系看,降水开始时,随着雨强增大,TBB 值逐渐减小,且滞后雨强 1~2 h,但与 TBB 最大梯度变化对应较好,表现为梯度跃升时降水增大,梯度突降时降水减小。造成以上原因主要是 TBB 值不仅受到云高的影响,还取决于云类和云体厚度等因素的影响,而 TBB 梯度表现了对流云团的发展强度,与降水有直接关系。强降水发生在 TBB 梯度较大的区域,而不是 TBB 值最小的区域(图 5-26a,b)。

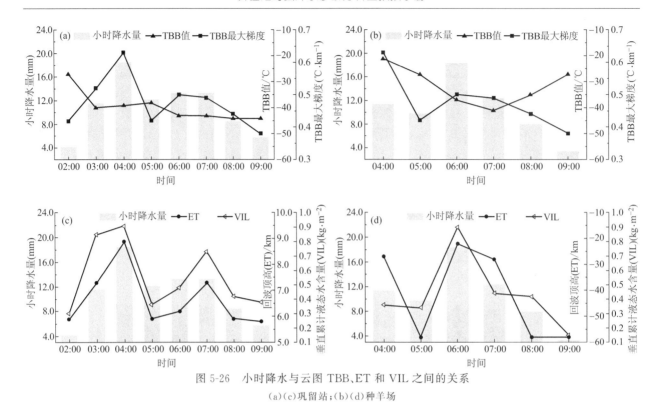

图 5-26　小时降水与云图 TBB、ET 和 VIL 之间的关系

(a)(c)巩留站;(b)(d)种羊场

图 5-26c,d 为回波顶高、垂直液态水含量和小时降水量的对应关系。可以看出,此次降水过程回波顶高最高达 8.9 km,且回波顶高越高,小时降水越大,反之降水越小;垂直液态含水量也与降水的变化趋势基本一致。

从以上分析可以看出,此次伊犁河谷出现短时强降水区域有多个 $M_\beta CS$ 出现。降水空间分布与 TBB 梯度成正比,与云顶 TBB 值无对应关系;降水的时间分布与回波顶高和垂直液态水含量成正比。

24 日 08:00—25 日 20:00 200 hPa 高度场中纬地区为明显南亚高压"双体型"(高压中心分别位于伊朗高原和青藏高原东部)。26 日 08:00 开始,南亚高压呈东部型,中亚低涡强度不断加强,中心位于 44°N 附近。伊犁河谷地区处于低涡前部,风场表现为西南风转东北风的区域辐散,低涡 27 日 20:00 低涡主体东北移动并减弱成槽,影响伊犁河谷的天气过程趋于结束(图 5-27a)。500 hPa 高度场 26 日 20:00—27 日 08:00 欧亚范围呈两脊一槽,伊朗高压脊向北发展与乌拉尔山高压脊叠加经向度加大,中亚低涡在巴尔喀什湖西部 70°N 附近生成,受新疆东部高压脊的阻挡,冷空气在中亚地区不断堆积,中亚低涡加深影响河谷地区(图 5-27b)。

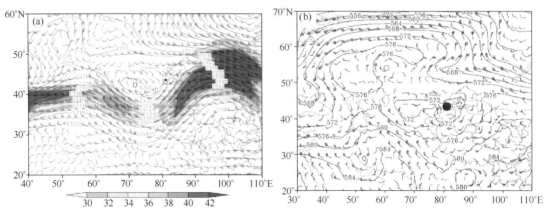

图 5-27　2015 年 6 月 27 日 08:00 高度场和风场

(a)200 hPa(阴影部分为急流);(b)500 hPa(●为伊宁市)

　　从以上中高层环流演变可以看出,高层南亚高压双体型的稳定少动、中层乌拉尔山阻塞高压的维持以及新疆脊的阻挡造成深厚的中亚低涡长时间维持,在不断东移南压的过程中形成暖湿空气和弱冷空气在该地区交汇,造成大范围暴雨过程,高层风场辐散,有利于低层大气辐合上升,对 MCS 的生成和维持提供了较好环流背景,造成降水区域较集中、降水持续时间长且强度大。

　　MCS 环境场的对流有效位能(CAPE)和 K 指数特征(图 5-28a),26 日 08:00—20:00 河谷西北部出现 CAPE 大值区,面积逐渐增大并逐渐东移,中心值达到 400 J·kg^{-1} 以上,K 指数均在 32 ℃ 以上。巩留站 CAPE 值从 60 J·kg^{-1} 快速增大到 300 J·kg^{-1},K 指数从 37 ℃ 增加到 40 ℃,表明巩留附近不稳定能量迅速积累;27 日 02:00— 08:00 CAPE 大值区继续东移并逐渐减小,K 指数也相应下降,不稳定能量得到释放,MCS 减弱消亡。从伊宁探空站 T-lnP 图,26 日 20:00 整层大气 CAPE 值明显增大,对流层非常湿接近于饱和(图 5-28b)。

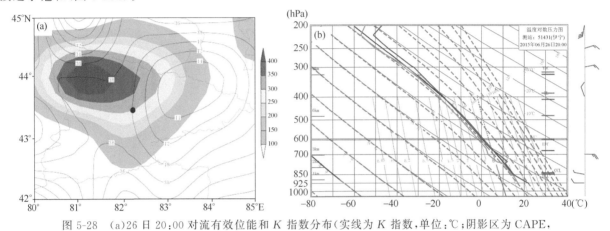

图 5-28　(a)26 日 20:00 对流有效位能和 K 指数分布(实线为 K 指数,单位:℃;阴影区为 CAPE,
单位:J·kg^{-1};"·"为巩留站);(b)26 日 20:00 伊宁探空曲线

　　此次降水过程伊犁河谷地区近地面盛行偏西风,26 日 20:00—27 日 02:00 河谷中部不断出现弱辐合线,辐合线基本对应 MCS 边缘且在 TBB 值梯度大值区,此时 MCS 位于巩留站上空且处于发展阶段,雨强达到最大值,随着时间的推移地面辐合线不断向 MCS 内部移动,降水逐渐减小。偏西气流在河谷中间的乌孙山附近产生绕流,在山脉东部汇合形成辐合线,此外,北支气流受到河谷北部界山的阻挡,有弱的回流产生弱偏东风,巩留正好处于风场辐合区域(图 5-29a)。

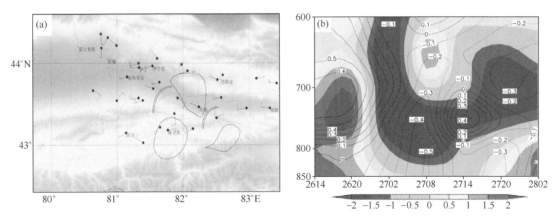

图 5-29　(a) 27 日 04:00 地面风场与 MCS 的关系(红实线为 TBB≤−32 ℃ 范围,
双实线为地面辐合线);(b)垂直速度和散度沿巩留站的时间-高度剖面
(实线为垂直速度,单位:Pa·s^{-1};阴影为水平散度,单位:s^{-1})

　　从巩留站上空垂直速度变化来看,地面上升运动在上述时段不断加强,负速度区扩展到 650 hPa 左右,中心速度值也达到−0.5 Pa·s^{-1};27 日 20:00 上升速度明显减小,扩展高度也逐渐下降。水平散度场从 26 日 20:00 开始低层大气辐合度加强,27 日 02:00—08:00 气流辐合高度有所下降,700 hPa 以上逐渐出现辐散,更有利于大气垂直上升;27 日 14:00 以后低层气流出现辐散,MCS 逐渐消亡(图 5-29b)。

大气风场的垂直切变是 MCS 触发重要条件。局地风场垂直分布显示 26 日 20:00 700 hPa 以下风场表现为偏西和偏东风的垂直切变(图 5-28b),700～400 hPa 存在偏东和西北风垂直切变,27 日 02:00 以后对流云团不断发展并逐渐形成面积较大的 MCS,27 日 20:00 切变减弱,MCS 基本消散。

从以上分析看出,近地面有风场辐合,低层和中层有垂直切变且低层风切变的强度明显高于中层,导致低层辐合高层辐散,气流垂直上升加强,局地大气抬升触发 MCS 发展加强。

图 5-30a 为巩留站温度平流随时间变化,26 日 20:00～27 日 08:00 大气低层暖平流逐渐增强,暖平流从 925 hPa 上升到 750 hPa 附近,向上为冷平流,大气处于"下暖上冷"的不稳定状态,27 日 08:00 以后冷平流逐渐向低层传播。由同时段的比湿廓线和假相当位温 θ_{se} 看出,26 日 20:00 前后 925～700 hPa 出现比湿和 θ_{se} 密集带并有湿舌存在,最大比湿达到 15 g·kg^{-1},表明大气低层湿度增加,呈现明显的"上干下湿"特征;同时 θ_{se} 也有能量舌出现,27 日 02:00 θ_{se} 所表现的能量锋区逐渐向低层倾斜,不稳定层结升高到 700 hPa,θ_{se} 梯度达到最大,对流云系发展形成 MCS(图 5-30b)。

从以上分析可以看出,低层暖平流增强以及高低空 θ_{se} 梯度增大为局地 MCS 触发提供了较好的热力条件,中低层湿舌的出现为 MCS 提供了较好的水汽条件。

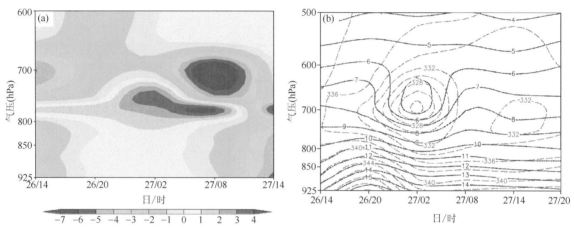

图 5-30 (a)温度平流沿巩留站的时间-高度剖面(单位:℃·s^{-1});(b)比湿和 θ_{se}
沿巩留站的时间-高度剖面(实线为比湿,单位:g·kg^{-1};虚线为 θ_{se},单位:K)

5.5 MCS 本地化判识标准在短时强降水预警中的应用

通过检验 35 次新疆短时强降水过程 SWAP 预警阈值,将系统默认 TBB 阈值 4 档间隔 10 ℃:−32 ℃、−42 ℃、−52 ℃、−62 ℃,TBB 梯度 0.4 ℃·km^{-1},按照新疆地域和气候特点分为 4 个区域修订 TBB 阈值,北疆 4 档间隔 8 ℃:伊犁河谷—博州—石河子以西沿天山一带和天山山区为−36 ℃、−44 ℃、−52 ℃、−60 ℃,伊犁河谷—博州—石河子以西沿天山一带 TBB 梯度 0.4 ℃·km^{-1},天山山区 TBB 梯度 0.3 ℃·km^{-1};南疆 TBB 阈值 4 档间隔 6 ℃:南疆偏西地区 TBB 为−36 ℃、−42 ℃、−48 ℃、−54 ℃,TBB 梯度 0.3 ℃·km^{-1},巴州北部 TBB 为−40 ℃、−46 ℃、−52 ℃、−58 ℃,TBB 梯度 0.4 ℃·km^{-1}(表 5-6)。

表 5-6 不同区域 SWAP 平台预警阈值

区域	TBB 阈值 4 档(℃)				TBB 间隔(℃)	TBB 梯度(℃·km^{-1})
我国中东部	−32	−42	−52	−62	10	0.4
北疆西部	−36	−44	−52	−60	8	0.4
天山山区	−36	−44	−52	−60	8	0.3
南疆偏西部	−36	−42	−50	−56	6	0.3
巴州北部	−40	−46	−52	−58	6	0.4

5.5.1　2012 年 6 月 4 日巴州罕见短时暴雨中尺度对流云团分析

2012 年 6 月 4 日 14:00—17:00,巴州北部出现了一次突发性大暴雨过程,强降水主要出现在库尔勒市和和静县,15:00—17:00 两站降水量分别达 73.8 mm、75.8 mm,最大雨强分别为 46.4 mm·h^{-1}、53.2 mm·h^{-1},突破历史极值,表现出了历时短,强度大且降水分布极其不均匀的特点。

4 日 08:00 500 hPa 南疆西部至库尔勒受中亚低槽前西南气流控制,红外云图动画可以清楚看到,4 日 13:30 阿克苏东部有两个对流云团,TBB 最低达−50 ℃,15:15 两对流云团发展加强东移至库尔勒上空,TBB 最低达−53 ℃,15:45 两对流云团合并发展,面积增大,TBB 最低达−57 ℃,雨强明显增强,随着 TBB<−55 ℃的冷云中心消失,强降水趋于结束。暴雨过程中库尔勒、和静对应的冷云中心位置基本稳定,但当中心移动时,库尔勒出现最强雨强,而另一个冷云中心在略有减弱后再次加强的过程中和静出现了最强降雨。

SWAP 平台修订阈值追踪对流云团亮温演变表明,4 日 13:00—14:00 有两个对流云团沿中亚低槽前西南气流自阿克苏东部向巴州北部移动并发展(图 5-31a),15:30 在库尔勒和和静附近发展成两个 M$_\beta$CS,16:00 两个 M$_\beta$CS 的 TBB<−32 ℃及<−52 ℃的云团面积明显增大并有合并增强的趋势(图 5-31b),16:30 两个 M$_\beta$CS 合并,TBB<−32 ℃及<−52 ℃的云团面积达最大,而 16:00—16:15 是库尔勒 15 min 雨强最强时段,降雨 30.1 mm,16:30—16:45 和静 15 min 降雨 27.7 mm,是和静雨强最强时段,强降水发生在 TBB<−52 ℃的冷云盖东南一侧。而云团 TBB 梯度图动画可以清楚看到(图 5-31c/d),强降水发生在冷云盖东南侧 TBB 梯度密集的大值区一侧。

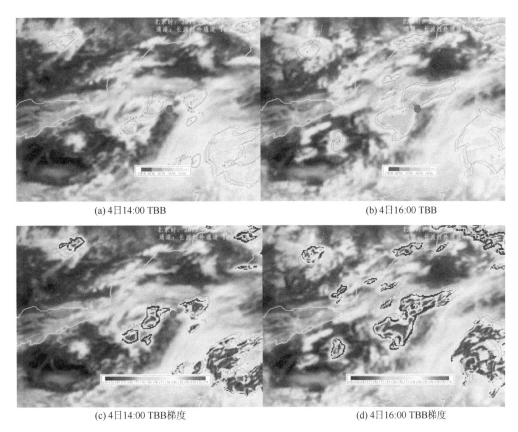

(a) 4日14:00 TBB　　　　　　　　　　　　(b) 4日16:00 TBB

(c) 4日14:00 TBB梯度　　　　　　　　　　(d) 4日16:00 TBB梯度

图 5-31　2012 年 6 月 4 日巴州北部暴雨对流云团 SWAP 平台云图(红点为库尔勒)

SWAP 显示位于阿克苏东部的两个对流云团 4 日 13:00 开始逐半小时自动预警,直至 18:00 云团减弱东移降水结束,可见修订的阈值对库尔勒强降水有 2 h 的预警时效。

SWAP 平台定位追踪影响强降水的对流云团可以看到,TBB<−32 ℃及<−52 ℃的云团面积 14:30 开始不断增大,16:30 TBB<−32 ℃及<−52 ℃的云团面积最大,分别达 1.4×10^4 km^2(图 5-32a)、1.3×10^3 km^2(图 5-32b),TBB 最低值也达−56 ℃(图 5-32c)。对比逐 30 min、60 min 云团参数外推预报表明,

30 min 外推预报较 60 min 更接近实况,尤其 17:30 对流云团发展后期 TBB<−52 ℃的 60 min 外推预报偏强,误差较大。

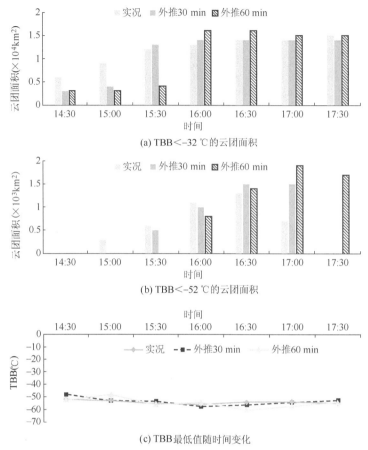

(a) TBB<−32 ℃的云团面积

(b) TBB<−52 ℃的云团面积

(c) TBB 最低值随时间变化

图 5-32　2012 年 6 月 4 日巴州北部暴雨对流云团 SWAP 追踪结果

5.5.2　2015 年 6 月 9 日乌鲁木齐短时强降水中尺度对流云团追踪

2015 年 6 月 9 日 18:30—20:05 乌鲁木齐出现短时强降水,95 min 累计降水量达 20.1 mm,其中 19:00—20:00 降水量 14.7 mm,为乌鲁木齐 1991 年有气象记录以来小时降水量极值,此次降雨表现为强度强、历时短、局地性强、灾害重等特点。

9 日 08:00 500 hPa 新疆 90°E 以西处于高压脊控制,乌鲁木齐以东处于高压脊前西北气流控制,乌鲁木齐短时强降水发生在脊前西北气流环流背景下。分析乌鲁木齐 6 月 9 日 08:00、14:00 及 20:00 对流潜势参数变化表明,08:00 $\Delta\theta_{se850-500}$ 为 6 ℃,14:00 明显增强大到 15 ℃,至 20:00 强对流发生时为 10 ℃,即午后乌鲁木齐层结不稳定显著发展,K 指数也增大到 33 ℃,SI 指数由 08:00 的 0.78 ℃降至 14:00 的 −1.8 ℃,CAPE 值 08:00 为 0,14:00 则明显增大为 1141 J·kg^{-1},表明午后对流有效位能显著发展,积蓄了大量不稳定能量。云图分析表明,强降水发生在局地新生中尺度对流云团西南侧 TBB 梯度最大处,TBB 最低达 −53 ℃。

SWAP 平台修订阈值追踪对流云团演变可以看到,9 日 17:30 乌鲁木齐周围 250 km 范围内有 2 个明显的中尺度对流云团(图 5-33a/c),最强的中尺度对流云团位于距乌鲁木齐西北方向 200 km 左右的石河子以北区域,该对流云团为不规则的椭圆型 M$_\beta$CS,TBB 最低达 −50 ℃,对流云团在高压脊前西北气流下,沿引导气流东移发展。18:30 石河子对流云团移动缓慢强度不变但面积增大,其前方在昌吉—米东—乌鲁木齐以东新生一东西向扁圆型 M$_\beta$CS,TBB 最低也达 −50 ℃,乌鲁木齐位于对流云团西南侧,此后约 20 min 降水开始。19:30 乌鲁木齐附近的 M$_\beta$CS 迅速发展加强成标准椭圆形,乌鲁木齐位于该 M$_\beta$CS 西南侧 TBB 梯度最大处(图 5-33b,d)。从云团 TBB 及其梯度图动画显示可以明显看到,强降水发生在 TBB<

−52 ℃的冷云盖西南侧且 TBB 梯度密集区内。

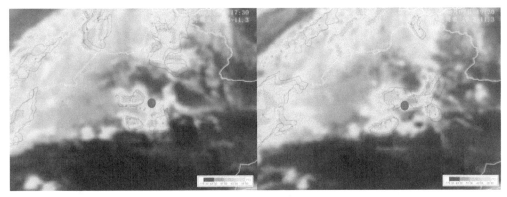

(a) 9日17:30 TBB　　　　　　　　　　　　　　(b) 9日19:30 TBB

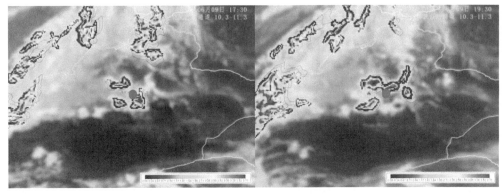

(c) 9日17:30 TBB 梯度　　　　　　　　　　　　(d) 9日19:30 TBB 梯度

图 5-33　2015 年 6 月 9 日 17:30—19:30 乌鲁木齐对流云团 SWAP 预警判识(红点为乌鲁木齐)

SWAP 显示在 9 日 17:00 开始逐半小时自动预警,直到两个对流云团合并加强东移影响乌鲁木齐以东地区的强降水,此例说明修订的阈值对小时雨强<20 mm 的乌鲁木齐短时强降水有 2 h 的预警时效,同时预警也为 MCS 继续东移发展造成的下游强降水预报预警提供有效参考和指导。

SWAP 对流云团定位追踪表明(图 5-34),影响乌鲁木齐强降水的对流云团一部分来自局地新生,另一部分来自石河子以北区域的对流云团东移与之合并加强。因此,9 日 19:00 之前追踪的 TBB<−32 ℃云团面积为石河子以北区域的对流云团,乌鲁木齐局地对流云团 19:00 开始生成(图 5-34a),在 1 h 内快速合并发展影响乌鲁木齐短时强降水。20:00 TBB<−32 ℃及<−52 ℃的云团面积分别达 4.3×10^3 km^2、150 km^2,TBB 最低为−54 ℃,30 min、60 min 云团外推预报 TBB<−32 ℃的云团面积与实况接近(图 5-34a/b/c),而 20:00—21:00 对流云团发展后期外推预报 TBB<−52 ℃的面积及 TBB 最低值均偏强,可见 30 min 外推预报对短临预报预警有很好的参考价值。

5.5.3　2016 年 6 月 17 日伊犁河谷短时强降水对流云团特征

2016 年 6 月 17 日伊犁河谷出现短时强降水,小时雨强>20 mm 的有 11 个站,过程降雨量 7 站超过 96 mm,强降雨时段分散,伊宁麻扎乡博尔博松区域站最强降水 44.3 mm·h^{-1},降雨主要集中在 6 月 17 日 00:00—14:00。

16 日 20:00 500 hPa 高度场随着里海、咸海高压脊向北发展,中亚低槽东移,伊犁河谷受槽前西南气流影响,700 hPa 伊宁由西风 8 m·s^{-1} 转为西北风 4 m·s^{-1},850 hPa 伊宁由东南风转为西风,风速均为 6 m·s^{-1},比湿增大到 11 g·kg^{-1},伊犁河谷开始出现对流性降水。17 日 08:00 到西西伯利亚低压外围冷空气南下补充到中亚低槽,中亚低槽东移,850 hPa 有一支 12~16 m·s^{-1} 偏西急流携带湿冷空气先进入河谷,700 hPa 在 4 h 后由弱西南风也转为偏西急流,冷暖交汇剧烈,造成短时强降水。

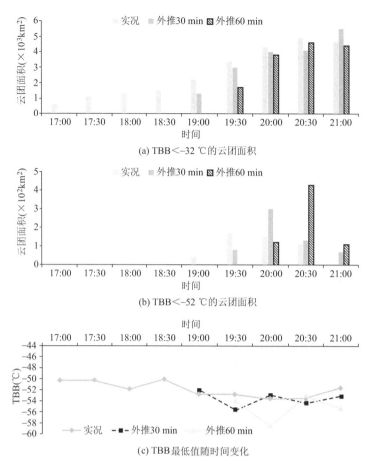

图 5-34 2015 年 6 月 9 日 17:30—19:30 乌鲁木齐对流云团 SWAP 追踪结果

SWAP 平台修订阈值追踪对流云团参数演变可以看到(图 5-35a—f),6 月 16 日 20:00 前后,伊犁河谷上游中亚低槽前西南气流上就有多个对流云团发展,TBB 最低达 −45 ℃。22:00 有一个 $M_\beta CS$ 进入伊犁河谷西南部,强度减弱,TBB 由 −45 ℃升至 −40 ℃;23:00 开始有 4 个 $M_\beta CS$ 沿低槽前西南引导气流向伊犁河谷北部加强,即 4 个 $M_\beta CS$ 形成列车效应不断影响伊犁河谷北部;24:00 开始有 2 个 $M_\beta CS$ 合并发展,强度增强,影响伊犁河谷北部的短时强降水。强降水发生在对流云团西南侧 TBB 梯度最大处,SWAP 平台 16 日 23:00 开始自动预警。

定位追踪影响伊犁河谷短时强降水的对流云团演变(图 5-36),伊犁河谷强降水时段无 TBB<−52 ℃的冷云盖,16 日 24:00 伊犁河谷北部的两个 $M_\beta CS$ 合并,开始有云团外推预报,17 日 01:00 云团发展,TBB<−32 ℃的云团面积明显增大到 2.2×10^3 km^2(图 5-36a),TBB 最低为 −45 ℃(图 5-36b),17 日 03:30 TBB<−32 ℃的云团面积达 3.4×10^3 km^2,TBB 最低值 −52 ℃,对流云团明显发展造成伊犁河谷短时强降水。逐 30 min、60 min 云团外推预报与实况略有偏差,但总体趋势一致,对短时强降水短临预报有较好的指导作用。

基于 SWAP 平台追踪分析新疆区域 35 次强降水过程对应的 MCS 参数演变特征,表明新疆区域 MCS 系统 TBB 4 档阈值间隔较我国中东部偏低 2~4 ℃;预警阈值下限偏低 4 ℃,上限偏高 2~4 ℃;天山山区、南疆偏西 TBB 梯度为 0.3 ℃·km^{-1},北疆偏西、巴州北部与我国中东部一致;短时强降水发生在引导气流方向靠近暖区一侧的冷云盖边缘 TBB 梯度最大处,TBB 梯度图对云团发展变化表现更清楚。

实践检验表明,基于 SWAP 平台定位跟踪目标云团,可以掌握云团参数变化趋势,自动预警对下游可能发生的强降水有 2~6 h 时效,且 30 min 外推预报与实况基本一致,对短时强降水短临预警有较好的参考价值,在 2016 年夏季新疆强降水短临预报中应用,有一定的指示意义。

由于新疆地域辽阔,地形复杂,本节重点分析新疆天山山区及其两侧强对流多发区域短时强降水的

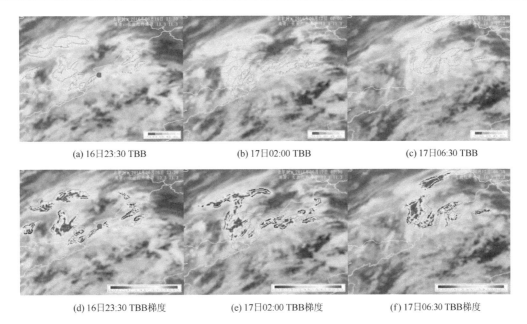

(a) 16日23:30 TBB　　(b) 17日02:00 TBB　　(c) 17日06:30 TBB

(d) 16日23:30 TBB梯度　　(e) 17日02:00 TBB梯度　　(f) 17日06:30 TBB梯度

图 5-35　2016 年 6 月 17 日 SWAP 平台伊犁河谷 MCS 预警判识(红点为伊犁河谷北部)

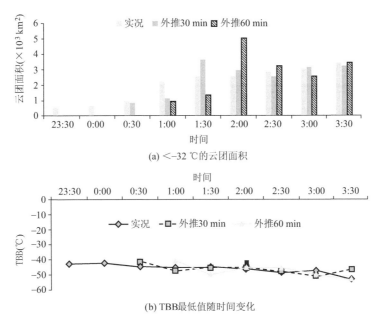

(a) <-32 ℃的云团面积

(b) TBB最低值随时间变化

图 5-36　2016 年 6 月 17 日伊犁河谷对流云团追踪结果

MCS 预警阈值,下一步将继续开展多区域分类型的强对流天气 MCS 预报预警研究。另外,新疆尤其是偏西地区对流云团投影的形状有变形拉长现象,对 MCS 强度及形状的判断有一定影响。

5.6　总结

新疆夏季 MCS 时空分布具有显著的地域特点,亚洲副热带西风急流、复杂高山—盆地结构和冰川—绿洲—沙漠下垫面造成冷热不均,局地动力、热力和水汽条件有利配合形成 MCS 并引发短时强降水过程,对新疆区域 MCS 定义、活动特点、系统演变特征及其造成短时强降水进行了研究和总结,并基于 SWAP 平台应用于短时临近预报业务中。随着各类卫星观测系统不断完善,以及雷达及其他各类非常规探测手段的应用,这些研究成果为今后新疆 MCS 深入研究打下了基础。

第6章 新疆短时强降水天气个例分析

6.1 2015年6月9日、6月27日和2016年10月2—3日乌鲁木齐三次强降水天气过程

6.1.1 天气实况

图6-1为乌鲁木齐三次暴雨过程小时降水量演变,2015年6月9日10:00—19:00(世界时,下同)(简称过程1)历时10 h降水量达25.0 mm,其中,11:00—12:00出现了14.7 mm的短时强降水;2015年6月27日11:00—20:00(简称过程2)历时10 h出现了28.1 mm的暴雨,其中15:00—16:00出现了10.1 mm的短时强降水;2016年10月2日10:00—3日04:00(简称过程3)历时19 h降水量达43.7 mm,达暴雨量级。三次暴雨均始于午后至傍晚,此时段乌鲁木齐暴雨多发。同时,过程1和过程2具有历时短和相伴短时强降水出现的特点,过程3降水则表现出历时较长、降水量小且相对平稳的特征。

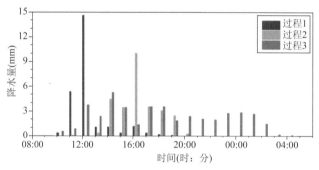

图6-1 2015年6月9日08:00至10日06:00(紫色柱体)、6月27日08:00
至28日06:00(绿色柱体)和2015年10月2日08:00至3日
06:00(红色柱体)乌鲁木齐地面逐小时降水量(单位:mm)

6.1.2 环流特征

从图6-2可见,乌鲁木齐处于天山中段北麓位置,其地形呈现出西、南和东三面环山、北部开口的特征。过程1发生于中纬度环流呈"两槽两脊"的形势下,新疆西部和蒙古地区为低值系统,咸海地区和新疆东部受高压脊控制,高纬度西西伯利亚地区为明显低涡系统,低涡底部偏西气流强劲。暴雨发生前和暴雨过程中,乌鲁木齐始终处于高压脊前西北气流控制中。过程2出现在新疆受低值系统控制、黑海—巴尔喀什湖区域受宽广的高压脊控制的环流形势下,乌鲁木齐西北部存在一个气旋式风场闭合环流,暴雨过程前及暴雨过程中,乌鲁木齐始终位于低值系统前部西南气流中。过程3出现在中纬度为"两脊一槽"的环流形势下,新疆西部为一个宽广且较平直的低槽系统,乌鲁木齐处于槽前偏西气流中,其东部和西部分别为一高压脊系统,同时,较低纬度上青藏高原地区受西太平洋副热带高压控制,其西部伊朗地区为一明显的低涡系统。

综上所述,这三次暴雨过程发生于不同环流形势下,其中,过程1出现在高压脊前西北气流控制下;过程2出现在低值系统前部西南气流中;过程3处于槽底偏西气流控制下。

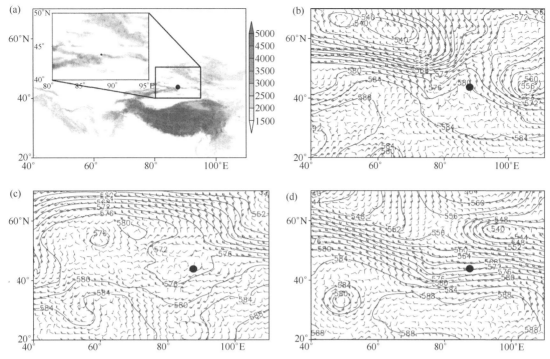

图 6-2　研究区概况(a,阴影,单位:m,黑色圆点代表乌鲁木齐,下同),2015 年 6 月 9 日
12:00(b)、6 月 27 日 12:00(c)和 2016 年 10 月 2 日 12:00(d)500 hPa
位势高度场(等值线,单位:dagpm)和风场(风羽,单位:m·s^{-1})

6.1.3　水汽和热动力条件

　　图 6-3 为这三次暴雨过程地面至 300 hPa 垂直积分水汽通量。过程 1 开始前水汽通道快速建立;暴雨过程中,西西伯利亚低涡底部偏西气流携带大量水汽向东输送,虽然大部分随着低涡底前部西南气流转向东北向,但仍有一部分水汽补充到新疆高压脊前西北气流中,为乌鲁木齐暴雨的出现提供有利水汽条件。过程 2,水汽随着黑海—巴尔喀什湖区域宽广的高压脊先向东再转为向西南输送,补充到新疆低值系统中,而后随着新疆低值系统前部西南气流输送到暴雨区上空。过程 3,阿拉伯海北部和波斯湾水汽在伊朗低涡前部偏南气流的作用下向偏北方向输送,汇合到中纬度槽脊系统水汽通道中,随着新疆西部宽广且较平直的低槽系统向偏东方向输送到乌鲁木齐。

　　三次暴雨过程水汽输送路径存在较大差异,其中,过程 1 为偏西路径,过程 2 为偏西路径转东北路径再转西南路径,过程 3 为低纬偏南路径汇合偏西路径。同时,上述分析也表明,对于乌鲁木齐暴雨天气,水汽输送路径决定于环流系统的配置和调整。

　　暴雨的产生除了要求有适宜的天气尺度环流形势和水汽输送,有利的热动力条件也很重要。低层假相当位温 θ_{se} 等值线密集的锋区中,锋区的动力强迫有利于低层能量和水汽向上输送,同时 θ_{se} 的陡立区容易出现涡度的倾斜发展。图 6-4 为沿乌鲁木齐 θ_{se}、比湿、涡度和散度时间-高度剖面。过程 1 开始前 2015 年 6 月 8 日 18:00,500 hPa 以下的大气表现出 θ_{se} 向上减小的不稳定状态,同时,比湿开始增大;暴雨临近,9 日 06:00,低层 θ_{se} 出现大值中心,θ_{se} 垂直梯度进一步加强,大气更加不稳定,同时,低层比湿增大到 8 g·kg^{-1};随后,暴雨开始,在暴雨过程中,中低层大气不稳定状态逐渐减弱但始终存在;随着降水减弱停止,大气恢复稳定状态。过程 1 开始前 8 日 18:00 低层为正涡度控制区,暴雨临近时正涡度增强且向上发展到 700 hPa 附近,暴雨过程中正涡度始终存在且保持在 700 hPa 以下,9 日 12:00 前后出现了 7×10^{-5} s^{-1} 正涡度大值中心,14.7 mm 强降水出现。相比涡度,散度配合并不好,仅在中层有较弱的辐合。

　　过程 2 前和发展过程中,中低层大气表现为 θ_{se} 向上减小的不稳定状态,低层大气保持 10 g·kg^{-1} 的比湿;2016 年 6 月 27 日 12:00 前后,θ_{se} 垂直梯度达到最大且低层出现 11 g·kg^{-1} 的比湿大值中心,随后出现了 10.1 mm 的短时强降水。过程 2 开始前 6 月 26 日 18:00,500 hPa 为正涡度大值中心和辐散中心,

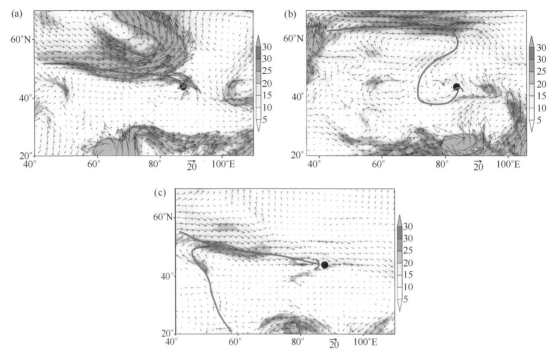

图 6-3　2015 年 6 月 9 日 12:00(a)、6 月 27 日 12:00(b)和 2016 年 10 月 2 日
12:00 地面至 300 hPa 水汽通量的垂直积分(彩色区和矢量,单位:
$g \cdot hPa^{-1} \cdot cm^{-1} \cdot s^{-1}$,红色箭头线代表水汽通量输送路径)

其下则为负涡度区和辐散区;随着暴雨临近,正涡度区和辐合区逐渐从 500 hPa 下降到低层大气;暴雨过程中,中低层始终为正涡度区和辐合区,12:00—15:00 低层正涡度发展到最大 $5 \times 10^{-5} \, s^{-1}$,低层辐合也达最强的 $-4 \times 10^{-5} \, s^{-1}$,随后出现了 10.1 mm 的短时强降水。

过程 3 仅在暴雨开始前低层为微弱不稳定,暴雨过程中比湿始终保持在 $5 \, g \cdot kg^{-1}$ 左右。从涡度和散度情况看,暴雨开始前 2016 年 10 月 1 日 18:00,低层为辐合区和弱正涡度区,随着暴雨临近和出现,低层辐合区向中层发展,低层正涡度增强到 $5 \times 10^{-5} \, s^{-1}$,2 日 21:00 前后,500 hPa 出现 $9 \times 10^{-5} \, s^{-1}$ 的大值中心。

综上所述,过程 1 和过程 2 具有较强的不稳定层结和较湿的低层大气,配合有利的涡度和散度分布,对短时强降水的出现较为有利;过程 3 不稳定层结较弱且湿度条件一般,但配合一定的涡度和散度条件,也可出现平稳型降水。

图 6-5 为三次暴雨乌鲁木齐多普勒天气雷达径向速度及其剖面和垂直累积液态水含量密度及其剖面。过程 1,受高压脊前西北气流控制的乌鲁木齐,雷达径向速度图上表现为明显的西北风,虽然没有风向辐合,但是存在风速辐合,剖面显示辐合自地面伸展到 4 km,并在 11:12 表现最为明显,中低层辐合有利于将水汽和能量向上输送,此时从垂直累积液态水含量密度 D_{VIL} 及其剖面可见,D_{VIL} 最大值达 $1 \, g \cdot m^{-3}$ 且 $0.3 \, g \cdot m^{-3}$ 区域从底层一直伸展到 4 km,14.7 mm 短时强降水出现。

过程 2,2.4°仰角的径向速度图上乌鲁木齐及其以北区域存在近乎南北分布的辐合线,乌鲁木齐位于辐合线南段,从辐合较为强盛的 15:13 径向速度剖面可见,存在明显的低层辐合、高层辐散风场配置,有利于对流单体的发展,此时 D_{VIL} 及其剖面最大值为 $0.5 \, g \cdot m^{-3}$,较大值区位于 4 km 以下。

过程 3,2.4°仰角的径向速度图上乌鲁木齐西南部区域受西北风控制,而其东北部区域存在偏东风,西北风和偏东风形成了切变线,乌鲁木齐处于切变线附近,D_{VIL} 及其剖面显示最大值为 $1 \, g \cdot m^{-3}$,较大值区位于 2 km 以下,径向速度和 D_{VIL} 的配置有利于降水的出现和维持。

综上所述,过程 1 主要为中低层风速辐合,过程 2 表现为低层辐合、高层辐散的辐合线形式,过程 3 则存在切变线;虽然形式不同,但均有利于暴雨中尺度系统的产生和加强,对暴雨过程起到了关键的动力作用,同时,从三次暴雨过程垂直累积液态水含量密度 D_{VIL} 可见,过程 1 的 D_{VIL} 较过程 2 更大,D_{VIL} 大值区

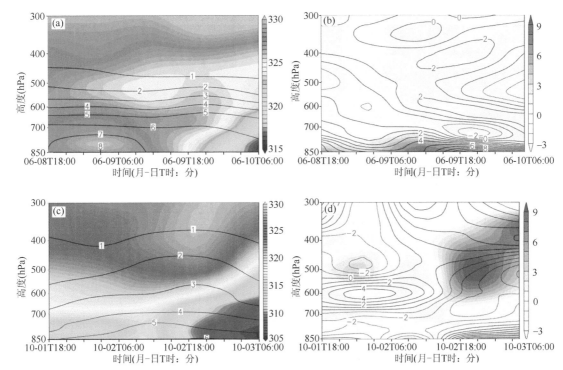

图 6-4　2015 年 6 月 8 日 18:00 至 10 日 06:00(a)、2016 年 10 月 1 日 18:00 至 3 日 06:00(c)沿乌鲁
木齐的比湿(等值线,单位:g・kg^{-1})和 θ_{se}(彩色区,单位:K)的时间-高度剖面及 2015 年 6 月 8 日
18:00 至 10 日 06:00(b)、2016 年 10 月 1 日 18:00 至 3 日 06:00(d)沿乌鲁木齐的涡度
(彩色区,单位:×10^{-5} s^{-1})和散度(等值线,单位:×10^{-5} s^{-1})的时间-高度剖面

较过程 3 更高。

6.1.4　中尺度系统分析

图 6-6 为三次暴雨过程 FY-2G 卫星 TBB 演变。过程 1 开始前 2015 年 6 月 9 日 05:00,乌鲁木齐西部
约 200 km 处开始出现中心强度为 −40 ℃的 β 中尺度对流云团 A;06:00 A 进一步发展加强为中心强度
为 −44 ℃的 β 中尺度对流云团,其东南部出现 −40 ℃的 β 中尺度对流云团 B;随后 A 和 B 合并加强为中
心强度为 −44 ℃的 β 中尺度对流云团 C 并移向乌鲁木齐;08:00 C 进一步发展且已经紧邻乌鲁木齐,但并
未移动到乌鲁木齐上空,此时降水未开始;09:00 C 开始影响乌鲁木齐,暴雨开始出现;随后伴随着对流云
团 C 发展、移动及新的对流云团新生,暴雨持续产生,12:00 前后,C 发展到最强的 −52 ℃影响乌鲁木齐,
14.7 mm 的短时强降水出现,此时 C 附近还有若干中尺度云团存在;随着中尺度云团减弱消散,暴雨减弱
停止。

过程 2 发生前 2015 年 6 月 27 日 08:00,乌鲁木齐西南方约 50 km 处开始出现中心强度为 −32 ℃的 β
中尺度对流云团 D;随着 D 进一步发展并向东北方向移动,中心加强为 −40 ℃,并在 10:00 控制乌鲁木
齐,此时降水开始出现;随后 D 持续影响乌鲁木齐,在此过程中强度进一步加强、范围进一步加大;
15:00—16:00 D 中心强度增强为为 −44 ℃,在此过程中,乌鲁木齐出现了 10.1 mm 的短时强降水;随后,
中尺度云团范围减小、强度减弱(图略),降水强度减弱。

过程 3 开始前 2016 年 10 月 2 日 02:00,乌鲁木齐西北方约 200 km 处存在较大范围的层积混合云团;
09:00,云团移动到乌鲁木齐上空,云团南边界开始影响乌鲁木齐,降水开始;随后层积混合云团向东北方
向移动的过程中不断影响乌鲁木齐产生降水;13:00—14:00 层积混合云中发展旺盛的 α 中尺度对流云团
(紫色云体)移过乌鲁木齐上空,在此时段出现了此次暴雨过程最强小时降水 5.3 mm;随后层积混合云持
续影响乌鲁木齐,降水得以持续较长时间;云体移过乌鲁木齐上空后,降水快速减弱停止。

从以上分析发现,造成以上三次乌鲁木齐暴雨的中尺度对流云团存在诸多差异;强对流型暴雨受快速

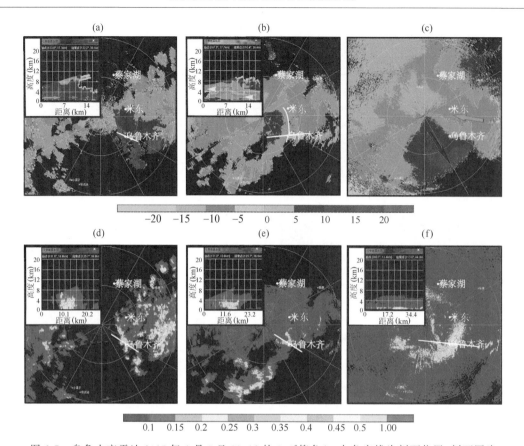

图 6-5　乌鲁木齐雷达 2015 年 6 月 9 日 11:12 的 3.4°仰角(a,白色实线为剖面位置,剖面图为

沿白色实线自西向东所剖而成,下同;蓝色大箭头表示大风速,蓝色小箭头表示小风速)、

6 月 27 日 15:13 的 2.4°仰角(b,黄色弧线代表辐合线,黄色箭头表示吹向雷达站的风,

黑色箭头表示远离雷达站的风)径向速度和径向速度剖面(单位:m・s^{-1})以及 2016 年

10 月 2 日 13:40 的 2.4°仰角径向速度(c,蓝色箭头表示吹向雷达站的风,

黑色箭头表示远离雷达站的风)和 2015 年 6 月 9 日 11:12(d)、6 月 27 日

15:24(e)、2016 年 10 月 2 日 13:40(f)2.4°仰角垂直

累积液态水含量密度 D_{VIL} 及其剖面(单位:g・m^{-3})

生成、发展的中尺度对流云团影响,云团相对孤立、尺度较小且生命史较短,在预报预警上挑战更大;平稳型暴雨受层积混合云团持续影响,云体持续时间较长、尺度较大,使降水相对平稳且维持时间较长。

　　图 6-7 为三次暴雨期间乌鲁木齐多普勒天气雷达(乌鲁木齐地面观测站位于雷达站东南方约 25 km 处)组合反射率因子 CR 及反射率因子剖面演变特征。过程 1,2015 年 6 月 9 日 08:57 乌鲁木齐上空几乎没有回波,但其周边存在比较明显回波,其西北方 30 km 处回波较强;随着乌鲁木齐西北方回波向东南移动,09:25 乌鲁木齐上空已被 30 dBz 回波覆盖,降水开始出现;随后乌鲁木齐西北方不断有 γ 中尺度对流单体发展,在高压脊前西北气流的引导下移到乌鲁木齐,10:44 乌鲁木齐受强度为 40 dBz 且 30 dBz 回波达 4 km 的 γ 中尺度对流单体影响,出现了 5.4 mm 的小时降水;随着其西北部对流单体不断移动到乌鲁木齐,11:12 强度为 45 dBz 且 40 dBz 回波达 4 km 的 γ 中尺度对流单体控制了乌鲁木齐,乌鲁木齐在 11:00—12:00 出现了 14.7 mm 短时强降水;随着乌鲁木齐上空回波减弱到 30 dBz 以下,小时降水量也减弱到 1.1 mm 以下;18:53 伴随着乌鲁木齐上空回波减弱消散,降水停歇。

　　对于过程 2,2015 年 6 月 27 日 10:09 乌鲁木齐上空有弱回波,降水开始出现;随着回波进一步向东北方向移动,乌鲁木齐持续受较弱回波影响,降水持续;13:43 前后,乌鲁木齐受中心强度为 45 dBz 且 40 dBz 回波达 4 km 的 γ 中尺度对流单体影响,出现了较强的 4.5 mm 的小时降水;随着回波进一步移动和演变,15:24 强度为 40 dBz 的 γ 中尺度对流单体控制乌鲁木齐,15:00—16:00 出现了 10.1 mm 短时强降水;随后回波进一步减弱向东北向移动,19:31 乌鲁木齐上空回波消散,降水停歇。

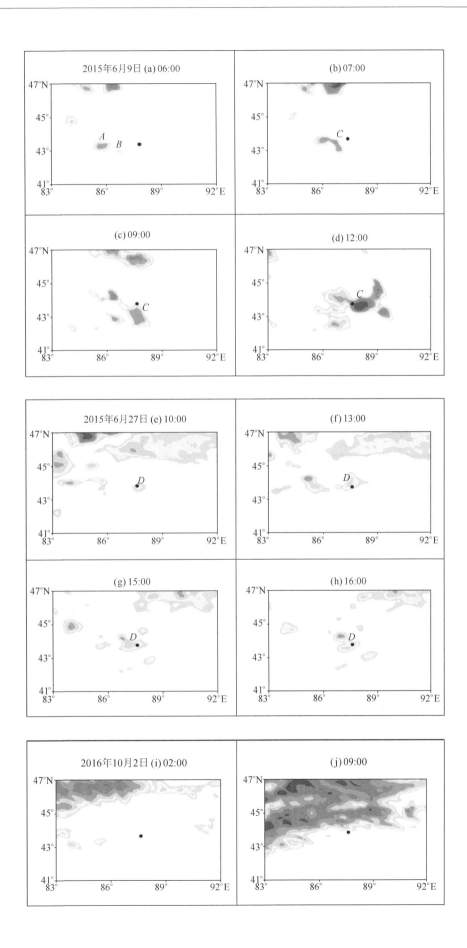

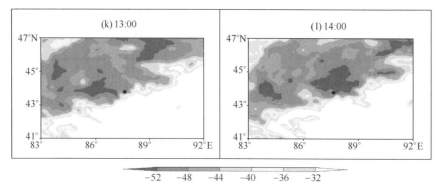

图 6-6　三次暴雨过程期间 FY-2G 卫星 TBB 演变（单位：℃）
分辨率为 0.1°×0.1°；A、B、C 和 D 代表中尺度云团

过程 3 开始前 2016 年 10 月 2 日 08：47，乌鲁木齐上空受 5 dBz 左右较弱回波控制，其西部有一片较明显回波区；随着回波向偏东方向移动，09：38 乌鲁木齐受 25 dBz 回波影响开始出现降水；回波在发展演变的过程中形成了一条线状回波，回波强度达 40 dBz，但强回波高度仅位于 2 km 以下，13：40 线状回波东移到乌鲁木齐上空，乌鲁木齐出现了此次暴雨过程中 5.3 mm 的最强小时降水；线状回波移过乌鲁木齐后，乌鲁木齐持续受 30 dBz 左右回波影响，降水持续且较为平稳；随着回波进一步东移，3 日 01：57 乌鲁木齐上空回波进一步减弱，降水减弱停歇。

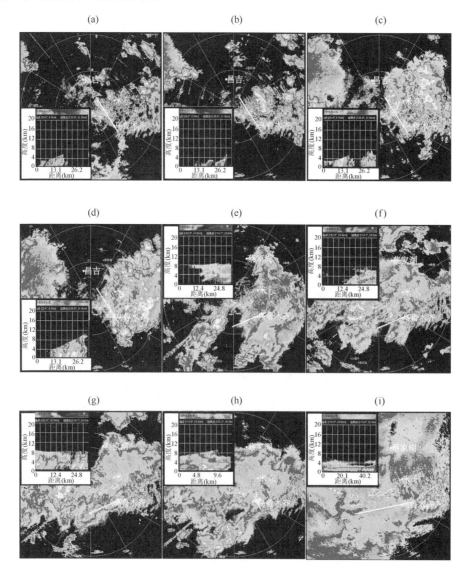

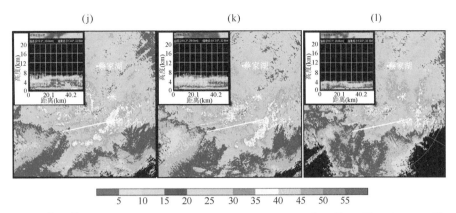

图 6-7　2015 年 6 月 9 日(a)08:57、(b)09:25、(c)10:44、(d)11:12 和 6 月 27 日、(e)10:09、(f)12:46、
(g)13:43、(h)15:24 和 2016 年 10 月 2 日(i)09:38、(j)13:40、(k)13:57、(l)21:15 乌鲁木齐
雷达组合反射率因子 CR 和反射率因子 R 剖面(单位：dBz)

综上可见,三次暴雨过程雷达组合反射率因子特征存在差异;强对流型暴雨以孤立对流单体为主,单体尺度小、生消快、移动迅速,致使小时降水变率较为剧烈,预报预警难度大;平稳型暴雨主要表现为层积混合云回波,降水较为平稳。

6.1.5　大气水平风场垂直结构特征

图 6-8 为两类暴雨期间乌鲁木齐风廓线雷达资料显示的水平风场时间-高度演变,过程 1 前 2015 年 6 月 9 日 07:30,高度 400 m 以下由偏东风转为西北风;随后 08:30,高度 2000～3000 m 处出现了 36 m·s⁻¹ 的显著大风速区;此后约 0.5 h,高度 1000 m 处出现大风速,降水开始;09:30—10:00,地面至 3000 m 处风向变化明显,垂直风切变和暖平流都较为明显,其上则表现为风向随高度逆转,存在冷平流,这样的配置使大气不稳定加剧,有利于降水的出现和维持;11:00 前后,高度 4500 m 处出现较强风速区,其下则出现空白区,表明此时风向变化极快且较为杂乱,同时也说明此时大气极不稳定,随后即出现了 14.7 mm 的短时强降水;19:00 前后高度 1000 m 以下风向随高度逆转,表明此时冷平流控制了近地层,降水停歇。过程 2 开始前 2015 年 6 月 27 日 07:00,1000 m 以下转为较为一致的西北风,1000 m 以下的西北风和其上的东南风形成了较明显风切变;09:30 左右,高度 1500 m 以下风向出现更加明显变化,地面至 5000 m 高度风

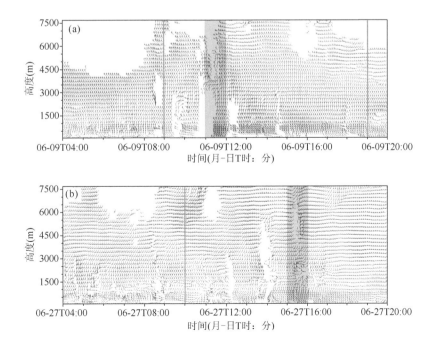

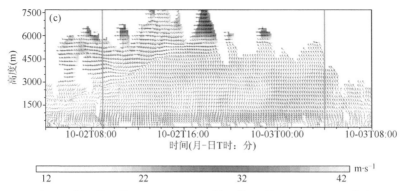

图 6-8　(a)2015 年 6 月 9 日 04:00—20:00、(b)6 月 27 日 04:00—20:00 和(c)2016 年
10 月 2 日 04:00 至 3 日 08:00 乌鲁木齐暴雨期间风廓线雷达水平风场时间-高度演变
(灰色实线对应暴雨开始和结束时刻,灰色阴影区对应短时强降水过程,下同)

向随高度顺转明显,暖平流较强,其上风向逆转存在冷平流,伴随着 5000 m 高度以上风速增强,大气不稳定加剧;半小时后,降水开始出现;与过程 1 类似,过程 2 于 15:00—16:00 风向、风速剧烈变化,出现了短时强降水;17:00 以后风场已不利于降水维持,降水逐渐减弱停歇。

过程 3 开始前 2016 年 10 月 2 日 04:00—08:00,高度 2000～3000 m 为偏南风,其上为偏西风和西南风,其下为偏北风,近地层则为西北风,风场呈现出明显的中低层随高度顺转、高层随高度逆转的分布,表明中低层存在暖平流、高层存在冷平流,大气不稳定性较强;08:30 垂直风切变加强,高度 500 m 附近的近地层出现了 27.7 m·s⁻¹ 大风,同时,高度 5000 m 以上的西南风有所增强;随后 0.5 h,降水开始出现;暴雨过程中低层暖平流、高层冷平流的层结依然存在;3 日 00:00 以后,高度 1000 m 以下风场随高度逆转,表明随着降水的持续,低层已经受冷平流控制,已不利于降水出现,随后降水减弱停歇。

综上所述,暴雨开始前和暴雨过程中,高层和低层风场分别随高度逆转和顺转,表明低层暖平流、高层冷平流明显,大气不稳定性增强;暴雨临近前约半小时,三次暴雨过程分别在不同高度出现了明显的风速增长;强对流型暴雨在暴雨期间特别是短时强降水发生前后风场变化更加剧烈,这也说明强对流型暴雨的对流性更强、中尺度系统尺度更小。

6.1.6　大气相对湿度垂直结构特征

图 6-9 为三次暴雨期间乌鲁木齐地基微波辐射计资料显示的相对湿度时间-高度演变。过程 1 开始前 2015 年 6 月 9 日 04:00—07:30,1500 m 高度以上大气相对较干,湿度基本在 50% 以下;随着暴雨临近,50% 以上的相对湿度区于 07:30 后开始向上发展;08:30 地面至 4000 m 高度出现狭窄的 70% 以上的相对湿度大值区,半小时后降水开始,暴雨开始后 09:00—15:00,相对湿度表现为剧烈的波动发展,期间 11:00—12:00 水汽饱和区发展到暴雨过程中最高位置 3500～4500 m,此时出现了 14.7 mm 的强降水;随后水汽饱和区位于 1500～4000 m 高度,降水持续;19:00 整层相对湿度明显减小,降水结束。过程 2 开始前 2015 年 6 月 27 日 04:00—08:30,高度 3000 m 以上槽前西南气流输送水汽的影响下,相对湿度较大,但水汽未饱和;与过程 1 类似,暴雨临近和开始后相对湿度呈现出剧烈波动发展形势,且水汽饱和区高度达最高时对应着最强小时降水出现,水汽饱和区减弱后降水停歇。

过程 3 开始前 2016 年 10 月 2 日 04:00—08:30,1500～4000 m 高度受偏南风输送水汽的影响出现相对湿度饱和区,但其下为相对干区,特别是 700 m 以下为相对湿度 50% 以下的明显干区;暴雨临近 08:30,相对湿度大值区开始向下发展;随后降水开始,整个暴雨期间,相对湿度呈较为平缓的波动形态,水汽饱和区的主体位于 1000～3000 m 高度,降水较为平缓;3 日 04:00 相对湿度呈剧烈波动减小,降水停歇。

综上可见,强对流型暴雨在临近和开始后,相对湿度大值区以剧烈波动形式发展,当水汽饱和区发展到暴雨过程中最高位置时,短时强降水出现;平稳型暴雨水汽饱和区高度更低,且相对湿度的波动更加缓和。

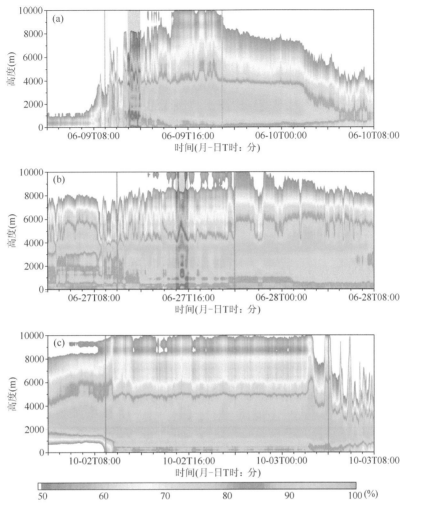

图 6-9　(a)2015 年 6 月 9 日 04:00 至 10 日 08:00、(b)6 月 27 日 04:00 至 28 日 08:00 和(c)2016 年 10 月 2 日 04:00 至 3 日 08:00 乌鲁木齐暴雨期间地基微波辐射计相对湿度时间-高度演变

6.1.7　结论

通过对 2015 年 6 月 9 日、6 月 27 日和 2016 年 10 月 2—3 日乌鲁木齐三次典型暴雨过程(分别简称为过程 1、过程 2 和过程 3)在小时雨强演变、天气尺度环流、水汽输送和热动力条件分析的基础上,重点利用风云卫星和多普勒天气雷达资料对三次暴雨过程中尺度系统进行分析,在此基础上又利用风廓线雷达和地基微波辐射计资料对暴雨过程大气水平风场和湿度廓线的精细演变进行了进一步分析,得到以下主要结论。

(1)三次暴雨过程环流形势差异明显,暴雨分别产生在高压脊前西北气流、低值系统前部西南气流和槽前偏西气流中;强对流型暴雨降水历时短且伴有短时强降水,平稳型暴雨降水历时较长且相对平稳。三次暴雨过程水汽输送路径也存在明显差异,分别为偏西路径、偏西路径转东北路径再转西南路径和低纬偏南路径汇合偏西路径。强对流型暴雨具有更强的不稳定大气层结和更湿的低层大气,在有利的动力条件下,将水汽和能量向上输送,对暴雨特别是短时强降水的产生较为有利,平稳型暴雨不稳定层结和湿度条件较弱,但在有利的涡度和散度条件下出现了平稳型降水。

(2)强对流型暴雨由相对孤立、尺度较小且生命史较短的 β 中尺度对流云团造成,多普勒天气雷达上对流单体以尺度小、生消快、移动迅速的孤立 γ 中尺度系统为主,并伴随有中低层风速辐合和低层辐合高层辐散,平稳型暴雨则由持续时间较长且尺度较大的层积混合云团、回波及切变线造成。同时,风场辐合在不同类型暴雨中形式虽然存在差异,但对暴雨中尺度系统的产生和加强均较为有利,对暴雨均起到了关键的动力作用。

(3)风廓线雷达探测风场能够细致刻画两类暴雨过程风场演变,暴雨开始前,高、低层风场随高度分别出现逆、顺时针旋转,冷暖平流使大气的不稳定性增强;暴雨临近前约0.5 h,风速的明显增长可作为暴雨即将开始的预警;暴雨过程垂直风切变明显,强对流型暴雨风场变化更剧烈,表明对流性更强、中尺度系统尺度更小。微波辐射计反演相对湿度能够细致刻画暴雨过程湿度演变,三次暴雨开始前分别表现为近地层相对较湿、中层相对湿度较大但未达饱和近地层相对较干,暴雨临近和开始后,分别出现相对湿度大值区以剧烈波动形式向上发展、中层大气迅速以剧烈波动形式达到饱和及相对湿度大值区以较为平缓的波动形式向下发展;相对湿度的突变对暴雨的开始有约1 h的预警。

6.2 伊犁河谷地区

6.2.1 2016年7月31日—8月1日伊犁河谷极端暴雨天气过程

6.2.1.1 降水实况

2016年7月31日12:00至8月1日12:00(世界时,下同),新疆西部出现了一次罕见大暴雨天气过程(新疆暴雨标准:日降雨量>24 mm),大暴雨中心伊犁河谷地区(简称伊犁地区)的部分区域出现降雨量>48 mm大暴雨,局地出现>96 mm特大暴雨(图6-10)。伊犁地区10个国家气象站的日平均降雨量达到46.8 mm,突破伊犁地区有气象记录以来10站日平均最大记录,伊犁地区的特克斯51.7 mm、昭苏52.8 mm、新源66.1 mm、尼勒克74.6 mm降水量均破历史日极值,最强日降水发生在巩留库尔德宁,达100.1 mm。同时,伊犁地区南侧的阿克苏地区北部、北侧的博州东部和塔城地区南部也出现大暴雨。此次大暴雨天气过程具有局地性强、极端性强、累计雨量大等特点,空间和时间上都具有明显的中尺度特征。

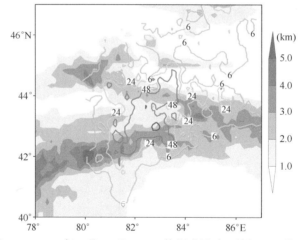

图6-10 2016年7月31日12:00(协调世界时,下同)至8月1日
12:00的24 h累积降水分布(实线,单位:mm),阴影为地形高度

6.2.1.2 天气形势分析

大暴雨前期(2016年7月30日12:00至31日06:00),500 hPa高空图中高纬度呈现"两脊一槽"的环流形势,伊朗副热带高压与乌拉尔山高压脊同位相叠加,西太平洋副热带高压西伸北挺发展强盛,588 dagpm线伸展到新疆东部地区,巴尔喀什湖至新疆西部为低槽区,槽前大范围垂直上升运动为此次大暴雨天气提供了非常有利的背景条件。31日12:00(图6-11a),伊朗副热带高压与乌拉尔山高压脊进一步发展,巴尔喀什湖低槽发展加深,西太平洋副热带高压北抬后稳定维持,阻挡了巴尔喀什湖低槽的西移,使高空槽系统在新疆西部地区滞留较长时间,为此次大暴雨长时间发生提供了有利天气背景。同时,200 hPa高空急流核位于新疆北部,新疆西部处于高空急流入口区右侧辐散区。700 hPa图(图6-11b)上,新疆西部存在明显辐合线,且伊犁地区及其以南的阿克苏地区为辐合中心。同时,存在一支经河西走廊进入阿克苏地区北部的偏东风急流,与高空急流相互配合,造成了高空辐散低空辐合的形势,在伊犁附近产生较强的上升运动,

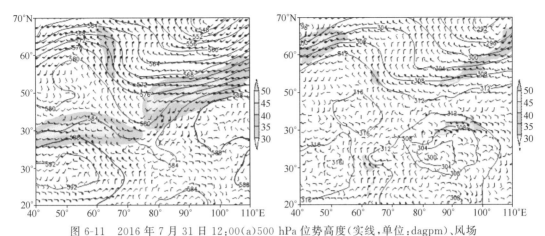

图 6-11　2016 年 7 月 31 日 12:00(a)500 hPa 位势高度(实线,单位:dagpm)、风场
(风羽,单位:m·s^{-1})、200 hPa 高空急流(阴影,单位:m·s^{-1})和(b)700 hPa 位势高度(实线,单位:dagpm)、
风场(风羽,单位:m·s^{-1})、低空急流(阴影,单位:m·s^{-1})。黑点代表伊宁站

为此次大暴雨中尺度对流系统的发生发展提供了有利的动力条件。1 日 12:00,随着环流调整,500 hPa 低槽变平直,使得槽前偏南风明显减弱,700 hPa 切变线和偏东急流也减弱消失,大暴雨减弱并结束。

6.2.1.3　中尺度对流系统演变特征

一般来讲,暴雨都是在有利的大尺度形势下由中小尺度系统直接造成的。新疆西部地形极其复杂,特别是暴雨中心伊犁地区,其南北地区均为天山,海拔多在 3000 m 以上,常规观测稀少且分布不均,这就使抓住中小尺度系统及其演变过程变得十分困难,因而在该地区利用卫星观测进行分析变得很有必要,下面利用 FY-2G 逐时 TBB 资料分析此次大暴雨期间中尺度系统的活动及演变过程。TBB 资料显示(图 6-12),2016 年 7 月 31 日 14:00,伊犁地区和阿克苏地区北部分别存在较弱的中尺度云团 A 和 B;15:00,云团 A 和 B 向东北方向移动发展,在云团 B 西南方的阿克苏地区北部新生−40 ℃的中尺度云团 C,随后云团 A、B 和 C 在向东北方向移动过程中不断发展;17:00,云团 A、B 和 C 西南方的阿克苏地区北部又新生云团 D,此后在阿克苏地区北部又有云团 E 和 F 新生并向东北方向移动,在移动过程中范围不断增大、强度增强;8 月 1 日 00:00 后,云团 E 和 F 合并发展为范围较大的云团 G,伊犁地区及其南北主要受云团 G 控制。云团连续移过的区域出现了持续的较强对流性降水,其中巩留库尔德宁分别于 31 日 16:00—17:00、17:00—18:00、19:00—20:00 出现 8.9 mm、8 mm、7.8 mm 的较强降水,较强持续降水导致该站 24 h 累计降水达 100.1 mm。可见,对流云团不断在阿克苏北部产生,云团生成后,在向东北方向移动过程中不断发展加强并经过新疆西部,类似于"列车效应",造成了伊犁河谷持续产生较强降水。期间不同云团新生发展过程可能与低层辐合线和有利地形配合有关,相关内容分析将在后面章节展开。

6.2.1.4　模拟方案设计

模拟采用 WRF 模式,模拟中心点在(42°N,81°E),三层双向嵌套,区域 1 水平分辨率 27 km,水平方向格点数 280×210;区域 2 水平分辨率 9 km,水平方向格点数 535×391;区域 3 水平分辨率 3 km,水平方向格点数 442×325,垂直层数取 50 层,积分步长为 60 s。微物理过程采用 Single-Moment 6-class 方案,边界层采用 YSU 方案,长波辐射采用 RRTM 方案,短波辐射为 Dudhia 方案,积云参数化采用 Kain-Fritsch 方案(区域 3 关闭积云参数化方案),积分时间从 7 月 31 日 00:00 至 8 月 1 日 12:00,共积分 36 h,每 30 min 输出一次资料。

6.2.1.5　模拟降水与实况对比

图 6-13 为新疆西部 2016 年 7 月 31 日 12:00 至 8 月 1 日 12:00 24 h 累计降水量对比。可以看到,模式模拟的雨带走向、落区、范围等与实况较为一致,强度与观测有较好对应,基本模拟出了伊犁及其南、北的大暴雨区,但是细节上仍存在一些不足,模拟大于 24 mm 的降水落区与实况有较为一致的西南—东北走向,但是落区范围较实况略偏大,尤其在雨带两端的(42°N,81°E)和(45°N,84°E)附近。此外,模拟出了 42.5°N 附近特大暴雨中心(紫色区域),在观测上未显示,这些偏差与模拟初始时刻的选取、模式地形精度与实际地形的差异以及观测站点分布不均等因素有关,特别是伊犁地区的南、北部较宽广的天山地区,地形极其复杂,海拔基本在 3000 m 以上,降水测站稀少,没有观测数据,实况降水是否遗漏了真正的大暴雨

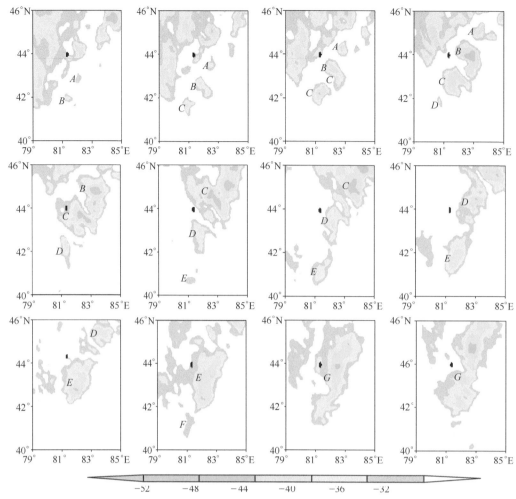

图 6-12 2016 年 7 月 31 日 14:00 至 8 月 1 日 01:00 新疆西部地区 FY-2G 卫星逐小时 TBB
（单位：℃，分辨率 0.1°×0.1°）

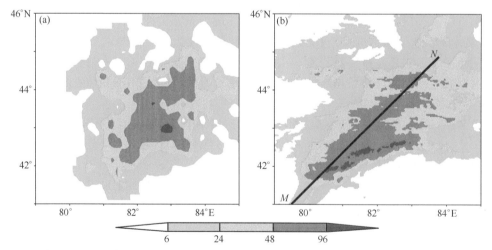

图 6-13 2016 年 7 月 31 日 12:00 至 8 月 1 日 122:00 24 h 累计降水量（单位：mm）
(a)观测；(b)模拟

中心还有待考察。

图 6-14b、d、f 给出了新疆西部 7 月 31 日 18:00、8 月 1 日 00:00、06:00 逐 6 h 模拟累计降水量分布，与实况（图 6-14a、c、e）对比可见，模拟结果能够较好地反映出此次大暴雨过程的雨带移动和强度变化过程，模拟雨带能基本再现实况降水的范围和走向，且比实况更能反映出降水的精细化分布。虽然模式模拟出

了大暴雨雨带位置和西南—东北走向特征,但是细节上仍有一些差异,如图 6-14b 相较于图 6-14a,模拟出的大暴雨区(紫色区域)较实况位置偏南,范围偏大。图 6-14d 模拟出了实况中在(42.5°N,81.5°E)附近未观测到的大暴雨中心,而图 6-14f 模拟的暴雨区域较实况偏小,以上模拟和实况的偏差除了受模式自身精度的限制外,主要是由于研究区域地形极其复杂、测站稀疏且分布不均,在山区发生的强降水,现有观测站很难真实再现实际降水的量级和中心。虽然模拟和实况存在一些偏差,但是模拟降水的整体变化趋势和持续时间及雨带走向与实况基本一致。因此,该模拟能基本表征这次大暴雨过程的结构特征变化,可以利用模式输出的高时空分辨率资料对这次大暴雨的中尺度结构进行研究。

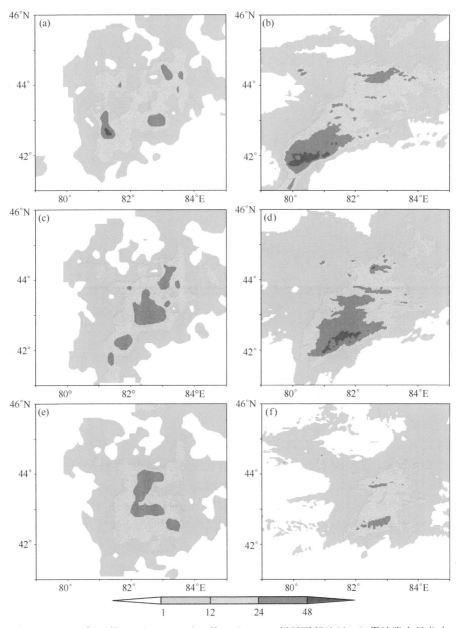

图 6-14　2016 年 7 月 31 日 12:00 至 8 月 1 日 06:00 新疆西部地区 6 h 累计降水量分布
(单位:mm):(a)7 月 31 日 12:00—18:00 观测;(b)7 月 31 日 12:00—18:00 模拟;
(c)7 月 31 日 18:00 至 8 月 1 日 00:00 观测;(d)7 月 31 日 18:00 至 8 月 1 日
00:00 模拟;(e)8 月 1 日 00:00—06:00 观测;(f)8 月 1 日 00:00—06:00 模拟

6.2.1.6　模拟风场与实况对比

图 6-15 为模拟与实况风场,由于暴雨区只有 1 个探空站——伊宁探空站,所以利用伊宁探空站模拟

水平风场廓线与实测水平风场廓线进行对比,由图 6-15a、b 模拟结果可以反映实况的基本特征。除了1 个探空站外,暴雨区实测资料还有地面风场资料,由暴雨区地面风场实况与地面风场模拟对比可见,受复杂地形影响,模拟结果与实况较为接近,模拟降水的整体变化趋势和持续时间及雨带走向与实况基本一致,因此,该模拟能基本表征这次大暴雨过程的结构特征变化,可以利用模式输出的高时空分辨率资料对这次大暴雨的中尺度结构进行研究。

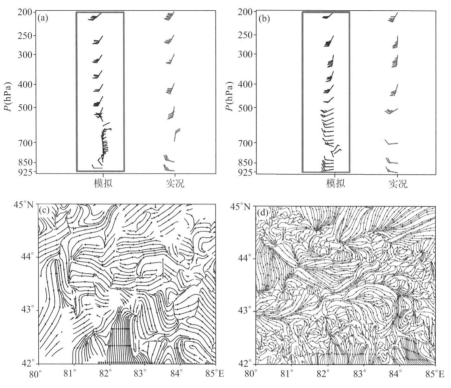

图 6-15　(a)2016 年 7 月 31 日 12:00 和(b)8 月 1 日 00:00 伊宁站水平风场廓线
(红色矩形框内风场为模拟,蓝色风场为实测,单位:m·s^{-1})及
7 月 31 日 12:00 新疆西部地面风场(c)实测和(d)模拟

6.2.1.7　中尺度系统结构及发展过程分析

从上节 TBB 资料可知,中尺度云团不断产生于阿克苏地区北部,在向东北方向移动过程中不断发展加强,那么为什么中尺度系统能够不断产生于阿克苏地区北部并向东北方向移动? 从此次模拟过程暴雨区雷达组合反射率和 700 hPa 风矢叠加图可以看到,暴雨发生前 31 日 02:00(图 6-16a),阿克苏地区北部有明显偏东南风遇到天山地形后产生的辐合线存在,阿克苏地区西北部还有较弱的偏西南风,同样,在伊犁地区南部有偏北气流遇到天山地形后产生的辐合线,但风速较小,此时大于 45 dBz 的强回波区位于天山海拔 3 km 以上山区。31 日 08:00(图 6-16b),偏东南风和偏北风均有所加强,地形辐合线持续维持。31 日 17:00(图 6-16c),大于 45 dBz 的回波范围进一步扩大,阿克苏地区北部偏东南风和偏西南风不但有与天山地形作用的地形辐合线,还在(41.5°N,80.5°E)附近相遇产生了更为明显的风场的辐合,正是这几条持续存在的地形辐合线和风场辐合线为辐合线上中尺度系统的产生提供了极为有利的中尺度环境条件。此时,偏东南风和偏西南风已经发展达到低空急流强度(黑色箭头所示),低空急流除了能在急流左前方产生涡度外,其与高空急流的耦合能加强垂直次级环流的发展和雨带中对流的增强,并通过潜热释放进一步加强低空急流,形成有利于强降水产生和维持的正反馈机制。中尺度强降水改变了对流层中层和近地面层的温度梯度特征,形成了对流层中层和边界层符号相反的水平温度梯度,从而造成中尺度急流的发展。同时,中尺度急流的形成又促进了急流核前方的动力辐合,有利于强降水在急流核前沿产生。这些特征在本次降水过程中都有所体现,从图中可见此时急流前部动力辐合明显加强,对流系统强度显著增强(对应了图 6-12 中云团 *C* 和 *D* 的生成和发展),且降水强度也有所增强。可见,低空急流增强引起的动力

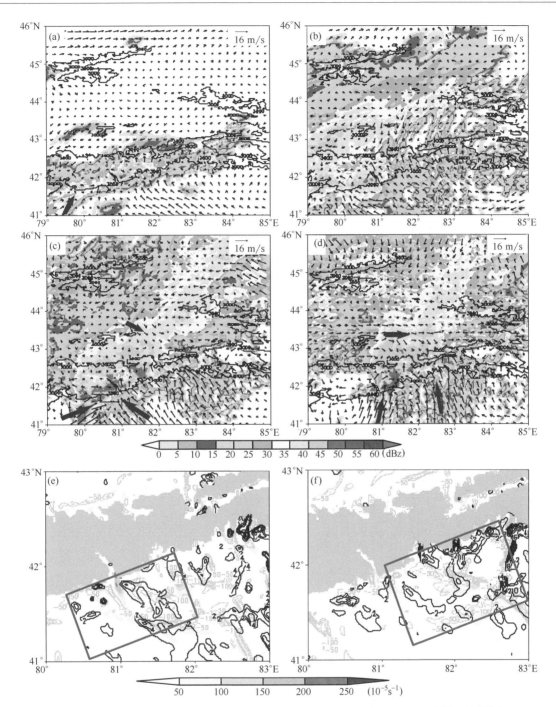

图 6-16　2016 年 7 月 31 日模拟(a)02:00、(b)08:00、(c)17:00 和(d)21:00 雷达组合反射率
(阴影,单位:dBz)和 700 hPa 风场(单位:m·s^{-1})(黑实线为天山 3 km 地形)以及
(e)18:00 和(f)21:00 700 hPa 相对涡度(阴影,单位:10^{-5} s^{-1})、散度(绿色虚线,
单位:10^{-5} s^{-1})和垂直速度(黑色实线,单位:10^{-1} m·s^{-1})
(灰色阴影为天山 3 km 以上地形)

辐合增强,急流左前侧局地涡度和散度都增强,导致垂直运动加速发展(图 6-16e,f)引发了沿辐合线生成的对流系统(对应图 6-12 中云团 D 和 E 的生成和发展)。此外,伊犁地区的偏东气流在将强回波向东推动的过程中也起到了重要作用。31 日 21:00(图 6-16d),偏东南急流和偏西南急流转为两支偏南急流,位置向东有所移动,强回波区也向东北方向移动,这与 TBB 上同时刻中尺度云团 E 的发展密切相关;同时也对应了暴雨区向东北方向移动的趋势,进一步分析可见,30 dBz 以上强回波的位置及移动与暴雨区的位置及移动基本吻合。

沿图 6-13b 西南—东北走向的大暴雨区(自 M 向 N 的黑色实线,下文中剖面位置同此处)做垂直速度和流线的垂直剖面(图 6-17),可以看到,7 月 31 日 02:00,伊犁地区(43.5°N,82°E)附近 650 hPa 高度上为一个反气旋式垂直环流中心,其上为西南气流,其下为东北气流,垂直环流上升支位于(43°N,81.5°E)附近的迎风坡,同时,阿克苏地区北部西南气流遇天山地形在(41.5°N,80°E)附近 500 hPa 高度存在 0.4 m·s^{-1} 的垂直上升运动中心。08:00,反气旋式垂直环流发生倾斜,环流中心上升到 550 hPa 高度,上升支和下沉支气流变得更加倾斜,阿克苏地区北部天山迎风坡出现强上升运动,中心达到 1.2 m·s^{-1} 以上,位于 500 hPa 高度附近,这是由 500 hPa 槽前强上升运动叠加地形上升运动的结果。暴雨开始后的 17:00,反气旋式垂直环流中心在向东北方向移动过程中下降到 650 hPa 高度,(41.5°N,80°E)附近至(42.5°N,81°E)附近上空为 1.2 m·s^{-1} 以上的大范围强上升运动区,1.2 m·s^{-1} 以上强上升运动自 650 hPa 伸展到 250 hPa,其他地区上空垂直运动也发展加强,从大于 0.4 m·s^{-1} 的上升运动区来看,上升运动自西南向东北方向倾斜向上分布,此时较强降水正在发生,受降水粒子的拖曳作用,600 hPa 以下基本为下沉气流;此后,在天山迎风坡附近不断有强的上升运动大值中心新生并在向东北方向移动过程中向上倾斜发展。21:00,强上升运动向东北方向传播,伊犁地区上空强上升运动加强,最强上升运动中心位于 300 hPa 附近,达 1.2 m·s^{-1} 以上,随后强上升运动中心进一步向东北方向移动。

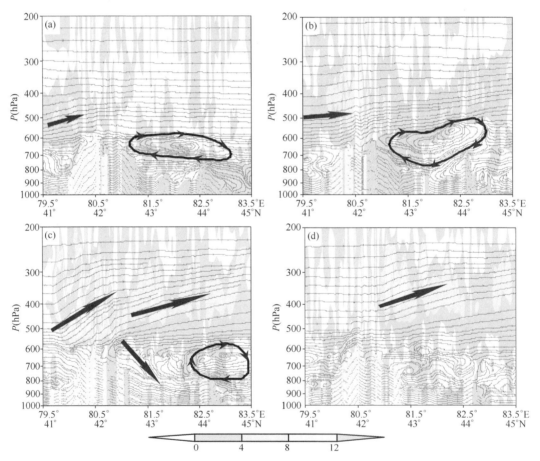

图 6-17　2016 年 7 月 31 日模拟的沿图 6-13b 中黑实线垂直速度(阴影,单位:10^{-1} m·s^{-1})和流场(为分析方便,流场中垂直速度 $w×100$)的垂直剖面(灰色阴影为天山地形,下同)

(a)02:00;(b)08:00;(c)17:00;(d)21:00

从以上分析,有利地形产生的地形迎风坡上升运动叠加在槽前强上升运动作用上,为暴雨的产生提供了有利动力条件,而迎风坡附近不断加强的强上升运动中心向东北方向移动是暴雨持续较长时间的关键。此外,暴雨过程前伊犁地区上空存在的反气旋式环流的上升支一方面使伊犁地区南部上升运动加强,另一方面使阿克苏北部过天山的气流不易产生下沉分支,有利于降水产生和维持。

图 6-18 为 7 月 31 日沿图 6-13b 中黑实线模拟的雷达反射率和风矢量场垂直剖面,31 日 02:00,阿克苏地区北部天山上空出现最强反射率达 30 dBz 的回波区,回波顶平均高度达 350 hPa,强回波区依地形起伏在迎风坡和背风坡出现若干回波中心,风场自地面向高层呈增强趋势。08:00,阿克苏地区北部天山上空反射率高值区同时向上、向下发展,范围增大,强反射率中心增强为 40 dBz,风速较 02:00 也明显增大,同时,伊犁地区北部天山上空也出现最强反射率达 35 dBz 的大片强回波区。12:00,伊犁及其南、北天山地区上空出现至少 5 个明显强回波中心,随后强回波区域不断在阿克苏地区北部天山的迎风坡附近新生,在向东北方向移动过程中不断发展加强。在此过程中伴随着图 6-12 中阿克苏地区北部中尺度云团的生成、发展加强和东北向移动,较明显降水开始产生。17:00,强降水发生过程中,伊犁地区及其南、北天山附近自地面到 300 hPa 高度均为强回波区,30 dBz 以上强回波区自地面伸展到 400 hPa 高度,出现至少 7 个明显强回波中心,最强回波中心自西南向东北由 45 dBz 减弱为 35 dBz,都位于 600 hPa 高度附近。此时迎风坡为极强的大风速区,随着强回波区的发展加强及向东北移动,图 6-12 中,中尺度云团 A、B 和 C 在向东北方向移动过程中范围进一步扩大、强度进一步加强,强雨带也发展加强并呈西南—东北向分布于伊犁地区及其南、北区域。21:00,强回波在西南气流的作用下向东北方向推进,回波主体位于(42.5°N,81°E)及其以北地区,该区域回波强度较 17:00 变化不大,17:00 位于(42°N,81°E)的阿克苏北部新生的中尺度对流云团 D 此时发展移动到(44.5°N,83°E)的伊犁地区北部天山区域。随后强反射率区域伴随着中尺度云团的东北移进一步东北移。

从模拟的反射率和风矢量场来看,在地形迎风坡附近不断生成的对流单体具有强反射率特征,强回波中心高度位于 600 hPa 附近,回波顶高度达到 300 hPa 以上,迎风坡附近为大风速区,上升运动极强,在迎风坡附近不断生成的对流单体沿着辐合线向东北方向移动,造成了此次新疆西部罕见的持续性大暴雨。

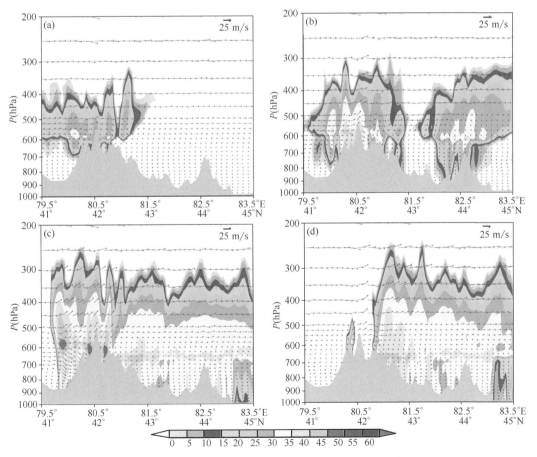

图 6-18　2016 年 7 月 31 日模拟的沿图 6-13b 中黑实线模拟的雷达反射率(阴影,单位:dBz)和
风矢量(单位:m・s^{-1},为分析方便,垂直速度 $w\times100$)垂直剖面
(a)02:00;(b)08:00;(c)17:00;(d)21:00

　　图 6-19 为 7 月 31 日沿图 6-13b 中黑实线的相对湿度(阴影)、比湿(黑线)和温度(红线)垂直剖面,02:00,相对湿度表征的大气湿度表现出西南部相对湿度大、东北部相对湿度小、西南部 700～300 hPa 的相对湿度大值区自低层向高层向东北方向倾斜分布的特征,比湿在低层达到 8 g·kg^{-1} 以上,且低层比湿梯度较大,从相对湿度和比湿表征的大气湿度条件看,伊犁地区中空为明显干区,温度场南北分布差异不大;08:00,整个区域 700～400 hPa 为 90% 以上相对饱和区,伊犁地区中低层比湿明显增大、温度降低,以 8 ℃温度线为特征线,阿克苏地区北部 8 ℃温度线位于 650 hPa,而伊犁地区 8 ℃温度线位于 750 hPa,说明此时阿克苏地区北部低层温度较伊犁地区低层温度更高,对流系统生成的天山迎风坡附近具有更强的高温高湿和高能特性。暴雨过程中 17:00,阿克苏地区北部天山迎风坡附近为向上凸起的比湿大值区,而背风坡(43°N,81.5°E)附近比湿波谷是由于暴雨在下落过程中将水汽带向低层造成,此处上空相对湿度达 90% 以上,且反射率达 35 dBz,可见(43°N,81.5°E)附近依然有很好的水汽条件,同时降水粒子在下落过程中蒸发吸热,使 0 ℃温度线下降到 650 hPa 附近高度,天山迎风坡附近气团依然具有高温高湿高能特性。21:00,随着新的对流系统在天山迎风坡附近生成,天山迎风坡附近比湿和相对湿度持续保持为向上凸起的高湿区,随着系统东北移,此后的相对湿度和比湿大值区也进一步向东北方向移动。

　　从湿度和温度条件可见,水汽相对饱和区自西南部、自中高层逐渐向东北部、向低层推进,上升气流在迎风坡不断将水汽和能量向上输送形成湿度和温度向上凸起的大值区,使不断在迎风坡生成的对流系统具有高温高湿高能特性,为暴雨产生提供了较好的水汽、热力和不稳定层结条件。

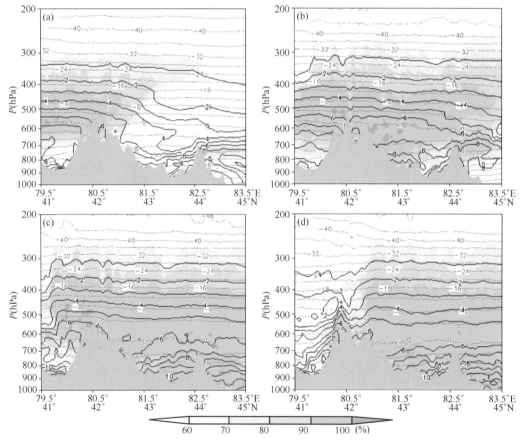

图 6-19　2016 年 7 月 31 日模拟的沿图 6-13b 中黑实线相对湿度(阴影)、

比湿(黑线,单位:g·kg^{-1})温度(红线,单位:℃)垂直剖面

(a)02:00;(b)08:00;(c)17:00;(d)21:00

　　图 6-20 为 7 月 31 日沿图 6-13b 中黑实线相对涡度垂直剖面,02:00,阿克苏地区北部天山迎风坡附近低空有正涡度大值中心,强度达 $1×10^{-3}$ s^{-1}。08:00,强涡度中心在天山迎风坡附近生成后,在向东北方向传播过程中倾斜向上发展,正涡度大值中心自(41.5°N,80°E)附近 800 hPa 升到(44.5°N,83°E)附近 400 hPa,此后

在天山迎风坡附近不断有强涡度中心新生并向上倾斜移动发展。17:00,正涡度大值中心在天山迎风坡上空范围明显增大,强度明显增强,1×10^{-3} s^{-1} 的强正涡度中心自低层伸展到 300 hPa,对应此时强上升运动中心、强反射率中心、强湿度中心,正负涡度中心在垂直方向交替出现,在向东北移动过程中倾斜向上传播。21:00,强正涡度中心不断东北移,700 hPa、500 hPa 和 250 hPa 均有正涡度大值中心,随后正涡度中心进一步东北移。由此可见,与风场和地形辐合产生的上升运动相配合(图 6-20),正涡度大值中心不断在伊犁地区南部天山附近生成,在向东北移动过程中高度升高,强度增强,为暴雨产生提供了有利动力条件。

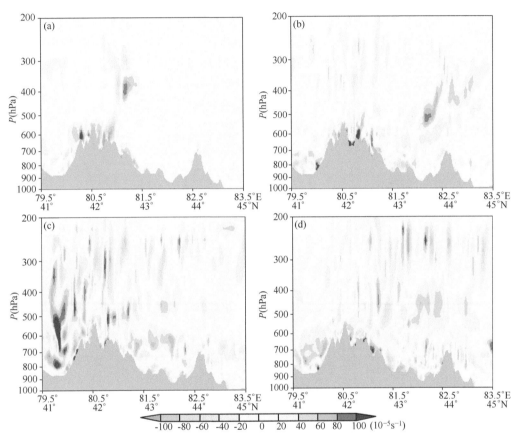

图 6-20　2016 年 7 月 31 日模拟的沿图 6-13b 中黑实线相对涡度(阴影,单位:10^{-5} s^{-1})垂直剖面
(a)02:00;(b)08:00;(c)17:00;(d)21:00

6.2.1.8　结论和讨论

通过实测降水资料、风云卫星 TBB 反演资料和区域数值模拟,得到以下初步结论。

(1)2016 年 7 月 31 至 8 月 1 日新疆西部出现的罕见大暴雨天气发生在稳定维持的"两脊一槽"环流形势下,巴尔喀什湖低槽、高空偏西急流、低空偏东急流和辐合线是导致此次大暴雨过程的主要天气系统。中尺度低空急流的形成促进了急流核前方的动力辐合,有利于强降水在急流核前沿产生。降水增强时段与低空偏东急流形成和发展时段一致。高低空急流、低槽和辐合线持续共同作用,促使低层辐合、高层辐散,利于暴雨区附近大气垂直运动的发展和维持,为暴雨天气提供较好动力条件。

(2)造成伊犁地区暴雨的中尺度云团不断生成于阿克苏地区北部的天山迎风坡附近,生成后在西南气流的引导下沿着辐合线不断向东北方向移动,在移动过程中受天山地形抬升影响,不断发展增强到达伊犁地区上空,与"列车效应"类似,造成了伊犁地区出现持续性较强降水。对模拟结果的初步分析可知,持续较长时间的低层地形辐合线、风场辐合线和急流为暴雨中尺度系统提供了有利的动力、水汽、能量和层结不稳定条件。模式模拟基本再现了卫星 TBB 观测反演分析得到的中尺度云团的活动特征,在迎风坡附近不断产生的对流单体具有强反射率、强上升运动、强风速和强正涡度特征,在天山地形有利抬升作用下,对流系统在地形附近不断生成并沿辐合线持续向东北方向移动到达伊犁地区,是暴雨持续较长时间的关键。

6.2.2　2016年6月16—17日伊犁河谷极端暴雨天气过程

6.2.2.1　天气实况

2016年6月16—17日(世界时,下同),新疆西部的伊犁地区和博州出现罕见暴雨天气,伊犁北部沿天山地区出现若干96 mm以上的特大暴雨中心(图6-21a),最强暴雨中心伊宁麻扎乡博尔博松站24 h降水量达151.3 mm,该站16日19:00—20:00出现44.3 mm的最强小时降水(图6-21c)。尼勒克站破历史日降水量极值,达68.4 mm;巩留站达69.5 mm,居历史第二位;多站日降水量居历史6月日降水量前三位。该次暴雨过程共24站次出现了短时强降水(图6-21b),其中,伊犁地区出现20站次,博州地区出现4站次;40 mm·h⁻¹以上降水出现1站次,30 mm·h⁻¹以上降水出现4站次,20 mm·h⁻¹以上降水出现19站次。该次暴雨过程具有累计雨量大、暴雨强度强、局地日雨量破极值、短时强降水出现站点多等特点,共造成78719人受灾,紧急转移安置群众26323人,造成当地民房、交通、水利、农业、林果业等直接经济损失近6亿元。如此强的暴雨天气在干旱半干旱地区的新疆是罕见的。

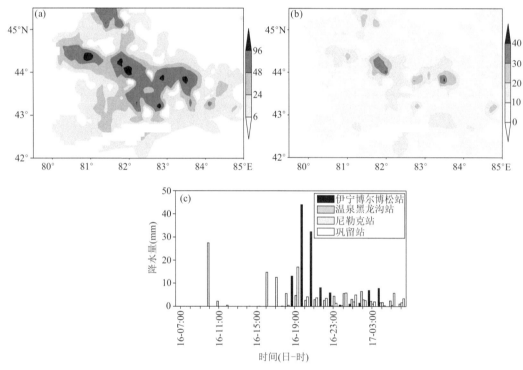

图6-21　2016年6月16日06:00—17日18:00新疆西部降水量分布(a)和最大小时雨强分布(b)
及代表站逐小时降水量(c)(单位:mm)

6.2.2.2　环流背景

新疆暴雨过程通常发生在南亚高压双体型(青藏高原、伊朗高原东部分别出现东、西两个闭合高中心)背景下,而此次暴雨过程南亚高压始终呈单体型,中心位于西藏北部。暴雨发生前,200 hPa高空西南急流自西南向东北方向发展移动,17日00:00急流发展加强,暴雨区位于高空西南急流出口区左侧辐散区。6月15—16日随着乌拉尔山脊发展东移,推动其前部中亚低涡向东移动,16日12:00中亚低涡位于咸海和巴尔喀什湖之间的中亚地区,暴雨区位于低涡前部西南气流控制区,此时,中纬度呈"两脊两槽"的环流形势,乌拉尔山脊和新疆弱脊之间为中亚低涡,东北地区为东北冷涡控制区。700 hPa巴尔喀什湖和咸海之间的中亚地区为一明显气旋性风场闭合环流,环流东部可见明显的风场切变线。综上所述,此次暴雨过程发生在"两脊两槽"的环流背景下,南亚高压呈单体型,暴雨区位于200 hPa高空西南急流出口区左侧、500 hPa偏南气流及700 hPa切变线附近。

6.2.2.3　大气层结与物理量场分析

利用暴雨区伊宁站(81.33°E,43.95°N)探空和暴雨系统产生地区附近吉尔吉斯斯坦比什凯克站

(71.38°E,42.85°N)探空来讨论此次暴雨过程大气层结状况。从暴雨临近时 6 月 16 日 00:00 伊宁站探空可见,暴雨强对流区中低层风随高度顺转,700 hPa 以下存在暖平流;低层湿度条件较好,中高层较干,对流有效位能 CAPE 达 595.6 J·kg^{-1},K 指数达 38 K,较强的 CAPE、K 指数及上干下湿的大气层结有利于暴雨强对流的产生。随着降水的产生,暴雨区上空 CAPE 和 K 指数呈现先减弱后增强的趋势,17 日 12:00 伊宁站探空(图 6-22a),700 hPa 以下暖平流依然明显,大气整层基本处于饱和状态,但 450 hPa 和 650 hPa 附近存在较干空气,同时 400~300 hPa 存在风向逆转,存在冷平流;此时 CAPE 达 1511.6 J·kg^{-1},在随后的 3 h 内,共有 9 站次出现短时强降水。可见在大气基本饱和、低层暖湿平流、高层较干冷空气、CAPE 较强时,利于该地区产生暴雨。

以上主要分析了暴雨区上空大气层结状态,而暴雨系统主要产生于咸海和巴尔喀什湖之间的中亚地区,下面对暴雨系统产生地区附近比什凯克站探空进行分析。16 日 12:00(图 6-22b)比什凯克站探空显示,700 hPa 以下为暖平流、700~500 hPa 为冷平流、CAPE 达 1693.1 J·kg^{-1}、K 指数达 41 K,大气层结极不稳定,有利于暴雨产生。随后不稳定能量释放,至 18 日 00:00,该站 CAPE 减弱为 0。

综上可知,暴雨发生前暴雨区上空大气积累了大量不稳定能量,为此次暴雨过程提供了不稳定能量条件;暴雨发生前及发生过程中低层增温增湿、高层干冷空气的层结对暴雨的产生十分有利。同时,较强的 CAPE 和 K 指数对此次暴雨的产生有很好的指示意义。

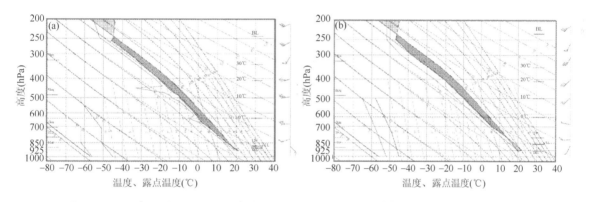

图 6-22　2016 年 6 月 17 日 12:00 伊宁站(a)和 16 日 12:00 比什凯克站(b)温度对数压力图

沿 44°N 经暴雨中心作假相当位温(θ_{se})和比湿纬向剖面,6 月 16 日 18:00(图 6-23a),暴雨区 600 hPa 以下低层 θ_{se} 向上减小,考虑到这段时间大气几乎饱和,意味着饱和假相当位温随高度减小,大气具有条件不稳定,该处也为比湿大值区,最大比湿达 10 g·kg^{-1}。沿 44°N 作涡度和散度纬向剖面,6 月 17 日 00:00(图 6-23b),暴雨区低层为辐合区,83.5°E 附近 650 hPa 为 -14×10^{-5} s^{-1} 的辐合中心,300 hPa 附近存在 12×10^{-5} s^{-1} 的辐散中心。80°E 附近 850 hPa 和 83°E 附近 500 hPa 分别存在 25×10^{-5} s^{-1} 和 20×10^{-5} s^{-1} 的正涡度中心。

沿(82°E,43.5°N)经暴雨中心作涡度、散度和水平风场随时间的剖面(图 6-23c),从中可见,6 月 16 日 18:00 水平风场在 400 hPa 以下表现为明显的随高度顺转,低层东南风和中层西南风风切变加剧。同时,中低层风速也开始增强,中低层暖平流与风切变有利于暴雨强对流的产生。6 月 16 日 12:00 散度场开始有较明显的低层辐合、高层辐散特征,16 日 18:00 出现 700 hPa 辐合、500 hPa 辐散、350 hPa 辐合、250 hPa 辐散的双层辐合辐散的散度场,在散度场出现明显辐合辐散的 16 日 18:00,500 hPa 和 250 hPa 辐散中心位置出现 15×10^{-5} s^{-1} 涡度大值区,涡度大值区同样发展较高。涡度和散度中心将低层水汽和不稳定能量向上输送,同时凝结潜热释放加热中高层大气,增强暴雨。16 日 18:00 前后多站出现较明显短时强降水,为了更清晰地看出暴雨强对流系统的垂直结构,沿 43.5°N 作流线和垂直速度的纬向剖面。16 日 18:00(图 6-23d),流线自西向东有若干波动,暴雨区上空(80°—84°E)有明显垂直波动,其上升支位于 81°E 左右,有两个上升运动大值中心,分别位于 80.5°E、500 hPa 和 81.5°E、700 hPa 附近,强度均超过 0.2 m·s^{-1},强上升运动源源不断地将水汽和能量向上输送造成暴雨天气。

可见,此次暴雨天气发生在低层辐合、高层辐散、低层湿度较大的背景下,强正涡度、强辐合和强上升运动将水汽和能量源源不断向上输送,为暴雨强对流的产生提供有利的环境条件。

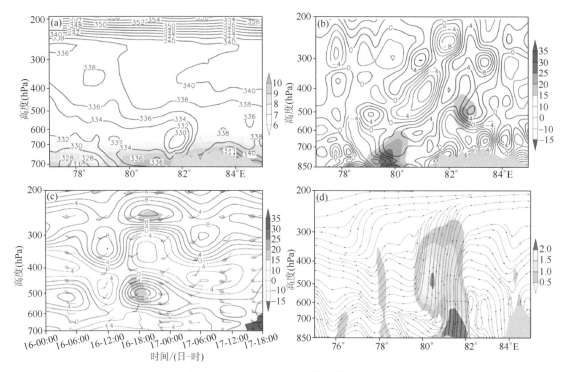

图6-23　2016年6月16日18:00沿44°N经暴雨中心的比湿(阴影,单位:g·kg^{-1})和θ_{se}(等值线,单位:K)垂直剖面(a)、17日00:00沿44°N的涡度(阴影,单位:10^{-5} s^{-1})和散度(等值线,单位:10^{-5} s^{-1})垂直剖面(b)、6月16日00:00—17日18:00水平风场(风羽,单位:m·s^{-1})、涡度(阴影,单位:10^{-5} s^{-1})和散度(等值线,单位:10^{-5} s^{-1})沿(82°E,43.5°N)的高度-时间剖面(c)以及16日18:00沿43.5°N的流线和垂直速度(阴影,单位:10^{-1} m·s^{-1})垂直剖面(d,阴影为地形,单位:km)

6.2.2.4　中尺度雨团演变特征

此次暴雨过程出现在地形复杂的新疆西部,观测站点较为稀疏,其上游中亚地区观测更是稀少,为研究此次暴雨过程中尺度雨团的精细演变特征,应用时空分辨率高的卫星数据和地面降水量融合产品进行分析。

由16日12:00—17日05:00新疆西部及上游中亚地区的逐小时降水量融合产品可知,16日12:00,(76°E,43°N)附近的中亚地区、伊犁北部沿山地区及博州南部沿山地区均可见明显中尺度雨团。随后中亚地区雨团向东移动,在东移过程中,逐渐演变为西南—东北向带状多中心雨带。16日17:00,(78°E,42.5°N)、(79.5°E,43°N)和(81°E,43.5°N)分别有三个中尺度雨团,中心呈西南—东北向,朝伊犁地区移动,此时伊犁北部沿山地区也存在两个明显中尺度雨团中心,对应四师79团5连农业营站和霍城芦草沟镇小东沟站16日17:00分别出现小时雨强达20.5 mm和23.3 mm的短时强降水。随着上游中亚地区的中尺度雨团到达新疆西部,16日23:00,雨区呈沿山分布的带状雨带。随后带状雨带在演变过程中断裂,17日02:00,博州北部沿山地区可见明显中尺度雨团,对应博乐小营盘镇哈日图热格站02:00产生小时雨强达26.6 mm的短时强降水,随后雨区有所减弱,17日12:00前无较强降水产生。

综上所述,利用地面和卫星资料融合的高时空分辨率的降水量融合产品,可以看出此次暴雨强对流过程中尺度雨团的精细演变特征,中亚地区中尺度雨团在发展演变过程中,逐渐形成西南—东北向带状多中心雨带,中心依次到达伊犁北部沿山地区,和该地区原有的中尺度雨团共同作用,造成该地区的暴雨过程。

6.2.2.5　中尺度对流云团演变特征

由FY-2G卫星可知6月16日06:00—6月17日16:00 TBB演变特征。16日08:00,暴雨区西部出现中心强度为−44 ℃和−36 ℃中尺度对流云团A和B,暴雨区上游的中亚地区存在更大范围的中尺度对流云团；在向东北方向移动过程中，12:00 A、B 强度增强、范围扩大，同时在 B 西南方出现中心强度达 -40 ℃中尺度对流云团 C，中亚地区中尺度对流云团位于(78°E，42.5°N)附近；在 C 向东北偏东方向移动过程中，16:00 C 西部的中亚地区中尺度对流云团断裂为 D、E 和 F，呈西南—东北向带状分布，与该时刻的降水量融合产品显示的中尺度雨团有很好的对应，中尺度对流云团造成 16:00 尼勒克吉仁台村站和尼勒克吉林台站分别出现小时雨强达 36.9 mm 和 26.0 mm 的短时强降水。随后，对流云带由准东西向转为西南—东北向移过暴雨区，17 日 08:00，随着造成暴雨强对流的中尺度对流云团完全移出，暴雨区上空基本无中尺度对流云团，此时(78°E，44°N)的中亚地区出现明显的中尺度对流云团 G，随后 G 东移至暴雨区，在其缓慢东移过程中，造成暴雨区出现多站次短时强降水。

综上可见，造成新疆西部出现暴雨天气的中尺度对流云团不断产生于中亚地区，在东移过程中不断发展加强依次到达暴雨区，是暴雨区不断产生短时强降水的直接影响系统。中尺度对流云团既有孤立中尺度对流云团，也有呈带状分布中尺度对流云带，且与中尺度雨团有很好的对应。

6.2.2.6　雷达回波特征

利用伊宁站多普勒天气雷达逐 6 min 资料对此次暴雨过程进行分析。强对流分为两个主要时段，16 日 16:00—17 日 02:00 和 17 日 12:00—15:00，第一时段造成暴雨强对流天气的中尺度对流系统在雷达上主要表现为孤立的中尺度对流系统。造成伊宁麻扎乡博尔博松站最强短时强降水的中尺度对流系统为孤立的 γ 中尺度对流单体，最大组合反射率因子 CR 仅为 40 dBz，沿起点(75.1°，52.9 km)至终点(92.5°、51.7 km)连线(图 6-24a 中黑实线位置)作垂直剖面可见，强中心位于高度 2 km 左右。虽然该对流单体强度并不是很强，但其呈准静止状态，16 日 19:00—21:00 在暴雨中心位置维持。从该时段低层风场可见(图 6-24b)，该位置低层有明显的风场辐合特征，沿起点(91.3°，24.0 km)至终点(83.4°，72.3 km)连线(图 6-24b 中黑实线位置)作垂直剖面，暴雨中心位置存在明显低层辐合、高层辐散特征，同时有较明显垂直风切变特征。第二时段造成暴雨天气的中尺度对流系统，在雷达上特征表现为组织化线状中尺度对流系统，该线状中尺度对流系统于 17 日 11:00 逐渐形成后向东移动，12:20(图 6-24c)，其呈准南北带状分布，长度达 70 km，宽度为 10 km，位于伊宁县附近。沿起点(25.8°、28.4 km)至终点(147.6°、26.3 km)连线(图

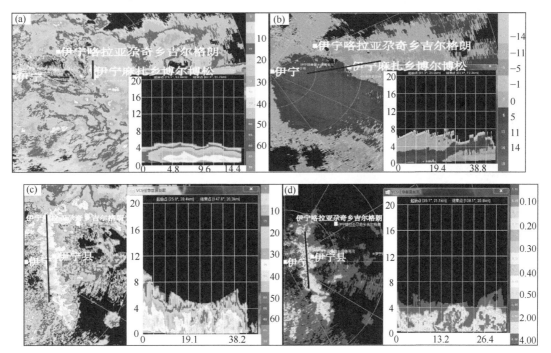

图 6-24　伊宁站多普勒雷达(a)2016 年 6 月 16 日 19:35 组合反射率因子及其剖面(单位:dBz)、(b)16 日 20:19
1.5°仰角径向速度及其剖面(单位:m·s⁻¹)、(c)17 日 12:20 组合反射率因子及其剖面(单位:dBz)和
(d)17 日 12:20 0.5°仰角垂直累积液态水含量密度及其剖面(单位:g·m⁻³)
(剖面横坐标为距离，纵坐标为高度，单位:km)

6-24c 中黑实线位置)作垂直剖面,该线状中尺度对流系统最大 CR 达 50 dBz,位于 3 km 附近,45 dBz 强回波自地面达 4 km 以上。垂直累积液态水含量密度 D_{VIL} 表征的风暴特征也可看出线状中尺度对流系统回波的发展变化过程(图 6-24d),从 D_{VIL} 及沿起点(35.1°,21.1 km)至终点(139.1°,20.8 km)连线(图 6-24d 中黑实线位置)作垂直剖面,D_{VIL} 呈准南北分布,最强 D_{VIL} 达 4 g·m^{-3},位于 3 km 高度。该线状中尺度对流系统在向东移动过程中造成了包括伊宁喀拉亚尕奇乡吉尔格朗站在内的多站出现短时强降水天气。

从多普勒天气雷达表征的暴雨强对流天气两个时段的中尺度对流系统,第一时段主要为孤立中尺度对流系统,配合明显的风场低层辐合、高层辐散及垂直风切变特征,强度为 40 dBz 的 γ 中尺度对流单体,在暴雨区维持,是造成伊宁麻扎乡博尔博松站成为暴雨中心并出现最强短时强降水的直接系统;第二时段为呈准南北态的线状中尺度对流系统,该线状中尺度对流系统 CR 达 50 dBz,D_{VIL} 达 4 g·m^{-3},在向东移动过程中造成多站依次出现短时强降水天气。

6.2.2.7　结论与讨论

(1)2016 年 6 月 16—17 日新疆西部罕见暴雨过程发生在"两脊两槽"环流形势下,造成 24 站次的短时强降水。暴雨区位于 200 hPa 高空西南急流出口区左侧、500 hPa 偏南气流及 700 hPa 切变线附近。较强的不稳定能量、低层增温增湿、高层干冷空气的层结有利于暴雨的产生。较强的 CAPE 和 K 指数对此次暴雨的产生有很好的指示意义。

(2)此次暴雨天气发生在低层辐合、高层辐散、低层湿度较大的背景下,强正涡度、强辐合和强上升运动将水汽和能量源源不断向上输送,为暴雨的产生提供有利的环境条件。同时,此次暴雨过程水汽主要来自上游系统的向东输送,水汽在暴雨区有明显强辐合特征。

(3)利用地面降水资料和 CMORPH 卫星资料融合的降水量融合产品可以清晰地看到此次过程中尺度雨团的精细演变特征。中亚地区中尺度雨团在发展演变过程中,逐渐形成西南—东北向带状多中心雨带,中心依次到达伊犁北部沿山地区,和该地区原有的中尺度雨团共同作用,造成该地区的暴雨过程。

(4)应用高时空分辨率的 FY-2G 卫星遥感数据,可以监测此次过程对流云团的生成、发展和移动特征。中尺度对流云团不断产生于中亚地区,在东移过程中不断发展加强依次到达暴雨区,是暴雨区不断产生短时强降水的直接影响系统。中尺度对流云团既有孤立中尺度对流云团,也有呈带状分布中尺度对流云带,且与中尺度雨团有较好的对应。

(5)从多普勒天气雷达表征的暴雨强对流天气两个时段的中尺度对流系统可知,第一时段主要为孤立中尺度对流系统,配合明显的风场低层辐合、高层辐散及垂直风切变特征,强度为 40 dBz 的 γ 中尺度对流单体,在暴雨区维持,是造成伊宁麻扎乡博尔博松站暴雨中心和最强短时强降水的直接系统。第二时段为呈准南北态的线状中尺度对流系统,其 CR 达 50 dBz、D_{VIL} 达 4 g·m^{-3},长度达 70 km、宽度达 10 km,在向东移动过程中造成多站依次出现短时强降水天气。

6.3　南疆西部地区

6.3.1　2014 年 8 月 30—31 日和 9 月 8—9 日南疆西部两次短时强降水天气过程

6.3.1.1　降水实况

2014 年 8 月 30 日 17:00(北京时,下同)至 31 日 05:00 和 9 月 8 日 17:00—9 日 02:00 南疆西部出现强降水,喀什地区伽师县伽师站降水量为 17.1 mm,其中 30 日 22:00—23:00 伽师突发短时强降水,小时降水量达 16.9 mm,占伽师历年年平均降水量(76.4 mm)的 22.1%,同时还出现了 8 min 直径为 3 mm 冰雹;而伽师周围不足 100 km 范围内其他 5 个站点,仅岳普湖出现 2.5 mm 降水,其他 4 站均未出现降水,显然伽师短时强降水是由快速移动的中尺度系统造成的。喀什地区英吉沙降水量 22.5 mm,其中 8 日 22:00—23:00 出现 17.5 mm 的短时强降水,占英吉沙历年年平均降水量(82.1 mm)的 21.3%;而其周围 100 km 内其他 5 站平均累积降水量不足 3.5 mm,英吉沙短时强降水也是中尺度系统造成的。这两次短时强降水的小时降水量均达到当地历年年平均降水量的两成。

南疆西部地广人稀且地形复杂,雷达和自动站数量少且分布不均,目前该地短时强降水预报预警主要依靠卫星对对流云团监测和多普勒天气雷达对对流风暴监测,而相较于中东部地区,多普勒天气雷达产品在南疆西部地区的研究和利用远不够。这两次短时强降水天气均发生在雷达覆盖区,是研究南疆西部短时强降水天气较好的个例。

6.3.1.2 大尺度环流背景

这两次短时强降水天气均出现在喀什地区夏季傍晚(22:00—23:00)前后,但是环流形势存在明显差异。利用 NCEP/NCAR 1°×1°再分析资料得到的 8 月 30 日 20:00 和 9 月 8 日 20:00 500 hPa 天气系统配置可知,"8·30"过程 20:00 500 hPa 高度场为"两槽一脊"型,里海、咸海北部—乌拉尔山西部为低涡低槽区,贝加尔湖—新疆为东北—西南向的低槽区,两个低值系统活动区之间为巴尔喀什湖北部强高压脊控制区,高压脊引导冷空气南下,在南疆西部地区形成气旋式环流,出现短时强降水的伽师位于气旋式环流西南部的西北风区。"9·08"过程 20:00 500 hPa 高度场为"两脊一槽"型,里海北部以西地区和新疆北部—贝加尔湖分别为脊区控制,两个高压脊区之间为宽广的低涡控制区,低涡中心位于西西伯利亚地区,中心强度达到 536 dagpm,低涡低槽主体位于 40°N 以北,出现短时强降水的英吉沙位于低涡低槽底部的弱平直西风带内。两次短时强降水过程分别发生在高压脊前和低涡低槽底部的弱平直西风带内,环流形势存在较大差异。

6.3.1.3 探空分析

图 6-25 为 2014 年 8 月 30 日 20:00 和 9 月 8 日 20:00 喀什站 T-$\ln P$ 图,从中可见,8 月 30 日 08:00 探空主要特征为 380 hPa 以上、680 hPa 以下湿度较大,850 hPa 为 2 m·s^{-1} 东南风,850~300 hPa 风随高度逆转,为冷平流控制。强对流临近的 20:00(图 6-25a),700 hPa 以下温、湿层结曲线呈现倒喇叭口状,地面至 700 hPa 为干暖空气,700 hPa 以上温、湿层结曲线呈现喇叭口状,400 hPa 以上 08:00 偏南风到 20:00 转为偏北风,380 hPa 以上大气温度露点差由 08:00 的 3 ℃增大为 30 ℃,表明高层大气明显变干。850 hPa 上东南风增大为 8 m·s^{-1},偏东风的增强一方面加剧了垂直风切变,另一方面加强了偏东水汽输送至降水区,850~400 hPa 风随高度顺转,为暖平流控制,400 hPa 以上风随高度出现逆转,为冷平流控制,上冷下暖的结构进一步加强了热力不稳定层结。9 月 8 日 08:00,700 hPa 以下温、湿层结曲线呈倒喇叭口状,700~500 hPa 湿度条件好,温、湿层结曲线从低层到高层呈"低层干暖、中层湿、高层干冷"分布,850 hPa 为 4 m·s^{-1} 东北风,850~400 hPa 风向顺转有暖平流。强对流临近的 20:00(图 6-25b),温、湿层结曲线从低层到高层依然呈"低层干暖、中层湿、高层干冷"分布,且湿度进一步加大,湿层进一步加厚至 450 hPa,850 hPa 转为 6 m·s^{-1} 东南风,850~300 hPa 依然为暖平流,其上为冷平流,上冷下暖的结构使热力不稳定层结增强。

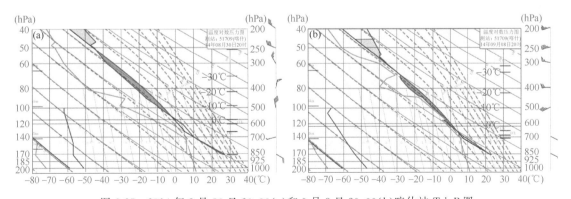

图 6-25 2014 年 8 月 30 日 20:00(a)和 9 月 8 日 20:00(b)喀什站 T-$\ln P$ 图

表 6-1 给出 2014 年 8 月 30 日和 9 月 8 日喀什站探空对流参数,从中可见,8 月 30 日 08:00 K 指数已达 33 ℃,抬升指数 LI 为 0.28 ℃,抬升凝结高度 LCL 和自由对流高度 LFC 分别为 787.2 hPa 和 471.2 hPa,对流抑制有效位能 CIN 为 589.5 J·kg^{-1},对流有效位能 CAPE 较小,0~6 km 垂直风切变 $W_{sr0\text{-}6km}$ 为 2.85 m·s^{-1}。20:00 K 指数略增为 34 ℃,LI 减小为 −2.32 K,LCL 升高到 659.5 hPa,CIN 减弱为 0,

CAPE 增强为 733.8 J·kg^{-1}，LFC 降低到 858.9 hPa 的近地层，以上几种对流参数的变化有利于加剧强对流发生所必需的热力不稳定。$W_{sr0-6km}$ 增强为 20.66 m·s^{-1}，动力不稳定加剧，有利于对流风暴的产生和破坏风暴自毁机制而使风暴维持更长时间。9 月 8 日 08:00 K 指数为 30 ℃，20:00 增大为 36 ℃，LI 由 08:00 1.12 ℃减小至 20:00 −2.16 ℃，CAPE 由 1.6 J·kg^{-1} 增加到 394.3 J·kg^{-1}，CIN 明显减小，LCL 变化不大，LFC 由 364.4 hPa 降低为 650.8 hPa，以上几种对流参数的变化加剧了热力不稳定，$W_{sr0-6km}$ 由 12.78 m·s^{-1} 增强为 19.66 m·s^{-1}，使对流发生、发展的动力不稳定条件增长。

表 6-1　2014 年 8 月 30 日和 9 月 8 日喀什站探空对流参数

时间	K (℃)	$W_{sr0-6km}$ (m·s^{-1})	CAPE (J·kg^{-1})	CIN (J·kg^{-1})	LI (K)	LFC (hPa)	LCL (hPa)
8 月 30 日 08:00	33	2.85	0.4	589.5	0.28	471.2	787.2
8 月 30 日 20:00	34	20.66	733.8	0	−2.32	858.9	659.5
9 月 8 日 08:00	30	12.78	1.6	471.2	1.12	364.4	698.4
9 月 8 日 20:00	36	19.66	394.3	78.4	−2.16	650.8	708.8

对比两次过程短时强降水发生前喀什站探空资料可知，短时强降水发生前中低层均有暖平流，高层均有冷平流，上冷下暖层结进一步加剧了热力不稳定。两次过程均是当日 08:00 CAPE 很小、CIN 较大、LI 为正值，在强降水临近的 2 h 表现出 CAPE 极剧增大、CIN 极剧减弱、LI 由正值变为负值的特征，这 3 个指数的变化表明对流发生发展的热力不稳定条件增强，垂直风切变的增强预示动力不稳定加剧，对于短时强降水发生有一定指示意义。另外，低层 850 hPa 由偏北风转为东南风或者东南风由弱变强也是南疆西部短时强降水发生的一个指标。

6.3.1.4　中尺度对流云团演变特征

由 2014 年 8 月 30 日 18:30、22:30 FY-2D 和 22:00、23:00 FY-2E 分辨率 0.1°×0.1° 云顶亮温 TBB 可知（图略），8 月 30 日 18:30，南疆西部偏北—阿克苏北部出现一条对流云带，位于地面和 700 hPa 低空中尺度辐合线南侧东南气流中，对流云带中有 4 个 β 中尺度对流云团，TBB 强度均达到 −40 ℃，最南端 β 中尺度对流云团 A 位于克州地区北部（云团中心距伽师约 150 km），另 3 个 β 中尺度对流云团 B、C 和 D 位于 A 的东偏北方向，4 个对流云团随 500 hPa 引导气流向西南方向移动。21:00 A 脱离对流云带向东南方向移动到距伽师约 100 km 处，随后 A 完全脱离对流云带移动到距伽师约 50 km 处。22:00 A 发展为标准椭圆状 β 中尺度对流云团，−40 ℃ TBB 范围有所扩大，伽师正好位于 A 西南部梯度最大处，此时伽师短时强降水开始，A 保持 −40 ℃ 的 TBB 中心强度继续向西南方向移动。22:30 伽师位于 A 的 −36 ℃ 的 TBB 处，随后此对流云团向东南方向移动。23:00 TBB 中心强度依然为 −40 ℃，但是已分裂为两个中心，且范围明显减小，伽师位于 A 的西侧梯度最大处。受椭圆状 β 中尺度对流云团 A 影响，伽师 22:00—23:00 产生了 16.9 mm 短时强降水，随后 A 快速移过，此次短时强降水结束。中尺度对流云团产生在地面和 700 hPa 低空中尺度辐合线南侧东南气流中，云团清晰并沿 500 hPa 引导气流移动到伽师上空造成短时强降水。从中尺度对流云团角度来看，对此次短时强降水预报有约 3 h 的提前时效。

由 2014 年 9 月 8 日 20:00 FY-2E 和 20:30、21:30、22:30 FY-2D 分辨率 0.1°×0.1° 云顶亮温 TBB 可见（图略），9 月 8 日 18:00，受地面和 700 hPa 低空中尺度辐合线激发，在西北—东南向地面和 700 hPa 低空中尺度辐合线东北侧且距英吉沙西北约 140 km 的克州乌恰县，出现 TBB 强度为 −32 ℃ 的 β 中尺度对流云团 A，随后此对流云团发展。19:00 A 强度不变，范围增大，此后受地面和 700 hPa 低空中尺度辐合线持续影响，辐合线北侧偏东气流里不断有新对流云团产生。20:00 A 范围继续增大，TBB 强度增强为 −36 ℃，A 南部新生一个 TBB 强度为 −32 ℃ 的 β 中尺度对流云团 B。20:30 A 范围不变，TBB 强度减弱为 −32 ℃，B 强度不变，范围有所扩大，其东南方又激发新生另一 TBB 强度为 −32 ℃ 的 β 中尺度对流云团 C。此时英吉沙附近共有三个 β 中尺度对流云团 A、B 和 C 活动，TBB 强度均为 −32 ℃，但范围依次减小，且均不在英吉沙上空。21:30 英吉沙北部的 A 分裂为 2 个 TBB 强度为 −32 ℃ 的 β 中尺度对流云团 A1 和 A2，南部的 B 和 C 结合增强为 TBB 强度为 −36 ℃ 的 β 中尺度对流云团 D，并位于英吉沙上空。22:30 D 与其北部 $A1$ 和 $A2$ 结合为 β 中尺度对流云团 E,E 的 TBB 强度依然为 $-36\ ℃$,范围进一步扩大,英吉沙位于其东南部,此后 E 进一步东移,英吉沙位于 E 西南部。快速新生、分裂、合并、移动的中尺度对流云团造成 22:00—23:00 英吉沙 17.5 mm 短时强降水,随着对流云团快速移过,短时强降水结束。此次短时强降水中尺度对流云团产生在地面和 700 hPa 低空中尺度辐合线西北侧偏东气流中,中尺度对流云团移动变化迅速,相较于"8·30"过程预报难度更大,从中尺度对流云团角度预报也有约 3 h 的提前时效。

对比这两次短时强降水天气的风云卫星 TBB 演变特征可知,这两次过程均有约 3 h 的提前预报时效,且中尺度对流云团均产生在地面和 700 hPa 低空中尺度辐合线附近偏东风一侧。"8·30"短时强降水过程,β 中尺度对流云团产生在地面和 700 hPa 低空中尺度辐合线南侧东南气流中,且中尺度对流云团清晰并沿 500 hPa 引导气流移动,并先产生于对流云带内,后脱离对流云带发展为孤立 MCS,最低 TBB 保持 $-40\ ℃$,短时强降水出现在对流云团 TBB 梯度最大处。"9·08"短时强降水过程,β 中尺度对流云团产生在地面和 700 hPa 低空中尺度辐合线西北侧偏东气流中,经历新生、分裂、合并一系列变化,最低 TBB 达 $-36\ ℃$,短时强降水出现在对流云团发展过程中范围最大时。相比之下,"9·08"的 β 中尺度对流云团较"8·30"的 β 中尺度对流云团弱,且在移动过程中变化明显,预报难度更大。

6.3.1.5 中尺度辐合线特征

图 6-26 为利用 EC $0.25°×0.25°$ 再分析资料得到的 2014 年 8 月 30 日 20:00 和 9 月 8 日 20:00 700 hPa 风场。8 月 30 日 14:00 南疆西部地面风场为弱偏北风,700 hPa 克州境内为弱偏东风,20:00 地面和 700 hPa(图 6-26a)南疆西部转为较强偏东南气流,气流与 3 km 以上西天山地形几乎垂直,在克州西部山前出现一条明显的东北—西南向地形中尺度辐合线,有利于对流风暴的产生和加强,辐合线处对应中尺度对流云团加强,随后南疆西部地面和 700 hPa 风场表现出辐散特征,对流风暴消亡,降水减弱停止。9 月 8 日 14:00 克州南部地面和 700 hPa 为弱偏东风,20:00 南疆西部地面和 700 hPa(图 6-26b)偏东气流加强,气流与 3 km 以上帕米尔高原地形几乎垂直,在克州山前形成一条明显的西北—东南向地形中尺度辐合线,明显的动力抬升效应有利于对流风暴的产生和加强,对应云图上南疆西部山前的对流云团发展加强,随后南疆西部地面和 700 hPa 风场辐散,风暴消亡,降水结束。

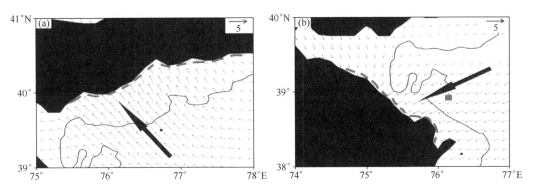

图 6-26　2014 年 8 月 30 日 20:00(a)和 9 月 8 日 20:00 700 hPa 风场(b)(箭矢,单位:m·s^{-1},红色虚线表示辐合线,黑色箭头表示显著流线,黑色圆点代表伽师,红色方块代表英吉沙,阴影表示海拔 3 km 以上地形)

6.3.1.6 雷达回波特征

从组合反射率因子 CR、反射率因子 R 和反射率因子剖面 RCS 特征、径向速度 V 及径向速度剖面 VCS 特征、垂直累积液态水含量 VIL、垂直累积液态水含量密度 D_{VIL} 及其剖面特征、回波顶 ET 产品特征、风暴跟踪信息产品 STI 特征等方面对两次短时强降水雷达产品特征进行对比分析。

图 6-27 为"8·30"过程喀什雷达组合反射率因子 CR 和反射率因子 R 剖面演变特征,8 月 30 日 21:04 在喀什雷达站东北方 90～150 km 出现积层混合云降水回波,位于伽师东北约 50 km,最强回波达 50 dBz,高度 4 km 并向南移动。21:16 回波发展为线性多单体风暴,最西端单体最强回波达 60 dBz,高度达 4 km,此后回波向南移动发展为飑线。21:27 飑线前沿距离伽师约 40 km。21:50(图 6-27a)飑线分离为 4 个 γ 中尺度对流单体 A、B、C 和 D,这和卫星云图上 4 个 β 中尺度对流云团相对应。其中,最西端 A 发展

最强,最强回波达 65 dBz,B、C 和 D 依次向东排列,强度依次减弱。22:02(图 6-27b)A 发展为超级单体风暴,最强回波 65 dBz 伸展到 6 km,大于 50 dBz 的回波高度达 8 km,1.5°仰角反射率因子可见 A 后侧由强下沉气流造成的 V 型缺口。22:36(图 6-27c)A 南移到伽师上空,低层偏南风造成的强上升气流形成弱回波区,明显的回波倾斜结构有利于上升气流和下沉气流分离,超级单体结构明显,使 A 维持较长时间。22:59(图 6-27d)A 强回波高度明显下降并接地,随后向南移过伽师,短时强降水结束。

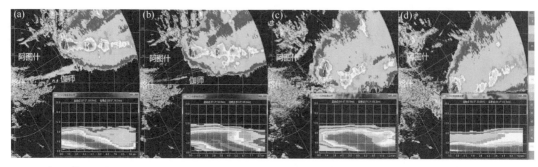

图 6-27 2014 年 8 月 30 日 21:50(a)、22:02(b)、22:36(c)、22:59(d)喀什雷达组合反射率因子 CR 和反射率因子 R 剖面(单位:dBz,剖面图为沿黑色实线自南向北所剖而成,剖面横坐标为距离,纵坐标为高度,单位:km,下同)

图 6-28 为"9·08"过程喀什雷达 CR 以及 R 剖面特征,9 月 8 日 21:01 喀什雷达站周围 120 km 范围内为积层混合云回波,英吉沙西侧约 30 km 处存在大于 45 dBz 的较强回波。21:24(图 6-28a)英吉沙西南约 15 km 形成一个最强回波中心达 50 dBz 的 γ 中尺度对流单体 A。21:46(图 6-28b)A 有所发展并向东偏北移动到距英吉沙约 10 km 处,最强回波 55 dBz 位于 2 km;影响英吉沙过程中 A 强度逐渐减弱,英吉沙上空回波表现出积层混合云回波特征;随后回波减弱到 35 dBz 以下,短时强降水结束。

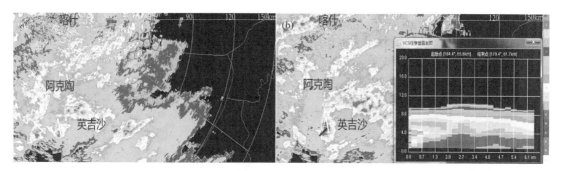

图 6-28 2014 年 9 月 8 日 21:24(a)喀什雷达组合反射率因子 CR、21:46(b)组合反射率因子 CR 和反射率因子 R 剖面(单位:dBz)

对比两次过程,"8·30"过程积层混合云回波发展为飑线,飑线又分离为多单体风暴,最西端 γ 中尺度对流单体 A 发展为超级单体造成短时强降水,超级单体为高质心对流风暴,呈现后侧 V 型缺口和明显强回波倾斜特征。"9·08"过程为积层混合云回波中发展的 γ 中尺度低质心对流风暴造成。

这两次过程对流单体回波强度均达到 55 dBz,在水汽条件丰富且平原地区广阔的东部地区,这种强度的对流单体造成的过程降水往往都有几十或上百毫米,但是在干旱区的西部,尤其是距离海洋最为遥远的南疆西部,西、北、南三面均是平均海拔 4 km 以上的高山,东部为著名的塔克拉玛干大沙漠,中低层水汽通道被阻断,水汽即使快速集中也往往因为没有持续的水汽输送而使单体持续时间短暂,且站点分布稀疏且不均匀,若单体移动快则更难观测到较强降水。

图 6-29 为"8·30"过程 22:02 的 3.4°仰角径向速度 V 和径向速度剖面 VCS 以及"9·08"过程 22:37 的 2.4°仰角径向速度 V,从 8 月 30 日 21:16 喀什雷达 1.5°仰角可见,喀什东北方 90～150 km 为明显的速度辐合区,对流风暴不但具有辐合特性,还具有旋转特性。22:02 最西端对流风暴发展为超级单体时,3.4°仰角(图 6-29a)可见明显中气旋,同时速度剖面为中低层辐合,高层辐散特性,这样的速度场配合有利于超级单体风暴进一步维持和加强。22:36 超级单体风暴速度场上辐合旋转特征依然明显;随后超级单体维

持中低层速度辐合、高层速度辐散特性向南移过伽师。"9·08"过程 22:03—22:32 喀什雷达 1.5°仰角有明显风场辐合特征,在此过程中辐合线产生较强抬升作用生成对流单体。22:37 表现为明显辐合旋转特征,2.4°仰角(图 6-29b)特征依然明显。随后 1.5°仰角上辐合旋转特征减弱,2.4°仰角辐合旋转特征维持到 22:54,但更高角度仰角上风场辐散特征不明显,这可能和造成英吉沙短时强降水的回波为积层混合云回波下的普通单体风暴有关。

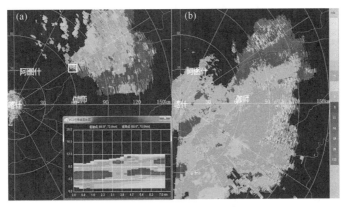

图 6-29　2014 年 8 月 30 日 22:02 喀什雷达的 3.4°仰角径向速度 V 和径向速度剖面 VCS
(a,白色矩形范围表示中气旋)以及 9 月 8 日 22:37 的 2.4°仰角径向速度 V(b)

比较两次过程,"8·30"过程雷达风场特征表现为明显的超级单体特征,中低层辐合、高层辐散,具有旋转特征且存在中气旋;"9·08"过程风场特征表现较弱,只有低层风场辐合,高层风场辐散特征不明显,且强度明显弱于"8·30"过程。两次过程中,边界层辐合线均较明显,对对流单体的产生和加强有重要作用。

图 6-30 为喀什雷达 2014 年 8 月 30 日 22:02 垂直累积液态水含量 VIL 和 1.5°仰角垂直累积液态水含量密度 D_{VIL} 及其剖面,从中可见,8 月 30 日 21:04 喀什雷达站西北方 90~150 km 和 $CR>0$ 的区域相对应范围出现 VIL 大于 0 的区域。随后对流风暴发展为多单体风暴,22:02(图 6-30a)可见 4 个 γ 中尺度 VIL 大值区域 A、B、C 和 D,强度依次减弱,与 CR 表现的 4 个大值中心对应,对应 4 个 γ 中尺度对流单体,且最西端 A 的 VIL 大于 70 $kg \cdot m^{-2}$ 区域和 $R>65$ dBz 区域有极好的对应。沿 A 移动方向做剖面(图 6-30b)可见,$D_{VIL}>8$ $g \cdot m^{-3}$ 从底层一直倾斜伸展到 8 km。22:36 A 的最大 VIL 略减弱为 50 $kg \cdot m^{-2}$,5.3°仰角 A 的 $D_{VIL}>8$ $g \cdot m^{-3}$,B、C 和 D 的 D_{VIL} 区域消失,可见 A 发展高度很高,A 最大 D_{VIL} 高度略降低到 7 km。随后 A 以最大 VIL 为 50 $kg \cdot m^{-2}$,最大 $D_{VIL}>8$ $g \cdot m^{-3}$ 的高度降到 4 km 以下移过伽师。9 月 8 日短时强降水发生前对流单体最大 VIL 为 25 $kg \cdot m^{-2}$,强降水发生过程中最大 VIL 略有减弱,这与较弱反射率有较好对应。21:41(图略)在 2.4°仰角上 D_{VIL} 达 4 $g \cdot m^{-3}$,从其剖面看位于 4 km 高度;随后 D_{VIL} 有所减弱。

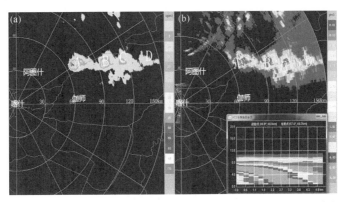

图 6-30　2014 年 8 月 30 日 22:02 喀什雷达垂直累积液态水含量 VIL(a,单位:kg · m^{-2})
和 1.5°仰角垂直累积液态水含量密度 D_{VIL} 及其剖面(b,单位:g · m^{-3})

反射率因子 $R \geqslant 18.3$ dBz 的回波所在的高度定义为回波顶高 ET,应用 ET 产品可以快速估计强对流回波发展的高度位置。分析两次过程 ET 产品,8 月 30 日 21:04 喀什雷达站东北方 90~150 km 出现大范围 ET 大于 3 km 的区域,与 CR、V、VIL 有很好的对应,位于伽师西北部约 50 km,最强 ET 达到 9 km,并向南移动;21:16 对流风暴发展为线性多单体风暴阶段,最西端的 γ 中尺度对流单体的 ET 达 11 km;22:02 对流风暴发展为超级单体时,ET 达 9 km 的区域明显增大,最强 ET 依然为 11 km,表明对流风暴发展旺盛,对流高度很高。22:02—22:48 ET 保持 11 km,22:53 之后最强 ET 略减弱为 9 km 逐渐向南移过英吉沙。9 月 8 日 21:01 在英吉沙西部约 30 km 存在 ET 为 9 km 的区域,随后 ET 为 9 km 的区域缓慢向东移动,22:37 之后 ET 略减弱为 8 km,23:00 ET 减弱到 8 km 以下。

对比两次过程的回波顶 ET,"8·30"过程 ET 为 11 km,表明对流风暴发展旺盛,对流高度很高;"9·08"过程 ET 为 9 km,维持较长时间,短时强降水发生在回波顶 ET 最强时段。

STI 是风暴单体识别和跟踪算法结果的图形方式输出产品,有利于分析监测相互分离容易识别的风暴体信息,包括风暴单体现在的位置、过去 1 h 中的实况位置和未来 1 h 每隔 15 min 的位置,为预报员监测风暴的移动和发展提供了很好的参考。分析两次过程喀什雷达风暴跟踪信息演变特征(图 6-31),8 月 30 日 21:45(图 6-31a),STI 显示最西端的对流单体 H0 位于喀什雷达站东北方 75 km,对应 CR 上最西端最强 β 中尺度对流单体,距离伽师东北方约 30 km,从 H0 风暴预报位置看,风暴将向西南方向移动,从伽师西北部移过而不经过伽师,这和实际风暴向南移动经过伽师有一定偏差,随着短时强降水的临近和发生,STI 能够更加准确地预报风暴移动位置。22:36 STI 显示风暴位于伽师上空,未来 1 h 将向南移动,这和实际风暴移动速度和方向基本相同。9 月 8 日 21:29(图 6-31b),STI 识别出新的单体 L2,从单体 L2 移动速度和方向看,未来 1 h 其将向东移过英吉沙,这和风暴实际移动较吻合,但是此时 L2 附近有识别出的其他单体存在,造成了一定的图形重叠现象,对于跟踪和识别单体 L2 产生了一定的不利影响。21:46 STI 显示单体 L2 附近没有其他单体,风暴移动的过去位置、现在位置和预报位置较清晰,从预报来看,未来 1 h 单体 L2 将向东移过英吉沙,这和实际风暴移动吻合,说明此次过程的 STI 对风暴移动具有很好的预报效果。

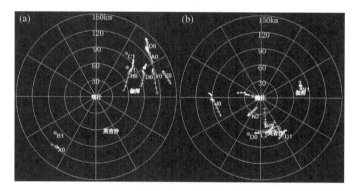

图 6-31　2014 年 8 月 30 日 21:45(a)和 9 月 8 日 21:29(b)喀什雷达风暴跟踪信息

两次过程中 STI 对造成短时强降水的对流单体均有很好的跟踪和预报效果,"9·08"过程 STI 对单体的路径预报较"8·30"过程更准确,这可能是由于"8·30"过程风暴较强,单体移动较复杂造成的。

6.3.1.7　结论与讨论

通过对比分析 2014 年 8 月 30 日(简称"8·30")和 9 月 8 日(简称"9·08")南疆西部两次短时强降水天气过程,结果表明:

(1)"8·30"过程发生在高压脊前西北气流内,"9·08"过程出现在低涡底部平直西风带内;地面和低空中尺度辐合线是短时强降水的重要影响系统。上冷下暖的层结加剧了热力不稳定,在短时强降水发生前 2 h,CAPE 急剧增大,CIN 急剧减弱,LI 由正值变为负值,这 3 个指数的变化表明对流发生发展的热力不稳定条件增强,垂直风切变的增强预示动力不稳定加剧,对于短时强降水的发生有一定的指示意义。

(2)"8·30"和"9·08"过程在风云卫星 TBB 演变特征上均有约 3 h 的提前预报时效,造成短时强降

水的 β 中尺度对流云团发展迅速、移动快,两次短时强降水分别产生在对流云团 TBB 梯度最大处和发展过程中范围最大时。

(3)这两次短时强降水过程在雷达回波特征方面表现出明显差异,对流风暴质心高度明显不同。"8·30"过程影响系统为高质心 γ 中尺度超级单体,最强回波高度 6 km,具有中低层辐合、高层辐散、旋转特征;"9·08"过程影响系统为低质心 γ 中尺度普通单体风暴,最强回波高度 2 km。同时,两次过程中雷达径向速度上明显的边界层辐合线对对流风暴的产生和加强有重要作用。

6.3.2　2015 年 6 月 23—26 日南疆西部极端强降水天气过程

6.3.2.1　天气实况

2015 年 6 月 23—26 日,南疆西部自西向东普遍出现大到暴雨,部分地区出现大暴雨,25 日为最强降雨时段,最大降水中心出现在岳普湖县下巴扎镇,过程累计降水量 93.8 mm,超过岳普湖县历年年平均降水量(75.8 mm)。此次暴雨天气过程主要降水时段分为 2 个:第 1 时段是 6 月 23 日 20:00(北京时,下同)前后出现的短时强对流天气,20:40—20:50 英吉沙县英也尔乡出现直径 20 mm 短时大冰雹,21:00—22:00 岳普湖县下巴扎镇出现 21.0 mm 短时强降水,其中 21:00—21:30 降水量达 20.8 mm;第 2 时段是中亚低涡进入南疆西部时产生系统性降水,25 日 01:00—22:00,南疆西部出现大范围连续性降水,岳普湖县下巴扎镇降水持续 17 h,其中 08:00—10:00 降水量达 22.8 mm,在连续性降水过程中出现短时强降水,说明有中尺度对流系统活动。此次天气过程具有范围广、持续时间长、伴随短时强降水和短时大冰雹等特点,对当地交通、水利、农业、林果业和居民生活等造成十分不利的影响,如此强的暴雨强对流天气在新疆特别是南疆这样的干旱区十分罕见。

6.3.2.2　环流背景

2015 年 6 月 21 日 20:00,500 hPa 伊朗副热带高压与东欧高压脊同位相叠加,脊顶不断东北伸,新疆东部为低槽系统,22—26 日随着西太平洋副热带高压西伸北挺,配合东欧高压脊的南北震荡,新疆东部低槽西退发展为中亚低涡系统。6 月 23 日 20:00,100 hPa 南亚高压呈带状分布,2 个高压中心分别位于伊朗高原和青藏高原,在 2 个高压中心之间的中亚地区(60°—80°E)形成中纬度副热带长波槽。6 月 24 日 20:00—26 日 20:00,南亚高压从带状分布向双体型调整,长波槽前西南急流建立、维持及南伸,25 日 08:00 西南急流轴位于新疆西部,为大降水的产生提供有利的动力条件。23 日 20:00 南疆西部处于中亚低涡底前部的西南气流控制区,25 日 08:00,中亚低涡东南移并进入南疆西部,低涡分裂为 2 个中心,南疆西部处于低涡前部,偏南气流将其南侧阿拉伯海和孟加拉湾的水汽向南疆西部输送,低涡后部偏北气流南下入侵至30°N 以南,冷暖空气在南疆西部交绥,造成南疆西部持续性降水。

6 月 22—26 日,200 hPa 副热带大槽的建立使槽前高空西南急流进入南疆西部,23—25 日急流核风速由 36 m·s^{-1} 增强为 48 m·s^{-1},暴雨发生在西南急流入口区的左侧。从 25 日 08:00 中尺度分析图可以看出,500 hPa 中亚低涡前部为偏南气流,将低纬暖湿气流向北输送到南疆地区,700 hPa 和 850 hPa 则为偏东气流,24—25 日偏东急流西伸加强,在南疆西部出现急流辐合线和辐合中心,风场辐合使低层水汽迅速集中到南疆西部,冷暖气流的辐合抬升导致水汽向高空垂直输送,造成南疆西部暴雨天气。

6.3.2.3　探空分析

2015 年 6 月 23—26 日喀什探空反映了此次暴雨过程中短时强降水和短时大冰雹发生前后的环境条件状况。23 日 20:00 探空温湿层结曲线主要特征为 600～500 hPa 之间湿度条件较好(图 6-32a),相对湿度达 90%以上,600 hPa 以下为干暖空气,500 hPa 以上为干冷空气,风向垂直切变明显,同时对流参数变化明显,0 ℃层高度和−20 ℃层高度分别达 4.63 km(喀什站海拔约 1300 m)和 7.20 km,对流有效位能(CAPE)为 531.3 J·kg^{-1}。较强的 CAPE、强烈的垂直风切变、适宜的 0 ℃层和−20 ℃高度对大冰雹的产生较为有利,20:40—20:50 英吉沙县英也尔乡出现直径 20 mm 的短时大冰雹,这与孙继松等(2014)对于中东部大冰雹形成机制的总结一致。冰雹的产生一定程度上影响了风暴的组织结构和环境 CAPE 值,风暴移动过程中,21:00—21:30 岳普湖县下巴扎镇出现 20.8 mm 的短时强降水。

6 月 25 日 08:00 探空温湿层结曲线显示整层大气为湿层(图 6-32b),0～6 km 垂直风切变达

$19.3 \, \mathrm{m \cdot s^{-1}}$，$850 \sim 700 \, \mathrm{hPa}$ 风向顺转，暖平流使低层增温增湿，此时 CAPE 为 $122.2 \, \mathrm{J \cdot kg^{-1}}$，有利于强降水的发生。

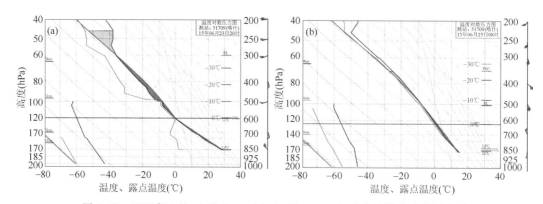

图 6-32　2015 年 6 月 23 日 20:00(a)、25 日 08:00(b)喀什站温度对数压力图

(蓝色线为层结曲线，棕色线为状态曲线，绿色线为露点温度曲线，层结曲线与状态曲线相交的正面积红色阴影区为 CAPE)

对比 6 月 23 日短时大冰雹发生前和 25 日强降水发生前的对流参数，大冰雹发生前 K 指数减小、SI 指数增大，强降水发生前这 2 个指数变化与大冰雹发生前变化趋势相反，孙继松等(2014)指出 K 指数对低空的水汽含量更敏感，短时大冰雹和短时强降水发生前 K 指数最大分别达 $27 \, ℃$ 和 $36 \, ℃$，CAPE 均呈增大趋势，大冰雹发生前 $0 \, ℃$ 层和 $-20 \, ℃$ 层间的高度差小于强降水发生前，有利于粒子上升过程中形成大冰雹。此次中亚低涡背景下暴雨过程中较强的 K 指数对于强降水的发生有很好的指示意义，适宜的 0 ℃层和 $-20 \, ℃$ 层高度对于冰雹的产生有较好的指示意义。

6.3.2.4　水汽和热动力条件

图 6-33 给出 2015 年 6 月 23—25 日强对流发生地点岳普湖县下巴扎镇($76°E$，$39°N$)的垂直速度、水汽通量散度、比湿和假相当位温(θ_{se})的时间-高度剖面。从垂直速度和水汽通量散度剖面(图 6-33a)可以看出：23 日 20:00 前后，整层基本为弱上升速度区，$800 \sim 700 \, \mathrm{hPa}$ 有 $-0.4 \, \mathrm{Pa \cdot s^{-1}}$ 的上升运动大值中心，同时近地面为 $-2 \times 10^{-7} \, \mathrm{g \cdot cm^{-2} \cdot hPa^{-1} \cdot s^{-1}}$ 的水汽通量散度辐合中心；25 日 08:00 前后，整层基本受上升气流控制，$700 \sim 600 \, \mathrm{hPa}$ 为 $-1.2 \, \mathrm{Pa \cdot s^{-1}}$ 的上升运动大值中心，同时，$750 \, \mathrm{hPa}$ 附近为 $-7 \times 10^{-7} \, \mathrm{g \cdot cm^{-2} \cdot hPa^{-1} \cdot s^{-1}}$ 的水汽通量散度辐合中心；23 日 20:00 前后和 25 日 08:00 前后水汽通量散度辐合中心高度均低于上升运动大值中心，且前者滞后后者约 4 h；25 日 08:00 前后出现的水汽通量散度辐合中心和上升运动大值中心均强于 23 日 20:00，为对流系统提供了水汽和动力条件。

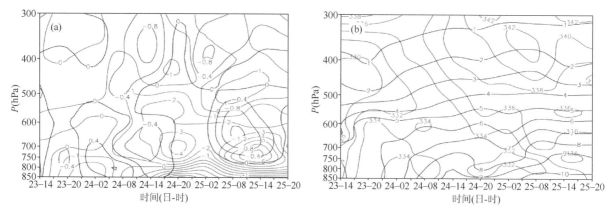

图 6-33　2015 年 6 月 23 日 14:00—25 日 20:00 沿下巴扎镇($76°E$，$39°N$)的垂直速度

(黑线，单位：$\mathrm{Pa \cdot s^{-1}}$)与水汽通量散度(红线，单位：$10^{-7} \, \mathrm{g \cdot cm^{-2} \cdot hPa^{-1} \cdot s^{-1}}$)(a)、

比湿(黑线，单位：$\mathrm{g \cdot kg^{-1}}$)和假相当位温(红线，单位：K)(b)的时间-高度剖面

分析强对流发生地点的比湿和 θ_{se} 剖面(图 6-33b)可以发现，6 月 23 日 20:00 前后，$600 \sim 500 \, \mathrm{hPa}$ 之间为比湿和 θ_{se} 等值线密集带(锋区)，$500 \, \mathrm{hPa}$ 以下比湿等值线稀疏，对应探空图上 $600 \sim 500 \, \mathrm{hPa}$ 湿度条

件较好,500 hPa 以下为干层,$\theta_{se(600\sim500\ hPa)}$ 为向上减小的不稳定层结,冰雹和短时强降水就产生于低层干、中层湿的不稳定层结大气中。25 日 08:00 前后,和探空图上表现一致,从低层向高层伸展出一条明显的湿舌,低层比湿达 10 g·kg^{-1},表明大气整层湿度条件好,有利于产生大降水。25 日连续性降水过程中短时强降水发生在整层湿、低层 θ_{se} 等值线密集的锋区中,锋区的动力强迫有利于低层能量和水汽向上输送,同时 θ_{se} 的陡立区容易出现涡度的倾斜发展,为涡旋发展提供了良好的环境条件。

6.3.2.5　中尺度对流系统演变特征

由 2015 年 6 月 23 日和 25 日不同时刻南疆西部 TBB 的演变可知(图略),23 日 16:00,强对流发生处偏西方约 200 km 的南疆西部新生 2 个强度为 $-32\ ℃$ 的孤立 β 中尺度对流云团 A 和 B,随后 A 和 B 不断发展加强并向偏东方向移动;20:00,云团 A 增大并移动到英吉沙县英也尔乡偏西约 80 km 处,B 增大且中心强度增强为 $-36\ ℃$,位于岳普湖县下巴扎镇北部约 50 km 处,随后云团 A 快速东移发展;21:00,云团 A 中心强度增强为 $-36\ ℃$,位于英也尔乡上空,造成英也尔乡 20:40—20:50 出现直径 20 mm 的大冰雹;22:00,云团 A 和 B 合并为 β 中尺度对流云团 C,位于岳普湖县下巴扎镇上空,造成该地 21:00—22:00 出现 21 mm·h^{-1} 的短时强降水天气;23:00,云团 C 减弱消亡,造成此次强对流天气的中尺度云团生命史达 7 h。

25 日 00:00 开始,在中亚低涡前部偏南气流不断输送下,层积混合状降水云团不断向北移过岳普湖县下巴扎镇上空,造成该地 01:00 开始出现持续降水天气,08:00,层积混合云中,中心强度达 $-44\ ℃$ 的 β 中尺度对流云团 D 位于岳普湖县下巴扎镇上空,随着偏南气流的输送,10:00,位于云团 D 南部的中心强度也为 $-44\ ℃$ 的 β 中尺度对流云团 E 代替云团 D 移到下巴扎镇上空,下巴扎镇位于云团 D 和 E 的 $-44\ ℃$ 线内。云团 D 和 E 连续移过岳普湖县下巴扎镇造成该地 08:00—10:00 出现 22.8 mm 的短时强降水。

对比 6 月 23 日和 25 日中尺度对流云团,23 日短时大冰雹和短时强降水由生命史达 7 h、最低 TBB 达 $-36\ ℃$ 的 β 中尺度对流云团快速移过相继造成,25 日的短时强降水由层积混合云中最低 TBB 达 $-44\ ℃$ 的 2 个 β 中尺度对流云团发展并快速移过造成。

6.3.2.6　雷达回波特征

从卫星资料已经分析出 6 月 23 日和 25 日强对流天气中尺度系统特征的不同,但由于时间分辨率较低,不能很好地展现中尺度系统的发展变化过程及细致结构,下面用喀什站每 6 min 输出一次的雷达资料对 23 日冰雹和短时强降水以及 25 日短时强降水这 3 次强对流过程的中尺度特征进行分析。

6.3.2.6.1　23 日短时大冰雹雷达回波特征

6 月 23 日 19:30,在喀什雷达站东南偏南方约 60 km 处的英吉沙县英也尔乡附近出现多个弱小零散的 β 中尺度对流单体,经过发展合并等过程,20:44 形成比较完整强盛的 β 中尺度对流系统,20:49(图 6-34a),形成超级单体 C,强回波区 A 和 C 与 21:00 的 β 中尺度对流云团 A 有很好的对应,距喀什站东方约 60 km 处的强回波区 B,对应 21:00 的 β 中尺度对流云团 B。对沿起点(151.6°,58.0 km)至终点(158.6°,61.4 km)连线(图中黑实线位置)作垂直剖面,可以看出超级单体 C 的最大组合反射率因子(CR)达 60 dBz(图 6-34a),位于 4 km 处,50 dBz 回波达 $-20\ ℃$ 层高度(7.2 km)。同时 CR 剖面上超级单体 C 具有明显的回波悬垂和弱回波区特征。研究指出,当强回波区扩展到 $-20\ ℃$ 层高度之上时,对强降雹的潜势贡献最大。同样位置作垂直累积液态水含量密度(D_{VIL})剖面(图 6-34b),可见与超级单体 C 的 CR 剖面对应,最大 $D_{VIL}>8$ g·m^{-3},位于 5 km 以上,且 D_{VIL} 大值区 A、B 和 C 与强回波区 A、B 和 C 对应较好。Amburn 等(1997)研究表明,如果 $D_{VIL}>4$ g·m^{-3},则风暴几乎肯定会产生直径超过 20 mm 的大冰雹,20:49 超级单体 C 在 3.4°仰角(图 6-34c)表现为低层辐合,在 8.69°仰角(图 6-34d)表现为风暴顶辐散,因此 20:40—20:50 英吉沙县英也尔乡发生 20 mm 大冰雹就是在超级单体 C 影响下产生的。

6.3.2.6.2　23 日短时强降水雷达回波特征

6 月 23 日 21:01,从 CR 及沿起点(115.7°,56.6 km)至终点(134.1°,51.5 km)连线(图中黑实线位置)作的垂直剖面(图 6-35a)可以看出,距喀什站东方约 60 km 处为一条断裂弓形回波带,回波带南部有紧密排列的 3 个 β 中尺度对流单体 A、B 和 C,A 为脉冲风暴型单体,位于岳普湖县下巴扎镇上空,造成该地 21:00—21:05 降水(0.3 mm),B、C 依次向西南排列,其中 B 为低质心强风暴,最强回波达 65 dBz;21:07,从 CR 及沿起点(116.5°,57.0 km)至终点(134.1°,48.1 km)连线作的垂直剖面(图 6-35b)可见,断

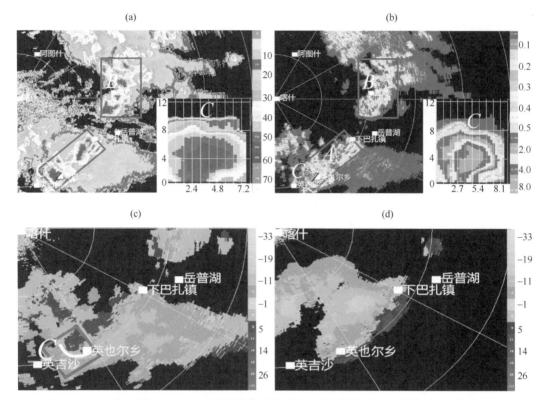

图 6-34　2015 年 6 月 23 日 20:49 喀什站多普勒雷达组合反射率因子及其剖面(a,单位:dBz)、
3.4°仰角垂直累积液态水含量密度及其剖面(b,单位:g·m⁻³)、3.4°仰角(c)和 8.69°仰角(d)
径向速度(单位:m·s⁻¹)(剖面横坐标为距离,纵坐标为高度,单位:km,下同)

裂弓形回波带逐渐发展为飑线,A 强回波中心由 6 km 下降到 4 km,且发展加强,此时依然是 A 造成下巴扎镇 21:05—21:10 的降水(3.1 mm),B、C 依次位于其西南侧;21:12,从 CR 及沿起点(117.2°、56.6 km)至终点(136.3°、46.9 km)连线作的垂直剖面(图 6-35c)可以看到,线状回波振幅加大,发展为飑线型弓形回波(SLBE),A 强回波中心已经接地并造成 21:10—21:15、21:15—21:20 下巴扎镇分别出现 4.4、3.1 mm 降水;21:24,从 CR 及沿起点(117.6°、57.1 km)至终点(131.2°、43.9 km)连线作的垂直剖面(图 6-35d)可见,SLBE 的振幅进一步加大,B 向东北移动逐渐与 A 合并加强为 β 中尺度对流风暴 D,D 造成下巴扎镇出现短时强降水过程中最强的 5 min 降水,21:20—21:25,降水达 7.9 mm;随后 D 迅速减弱,造成 21:25—21:30 下巴扎镇 2 mm 降水。断裂弓形回波下的 β 中尺度对流风暴造成 21:00—21:30 降水达 20.8 mm。21:30—10:00,由于造成短时强降水的回波快速消散,中尺度系统减弱衰亡,只产生了 0.2 mm 的降水。

　　D_{VIL} 表征的风暴特征也可以看出弓形回波的发展变化过程。21:12,从 D_{VIL} 及沿起点(115.4°、58.2 km)至终点(138.2°、46.3 km)连线作的垂直剖面(图 6-36a)可见,在岳普湖县下巴扎镇上空及其西南部依次排列 3 个 β 中尺度 D_{VIL} 大值区(A、B 和 C 所示),与 CR 下的 3 个 β 中尺度对流单体相对应,A 最大 D_{VIL} > 8 g·m⁻³,位于地面至 2 km 高度;从 3.4°仰角径向速度及沿起点(117.3°、46.0 km)至终点(118.5°、47.0 km)连线作的径向速度垂直剖面(图 6-36b)可以看到,沿脉冲风暴 A 的位置表现为一条明显的速度辐合线,径向速度剖面表现为近地层辐散、中层辐合、高层辐散特征。

6.3.2.6.3　25 日短时强降水雷达回波特征

　　造成 25 日 08:00—10:00 岳普湖县下巴扎镇 22.8 mm 短时强降水的雷达回波在 CR 图上表现为层积混合云(图 6-36c),最强 CR 达 35 dBz 的 γ 中尺度对流单体快速移过下巴扎镇附近,从沿起点(117.3°、46.0 km)至终点(118.5°、67.0 km)连线作的径向速度垂直剖面可见,35 dBz 高度为 3 km。虽然该时段卫星资料显示有中心强度达−44 ℃的 β 中尺度对流云团影响该地,但是从 CR 图上并没有很强的回波与之对应。09:19,2.4°仰角径向速度图(图 6-36d)上为东南风急流辐合区,东南风将低层水汽向下巴扎镇输

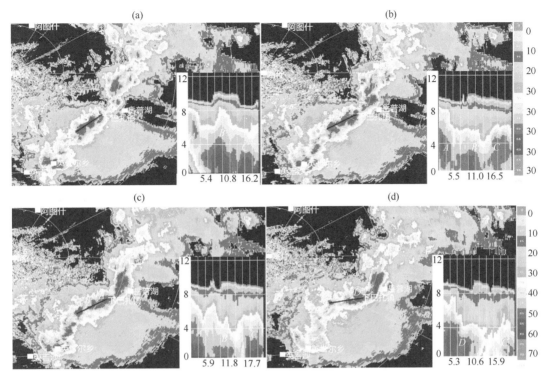

图 6-35　2015 年 6 月 23 日 21:01(a)、21:07(b)、21:12(c)、21:24(d)喀什站多普勒雷达
组合反射率因子及其剖面(单位:dBz)

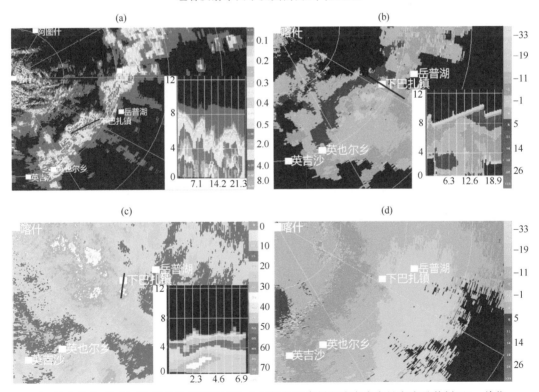

图 6-36　2015 年 6 月 23 日 21:12 喀什站多普勒雷达 0.5°仰角垂直累积液态水含量密度及其剖面(a,单位:g·m⁻³),
3.4°仰角径向速度及其剖面(b,单位:m·s⁻¹),25 日 09:19 组合反射率因子及其剖面(c,单位:dBz),
2.4°仰角径向速度(d,单位:m·s⁻¹)

送,为下巴扎镇短时强降水提供充足水汽。

　　对比雷达资料反映的 23 日短时大冰雹和短时强降水以及 25 日短时强降水中尺度特征可以发现,23
日冰雹由 β 中尺度超级单体造成,短时强降水由断裂弓形回波、飑线型弓形回波下的 β 中尺度对流风暴造

成。25 日短时强降水雷达上表现为层积混合云回波和低层明显东南风辐合特征。

6.3.2.7 结论

(1)2015 年 6 月 23—26 日南疆西部暴雨过程中的短时强降水和短时大冰雹天气发生在南亚高压由带状分布向双体型调整、中亚低涡形成发展进入南疆、200 hPa 西南急流、500 hPa 偏南气流、700 hPa 和 850 hPa 偏东急流配合的有利天气背景。高低空急流共同作用,促使低层辐合、高层辐散,加强了大气垂直运动的发展,为强对流天气出现提供了动力条件。

(2)强对流发生前各种对流参数变化表现明显,暴雨过程中较强的 K 指数对于强降水的发生有很好的指示意义,适宜的 0 ℃层和−20 ℃层高度对冰雹的产生有较好的指示意义,充足的水汽供应配合有力的热动力环境条件,有利于强对流天气的发生。

(3)生命史达 7 h,最低 TBB 达−36 ℃的 β 中尺度对流云团相继造成 23 日短时大冰雹和短时强降水天气,层积混合云中最低 TBB 达−44 ℃的 2 个 β 中尺度对流云团发展并快速移动造成 25 日短时强降水。

(4)23 日短时大冰雹由 β 中尺度超级单体造成,超级单体最强回波 60 dBz,高度达 4 km,50 dBz 回波达−20 ℃层高度,最大垂直累计液态水含量密度大于 8 g·m^{-3},高度达 5 km 以上,低层辐合、风暴顶辐散,短时强降水由断裂弓形回波、飑线型弓形回波下的 β 中尺度对流风暴造成。25 日短时强降水发生在层积混合云回波中,径向速度上东南风急流辐合为短时强降水提供了水汽。

6.4　2013 年 6 月 17—18 日阿克苏地区短时强降水天气过程

6.4.1　降水实况

2013 年 6 月 17—18 日,天山南脉阿克苏地区多县市出现强降水天气,降水主要集中在 6 月 17 日 13:00—18 日 06:00(世界时,下同),本节研究也围绕该时段的降水变化展开。从这一时段的累积降水分布(图 6-37)可见,降雨落区主要位于山前一带(乌什、温宿、柯坪、阿克苏市),降水空间分布不均匀,具有很强的局地性,暴雨中心出现在位于阿克苏地区西部的乌什县内的英阿瓦提乡附近。观测显示,该暴雨中心 18 h 累积降水量高达 70.7 mm,已远超过新疆暴雨定义的阈值。从暴雨中心附近站点的逐时雨量观测(图 6-38)可以看出,观测到的暴雨中心的降水强度高达 24 mm·h^{-1},降水增幅最大出现在 17 日 15:00—16:00,此次降水过程局地性强、短时降水强度大,有明显的中尺度特征。

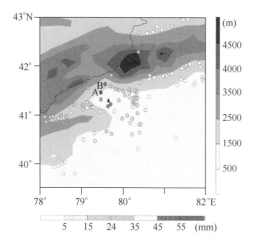

图 6-37　2013 年 6 月 17 日 13:00—18 日 06:00 阿克苏地区 18 h 自动站累积降水(彩色打点)和地形高度(灰阶)
(A,B 分别为地面自动站 895943、895939,
黑色三角代表英阿瓦提乡的位置)

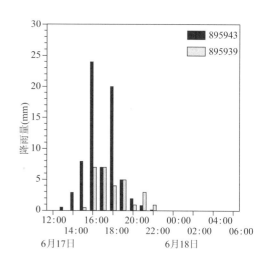

图 6-38　2013 年 6 月 17 日 12:00—18 日 06:00 地面自动站 895939、895943 观测的逐时雨量

6.4.2　大尺度天气形势

2013 年 6 月 17—18 日暴雨期间,200 hPa 南亚高压始终保持双体型,中心分别位于伊朗高原和青藏高原的东部,副热带大槽从西西伯利亚平原经新疆西部并伸至 30°N 附近,暴雨区位于该高空槽前,同时注意到在塔里木盆地附近有一支强盛的高空西南急流带,但在降水期间该急流位置与暴雨区距离较远,对暴雨的作用较小。从 500 hPa 天气尺度环流背景场来看,2013 年 6 月 16 日 00:00,在西西伯利亚平原存在一个较大范围的低涡,中心强度为 556 dagpm,乌拉尔山以及蒙古高原均存在两个高压脊,其中,乌拉尔山附近的高压脊强度明显大于蒙古高原上的高压脊,中纬度主要表现为"两脊一槽"的环流形势,这与已有的中亚低涡造成强降水天气的环流配置类似。6 月 16 日 18:00 蒙古高原附近的高压脊不断发展增强,使得两脊之间的副热带大槽加深,低涡的经向发展不断增强。17 日 00:00 低压中心分裂为南北两个,与此同时副热带大槽也分裂为南北两段,其中南段的槽随着中亚低涡不断东移南压。17 日 06:00,中亚低涡移动至哈萨克斯坦与吉尔吉斯斯坦交界处,在这个过程中,乌拉尔山脊以及蒙古高原脊靠近,等压线加密,造成两个高压脊之间的非地转运动加强,促进了两脊间低涡的发展和增强,低涡中心闭合等值线加密,由一条增加为两条,根据中亚低涡的定义,此时低涡已经发展成为深厚型的中亚低涡。6 月 17 日 12:00,蒙古高原上高压脊不断发展增强,阻碍了上游低涡的移动使得西天山附近的中亚低涡稳定少动,阿克苏地区位于槽前的西南气流中。降水发生期间,阿克苏西部天山南脉附近的 700 hPa、850 hPa 对流层中低层存在微弱的偏北风与偏南风的辐合线。

综上,此次暴雨是高低空天气系统共同配合作用的结果,虽然高空急流引起的辐散区不在暴雨区附近上空,但是低层和中层的大尺度环流仍然为此次暴雨的发生发展提供了有利的动力条件。

6.4.3　水汽输送特征

暴雨的发生离不开水汽输送。新疆地处中国西北内陆,不受季风系统的直接影响,其水汽输送也与中国东部地区不同,新疆的水汽源地主要是其以西的湖泊或海洋。从 2013 年 6 月 16—17 日逐 6 h 的整层水汽通量分布及 700 hPa 风场环流可以看出,在中亚低涡分裂形成之前,阿克苏地区的水汽输送为偏东路径,水汽主要由沿甘肃河西走廊吹向新疆盆地的东风气流输送而来;中亚低涡形成并从槽中分裂出来之后,在不断东移南压过程中,低涡环流也在不断增强,位于中亚低涡东南部的阿克苏地区受涡前的偏西气流的影响也越来越大,水汽输送由偏东路径变为偏东和偏西两条路径。其中,偏西路径的水汽主要是沿着中亚低涡南部的偏西气流输送至阿克苏地区。源自里海的水汽先是沿着乌拉尔山附近的高压脊顺时针输送,在经过欧亚内陆以及巴尔喀什湖后,下垫面蒸发使得空气中水汽得到补充,并沿着下游的中亚低涡环流逆时针向东输送至暴雨区。而偏东路径中沿河西走廊输送而来的偏东风气流在中亚低涡带来的偏西气流的作用下转为东南气流,继续输送水汽至阿克苏地区。

因此,随着中亚低涡的形成以及不断东移,水汽通道由一支增加为两支,在这两支水汽通道的共同作用下,阿克苏地区的整层水汽通量不断增大,为这次暴雨的发生提供了充足的水汽条件。

6.4.4　造成暴雨的中尺度云团演变特征分析

暴雨是各种尺度天气系统相互作用的产物,在一定的大尺度环流形势下,中尺度系统是造成暴雨的直接天气系统。阿克苏地区西部地形复杂,常规观测稀少且分布不均,不能很好抓住中小尺度系统及其演变过程,因此,卫星观测成为该地区进行中小尺度分析的有力工具。下面根据中尺度对流系统的判别方法和标准,利用国家卫星气象中心提供的 FY-2E 逐时 TBB 资料(水平分辨率 0.1°×0.1°)分析此次暴雨期间中尺度系统的活动和演变。TBB 分布及演变显示,6 月 17 日 12:00,阿克苏地区西部山前地区存在一个微弱的较为狭长的东北—西南走向的中尺度对流云带;17 日 15:00(图 6-39a),对流云带逐渐增强,在该对流云带上嵌有 3 个中尺度对流云团分别为 A1、A2、B,其中 A1、B 云团相对较强,中心强度达 −43 ℃ 以下;17 日 16:00(图 6-39b),对流云带进一步发展,同时其上的对流云团的强度也随之加强,其中 A2 云团的发展、移动最为明显,中心强度由前一时刻的 −40 ℃ 迅速增强至 −45 ℃ 以下,并且向东南方向移至英阿瓦提乡附近。受其影响,英阿瓦提乡附近出现了强度较大的对流性降水,其中 895943 站 15:00—16:00 的小时降水量高达 24 mm;17 日 17:00(图 6-39c),A1、A2 云团合并为对流云团 A,合并后的对流云团 A 虽然强度没有明显变化,但是范围有所扩大,继续影响英阿瓦提乡附近的降水活动,同时其西南侧的对流云团 B 在这个过程中也不断发展,范围迅速扩大;17 日 18:00(图 6-39d),合并后的对流云团 A 进一步向东南方向发展,范围扩大,而对流云团 B 逐渐减弱,在 15:00—18:00,云团 B 的强度范围有一定的改变,但是由于南侧山脉的阻挡并没有发生明显移动,而对流云带北端的云团 A 向东南方向的位移较大,因此,对流云带的走向也由原来的东北—西南变为近乎水平的东西方向;之后,对流云带继续向东南方向移动并逐渐消散,与之相伴的降水活动也趋于结束。

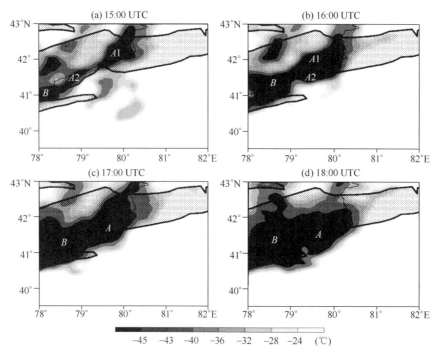

图 6-39　2013 年 6 月 17 日 15:00—18:00 阿克苏地区 FY-2E 卫星 TBB(相当黑体亮温)
逐时分布(灰阶;加粗实线内打点区域表示地形高度大于 2500 m)

6.4.5　模式及方案简介

鉴于新疆地区现有观测资料时空分辨率均较低,不利于对此次强降水过程机理的细致分析,本节还利用中尺度模式 WRF(3.9.1 版本)对此次暴雨过程开展高分辨率数值模拟。模式背景场采用 NCEP 1°×1° FNL 全球分析资料,模拟时段为 2013 年 6 月 17 日 12:00 至 2013 年 6 月 18 日 06:00,共 18 h。模拟采用两层双向嵌套,垂直分辨率为 51 层,主要模拟参数及方案见表 6-2。

表 6-2　主要参数列表

	模拟区域 1	模拟区域 2
分辨率	12 km	4 km
格点数	555×370	589×280
微物理方案	Morrison 2-moment	Morrison 2-moment
长波辐射方案	RRTM	RRTM
短波辐射方案	Goddard shortwave	Goddard shortwave
边界层方案	ACM2	ACM2

6.4.6　降水的模拟验证

从 18 h 累积降水量的对比(图 6-40)来看,模式结果基本再现了乌什县英阿瓦提乡附近的暴雨中心(图中黑色方框区域)。对于该区域,模拟的降水强度与观测基本一致,但是模式模拟的最强降水中心位置与实况略有偏差,与实况相比,模拟的强降水中心略微向北偏移约 0.2 个纬度,而且强降水落区的范围较实况偏大,并且有一部分位于山地,由于山地观测站点的缺失,仅从自动站观测的地面降水资料无法判知其是否真实,因此,可以借助卫星观测的云顶亮温资料来判断。通过云顶亮温(图 6-39a、b、c)可以看出,在形成该暴雨中心的主要降水时段(6 月 17 日 15:00—17:00),山地附近始终存在一个云顶亮温低值中心,说明该时段该区域始终有强对流存在,这一位置也与模式模拟的强降水落区基本一致,因此,模式对该区域降水落区以及强度的模拟结果是较为可信的。此外,模式还模拟出了 C、D 两个降雨中心,通过该过程各时刻的云顶亮温图来看,在这两个区域并没有发现显著的强对流存在,因此这两个降雨中心的模拟结果存在一定偏差,这可能与模拟初始时间的选取以及地面实测站点有限且分布不均匀等因素有关。此次过程中,乌什县英阿瓦提乡附近的暴雨强度最大,带来的灾害也最为严重,因此,英阿瓦提附近的暴雨成因是文中研究的重点,从这个角度而言,模式对降水的模拟较成功地再现了实况。

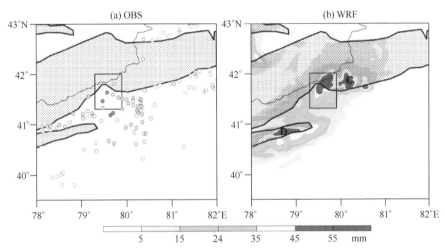

图 6-40　2013 年 6 月 17 日 13:00—18 日 06:00 18 h 累积降水量(色阶)
(a)观测;(b)模拟(加粗实线内打点区域表示地形高度大于 2500 m)

6.4.7　风场的模拟验证

从风场对比来看,模式模拟的英阿瓦提乡附近地面风的风向与观测基本一致,但风速略小于观测。从模式模拟结果(图 6-41d、e、f)来看,6 月 17 日 15:00,山前附近存在一条辐合线,17 日 16:00,辐合线分裂为两段,其中北段的辐合线迅速向东南方向移至英阿瓦提乡,而南段的辐合线的位置没有较大改变,此次英阿瓦提乡附近的暴雨也主要是受北段辐合线的影响。由于观测站点的稀缺,仅根据地面自动站的观测无法判断模拟结果是否可靠。但借助卫星云图(图 6-39a、b)可以看出,在模拟结果中辐合线出现的位置附近的确存在一个带状的强对流区,因此模式的风场模拟比较可信。17 日 17:00,模拟以及实况中均存在一条位于英阿瓦提乡东南侧的西北风与东北风相交汇的辐合线,这也进一步证实了地面风场的模拟与实况基本一致。

综上所述,模拟结果能够基本再现本次天气过程的地面风场和降水分布,因此,可以利用本次模拟输出的高时空分辨率资料对此次暴雨过程的中尺度系统结构和机理进行分析。

6.4.8　地面辐合线及其形成发展机理

结合卫星云图、自动站降水以及模式模拟地面风场资料分析可见,17 日 12:00,阿克苏地区西部山前一带存在一条偏东风与偏西风交汇形成的地面辐合线,呈东北—西南走向。在卫星云图上,有一个狭长的

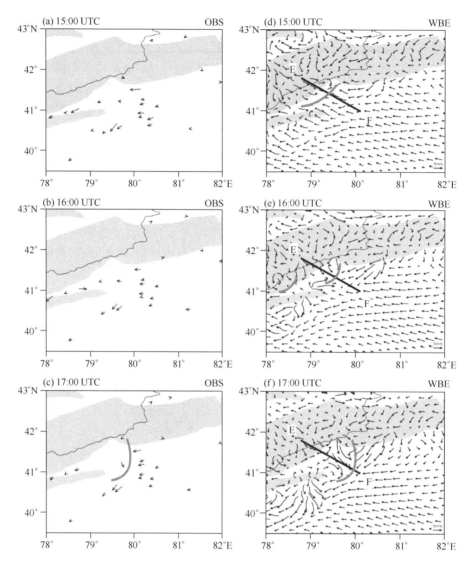

图 6-41　2013 年 6 月 17 日 15:00—17:00 地面风场(矢线,单位:m·s⁻¹)

(a、b、c. 观测;d、e、f. 模拟;其中阴影区域表示地形高度大于 2500 m,深灰色实线为辐合线)

东北—西南走向的中尺度对流云带,此时辐合线周围开始出现零星降水,英阿瓦提乡位于辐合线北端的东南侧;之后辐合线逐渐增强并略微向东南方向移动,相对应的降水也逐渐增强,雨带随辐合线向东南位移;17 日 16:00,北段辐合线迅速增强并移至英阿瓦提乡(图 6-41e),为该地带来了 24 mm·h⁻¹ 的小时强降水,而南段辐合线由于南侧山脉的阻挡作用没有发生明显位移,但强度有增强,卫星云图上也有相应变化;之后北段辐合线离开英阿瓦提乡,继续向东南方向移动并逐渐减弱消散,此次降水过程结束。可见,强降水中心与中尺度辐合线有较好的对应关系,所以中尺度辐合线是造成此次阿克苏地区英阿瓦提乡附近暴雨的直接影响系统。

6.4.9　辐合线的形成

从 2003—2012 年 10 a 平均的 6 月 17 日 12:00 的地面风场(图 6-42a)可以看出,受西天山地形的影响,该时刻在阿克苏西部山前一带始终存在一条微弱的近乎水平的辐合线,它是由直接爬越西天山的偏北气流与在西天山复杂地形阻挡下气流绕流形成的偏南风汇合形成。然而大尺度环流背景的不同也会对辐合线有不同的影响,为了进一步研究本次过程中中亚低涡环流对地面辐合线的影响,用 2013 年 6 月 17 日 12:00 的环流与过去 10 a 平均的该时刻的环流之差得到了这一时次的偏差风场(图 6-42b),可以看出,在

138

地面与中高层中亚低涡所在位置相应的区域有一个十分明显的气旋性偏差环流,说明此次过程中的中亚低涡是一个从高空到地面均存在的深厚低压系统,这个气旋性的偏差环流就是由中亚低涡系统从高空向下发展引起的。中亚低涡形成和发展后,低涡南部的偏西气流一部分直接越过西天山变为西北风,另一部分穿过伊犁河谷之后转为东北风,这两支气流共同加剧了辐合线北侧的偏北气流,其中辐合线西北侧的北风偏差分量最强,使得该时刻的辐合线呈东北—西南走向。同时可以注意到,在辐合线南侧存在一个微弱的东南方向的偏差风,这主要是由 12:00 塔里木盆地南部增强的一支低空偏南急流所带来的气流穿过盆地并沿山脉绕流所致。

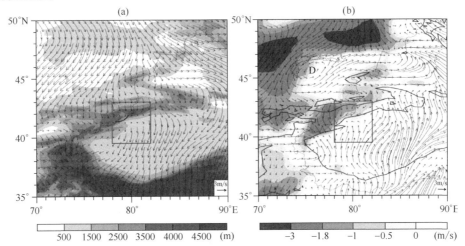

图 6-42　(a)2003—2012 年 6 月 17 日 12:00 平均地面风场(矢线,灰阶为地形高度,黑色曲线为辐合线);(b)2013 年 6 月 17 日 01:00 与过去 10 a 平均的同一时刻地面偏差风场(矢线)及北风分量(灰阶)(黑色加粗实线为 2500 m 地形,黑色方框为此次研究的主要区域,其中 D 为气旋性偏差中心的位置)

6.4.10　辐合线的发展演变过程

通过对逐时的卫星云图进行分析,发现夜间在地面辐合线所在位置处的阿克苏地区,西天山附近对流增强并且发生明显移动,因此,可以认为地面辐合线在夜间有一定程度的发展和移动。对夜间辐合线附近的温度以及风场变化进行分析,可见温度变化与局地地形关系十分密切。阿克苏地区西部地形复杂,天山南脉主体呈东北—西南走向,在阿合奇县南部又延伸出一个支脉即喀拉铁克山,形成了两山夹一谷的特殊地貌。由于地形热力性质的差异,在地形附近会产生明显的下坡风。图 6-43 为 2013 年 6 月 17 日 13:00 与前 1 h 作差得到的风场以及温度变化,夜间山地尤其是海拔更高的天山南脉降温明显,前后时次的温度变化最大可达 1 ℃ 以上。同时从地面风场上,也可以看出明显的由天山南脉山地的降温中心吹向谷地的风场变化。夜间,这样的下坡风所带来的偏北风分量叠加在辐合线北侧,一方面加剧了辐合线两侧的气流辐合,另一方面也推动辐合线向东南移动。由于其南侧喀拉铁克山的阻挡,辐合线分裂为东西两段,其中西段辐合线并未发生明显移动,而东段辐合线不断的增强且向东移动并于 16:00 移至英阿瓦提乡附近并带来强降水天气。

综上,位于阿克苏西部的中尺度辐合线是造成此次暴雨的直接地面影响系统,天山南脉地形造成的气流绕流与中亚低涡系统环流叠加促进了辐合线的形成和增强,在地形热力性质差异造成的下坡风的作用下,辐合线不断发展,其中北段辐合线移经英阿瓦提乡时引发了强降水。

6.4.11　地面辐合线产生降水的机理

为了研究辐合线如何引起此次暴雨过程,进一步分析了地面水汽混合比的分布(图 6-44),可以看出,由于天山南脉以及喀拉铁克山的阻挡作用,辐合线以东的偏东气流带来的水汽在山前堆积,在阿克苏地区西北部的英阿瓦提乡附近形成了一个明显的水汽混合比大值中心,其最高地面水汽混合比超过 11 g·kg^{-1}。同时,由于喀拉铁克山的阻挡,在阿合奇县附近的山谷一带,水汽含量相对较低,这也是位于该地区北段的辐合线没有带来强降水的原因。

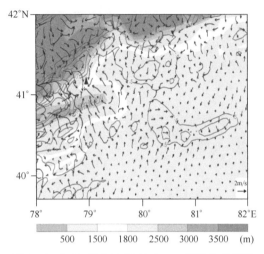

图6-43　2013年6月17日13:00模拟的地面温度变化(红色实线,单位:℃)、地面风变化(矢线)和地形(色阶)(黑色三角代表英阿瓦提乡的位置)

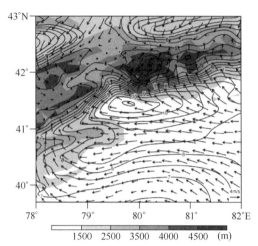

图6-44　2013年6月17日12:00模拟地面比湿(黑色实线,单位:g·kg^{-1})、地形(灰阶)

沿辐合线移动的方向过降水中心的垂直剖面(图6-45)显示,17日14:30(图6-45a),西北风与东南风交汇的辐合线位于天山南脉山地附近,气流辐合造成的垂直运动上升至约200 hPa,降水落区位于该辐合线附近。降水区内相当位温线相比区外较为陡峭,为中性层结,其东南侧的盆地中水汽聚集,形成了一个水汽大值中心,其近地面水汽混合比超过9 g·kg^{-1},5 g·kg^{-1}以上的高湿区从地面一直向上延伸到600 hPa附近,水汽条件良好。同时,盆地上空500～300 hPa为一个稳定层结,其下为显著的对流不稳定区域,不稳定层结有利于强降水的发生;15:30(图6-45b),由于地形热力性质差异,夜间降温导致的西北下坡风气流叠加在辐合线西侧,使得辐合线西侧近地面的西北风不断增强,这一方面推动低层辐合线向东南方向移动,另一方面增强了辐合线两侧气流辐合的强度,使得辐合中心的上升运动不断增强,低层辐合导致的强上升运动从800 hPa倾斜向上延伸至300 hPa。强的上升运动把低层集聚的水汽抬升到高空,由此产生的降水也增强并向东南方向移动;16:30,在近地面下坡风的推动下,由于低空辐合线的移动加速使得低空辐合上升区的移速大于650～300 hPa的中高层上升运动区,原来倾斜的上升区在650 hPa分裂变为两段,其中,800～600 hPa的低层辐合上升区随着近地面处的辐合线迅速移至盆地中的水汽大值中心附近,且两侧气流的辐合强度增至最强,对流上升运动增强,辐合中心的上升速度达到最大,盆地中原来积聚的不稳定能量不断释放,为阿克苏地区带来短时强降水。强烈的上升运动使得暖湿空气快速向上输送,造成暴雨区上空假相当位温等值线十分陡直,大气层结逐渐变为中性,之后,随着大气中水汽消耗和不稳定能量释放,降水过程趋于结束。

6.4.12　结论与讨论

通过利用NCEP和EC的再分析资料,新疆地区的多种观测资料,结合WRF高分辨率数值模拟输出结果,对2013年6月17—18日发生在新疆西天山南坡阿克苏地区的一次暴雨天气过程进行了初步研究,得到以下主要结论。

此次降水过程局地性强、短时降水强度大,有明显的中尺度特征,它发生在中高纬"两脊一槽"的环流形势下,中亚低涡为这次暴雨的发生提供了有利的大尺度背景条件。同时,中亚低涡东移带来的偏西路径的水汽与沿着河西走廊输送来的偏东路径的水汽在阿克苏地区汇合,水汽辐合区与暴雨落区一致。中亚低涡环流与天山南脉特殊地形造成的气流绕流相叠加生成的中尺度辐合线是此次强降水的重要触发系统。中亚低涡形成并移动至阿克苏地区附近,促进了地面中尺度辐合线的生成;辐合线以东的偏东气流带

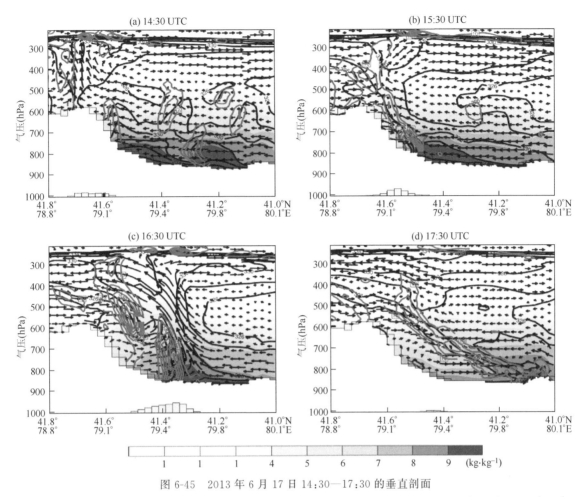

图 6-45　2013 年 6 月 17 日 14:30—17:30 的垂直剖面

(a)14:30,(b)15:30,(c)16:30,(d)17:30(色阶为比湿,黑色实线为相当位温(单位:K),矢线为风场(单位:m·s^{-1},
垂直速度被放大了 10 倍),红色实线为剖面上相当位温的水平梯度(单位:K·m^{-1}),灰色柱形为降水)

来的水汽在山前堆积,为此次暴雨提供了充足的水汽条件;地形热力性质差异造成的下坡风推动辐合线向东南方向移动,促进了不稳定能量的释放。其中,辐合线南段由于喀拉铁克山的阻挡停滞在山谷附近并逐渐消散,而北段不断发展并移动经过英阿瓦提乡,引发了该地强降水。英阿瓦提乡附近中尺度对流云团的发展、合并与暴雨发展一致,表明沿辐合线发展的暴雨过程有明显的中尺度特征。

6.5　2018 年 7 月 30—31 日哈密地区极端短时强降水天气过程

6.5.1　降水实况

2018 年 7 月 30—31 日,西太平洋副热带高压位置异常偏北,对流层低层东南急流前侧对流云团发展并向东北方向移动,造成哈密东部地区出现极端短时强降水天气(图 6-46a、b),其中,哈密区域站 15 站为暴雨,4 站 12 h 累积降水量超过 48 mm 达大暴雨,降水中心哈密沁城乡小堡站 31 日 01:00—14:00 14 h 累积降水量达 115.5mm,突破有气象观测以来的极值。从暴雨站逐时降水量演变图(图 6-46c)上可以看出,哈密沁城乡小堡站降水主要集中在 31 日 01:00—14:00,其中 06:00—08:00 2 h 降水量 58.4 mm,最大小时降水量达到 29.2 mm;漳柳公路 33 km 站 03:00 开始出现降水,最强降水出现在 06:00—09:00,3 h 累积降水量 58.8mm。31 日 14:00 后,对流系统逐渐移出暴雨区,哈密东部强降水减弱。

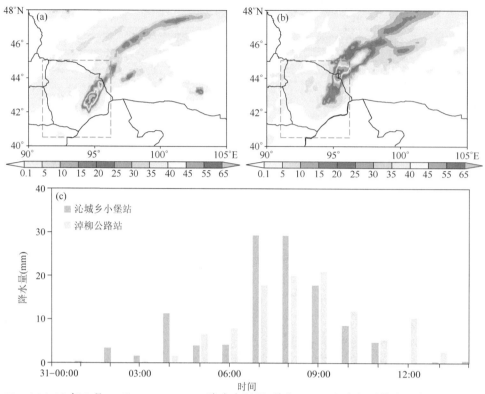

图 6-46　(a)2018 年 7 月 31 日 02:00—08:00 降水实况图(单位:mm),红色矩形代表哈密地区,(b)同(a),但为 31 日 08:00—14:00;(c)降水中心哈密沁城乡小堡站和淖柳公路 33 km 站逐小时降水量(单位:mm)

6.5.2　环流形势分析

　　31 日 02:00,200 hPa 位势高度场上,南亚高压呈带状分布,位置北移至 35°N 以北,中亚地区为长波槽区,暴雨区位于槽前西南急流入口区右侧辐散区,利于上升运动的增强和对流系统发展。500 hPa 伊朗高压和西太平洋副热带高压(以下简称"西太副高")位置异常偏北,中心位于 40°N 附近,暴雨区处于西太副高外围偏南气流控制,同时暴雨区位于 200 hPa 高空急流入口区左侧、700 hPa 低空东南急流左前方,对流层低层增湿明显,哈密探空站 31 日 20:00—31 日 08:00 比湿由 5 g·kg^{-1} 增至 11 g·kg^{-1},来自低纬度地区暖湿气流的输送造成暴雨区上空形成不稳定大气层结,并为暴雨的产生提供了充沛的水汽,另外,急流出口区左侧为正涡度平流大值区,暴雨区处于西北风和东南风辐合区,低层水汽强烈辐合,垂直运动发展,使得低空急流出口区左侧不断新生对流云团,沿 500 hPa 引导气流向东北方向移动和发展。从地面图上可以看出,哈密位于地面倒槽前沿,暖湿气团与哈密北部冷空气交汇,冷暖交绥剧烈,利于对流运动发展,总之从高层到低层大尺度天气系统的环流配置均有利于对流系统发展和暴雨区强降水的发生。

6.5.3　中尺度云团活动特征

　　通过分析本次强降雨过程的云图资料,并结合环流形势场分析发现,降雨期间 TBB 小于或等于 −56 ℃ 的多个 β 中尺度云团处于低空东南急流左前方,并随着 500 hPa 引导气流逐渐向东北方向移动,依次经过暴雨区,造成哈密东部地区出现极端短时强降水天气。

　　31 日 02:00(图 6-47a),700 hPa 急流出口区左侧有 β 中尺度云团 A、B、C、D 和 E,受 β 中尺度云团 D 影响,沁城乡小堡站开始出现少量降水;03:00 对流云团沿 500 hPa 中空引导气流方向,在向东北移动过程中迅速发展,其中 β 中尺度云团 D 移至沁城乡小堡站上空,最大云顶亮温由 −16 ℃ 降至 −28 ℃,中尺度云团发展造成测站出现短时强降水,03:00—04:00 1 h 降水量 11.4 mm,同时淖柳公路 33 km 站位于云团 D 东北侧 TBB 梯度大值区,测站开始出现强降水。04:00(图 6-47b)云团 D 继续向东北移动至淖柳公路 33 km 站,强度有所增强,最大云顶亮温降至 −28 ℃,测站降水强度增强;β 中尺度云团 A 向东北移至沁城乡小堡站过程中有所发展,最大云顶亮温降至-28 ℃,测站降水持续;同时,β 中尺度云团 B 和 E 合并为 β 中尺度云团 F,强度明显增强,最大云团云顶亮温降至-36 ℃,并沿着高空引导气流继续向东北方向移动。

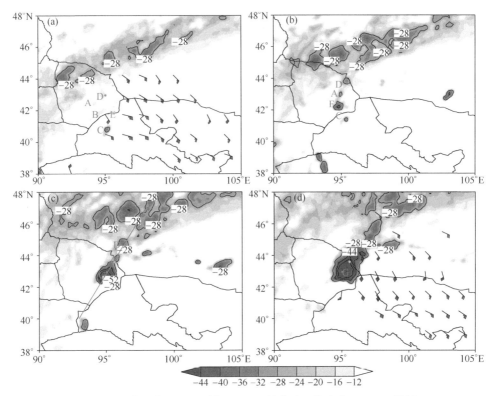

图 6-47　中尺度云团云顶亮温 TBB(单位:℃)演变和 700 hPa 风场

(a)31 日 02:00;(b)31 日 04:00;(c)31 日 06:00;(d)31 日 08:00

(其中红色、蓝色点分别代表哈密沁城乡小堡站和伊吾淖毛湖乡淖柳公路 33 km 站)

06:00(图 6-47c),云团 D 移出境内,云团 A 快速移过淖柳公路 33 km 站,β 中尺度云团 F 和 C 向东北方向移动过程中合并为 β 中尺度云团 G,云团范围增大,强度增强,最大云顶亮温降至-52 ℃,沁城乡小堡站和淖柳公路 33 km 站分别处于 β 中尺度云团 G 控制和云团 G 东北侧 TBB 梯度大值区,对应测站出现短时强降水,其中沁城乡小堡站连续 2 h(06:00—08:00)逐时降水量达到 29.2 mm。08:00 700 hPa 偏东急流逐渐转为偏南急流(图 6-47d),急流位置明显北抬,β 中尺度云团 G 范围有所增大,强度增强,最大云顶亮温为-56 ℃,沁城乡小堡站和淖柳公路 33 km 站均处于云团 G 控制下,对应测站 06:00—09:00 2 h 累积降水量分别为 76.3 mm 和 58.8 mm。10:00 后,云团 G 逐渐移出哈密地区,测站降水逐渐减弱。综合上述分析发现,多个 β 中尺度对流云团依次移过暴雨区,"列车效应"明显,云团合并增强,最大云顶亮温达-56 ℃,造成此次哈密东部地区极端强降水天气。

6.5.4　对流不稳定

对本次暴雨天气过程的对流不稳定性进行分析,发现降水期间暴雨区处于强的对流不稳定区,在暖锋锋区触发下,中尺度对流云团发展,锋面附近上升运动旺盛。

沿 94.75°E 做剖面图(图 6-48),哈密东部位于 42°—44°N 间。如图 6-48 所示,对流云团发展初期(31 日 02:00,图 6-48a),暴雨区上空 850~700 hPa 处于等假相当位温密集带,锋区向北倾斜,假相当位温随高度升高($\partial \theta_{se}/\partial p < 0$),大气层结稳定,700~500 hPa 暴雨区假相当位温随高度降低($\partial \theta_{se}/\partial p > 0$),对流层中低层大气层结不稳定,同时 700 hPa 暖锋锋区前沿和不稳定大气层结交界处冷暖交绥剧烈,上升运动迅速发展,最大上升运动为-0.8 Pa·s⁻¹,对流云团发展。31 日 08:00(图 6-48b),对流层低层暖锋爬坡,向

北移动至 44°N 附近,锋区高度有所降低。对流层中低层大气不稳定层结进一步增强($\partial\theta_{se}/\partial p>0$),在锋面抬升下,暴雨区对流层低层至高层为一致的上升运动区,对流发展至最强,对流不稳定能量释放,暴雨区降水强度增强。同时根据湿位涡方程对暴雨中心湿位涡进行计算分析发现,暴雨区强降水期间低层 $M_{pv1}<0$,$M_{pv2}>0$,且 $|M_{pv1}|>|M_{pv2}|$,说明对流层低层大气以对流不稳定为主,这为对流云团发生发展提供有利的热力不稳定条件。

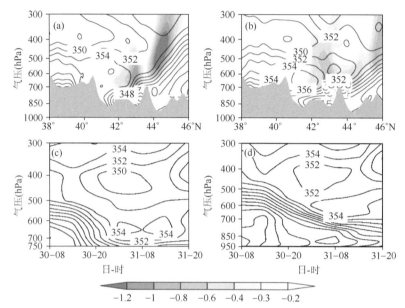

图 6-48 (a)31 日 02:00 沿 94.75°E 假相当位温 θ_{se}(等值线,单位:K)和垂直速度(阴影,单位:Pa·s^{-1})垂直剖面;(b)31 日 08:00 沿 94.75°E 假相当位温 θ_{se}(等值线,单位:K)和垂直速度(阴影,单位:Pa·s^{-1})垂直剖面;(c)哈密沁城乡小堡站(海拔1903 m)等假相当位温(单位:K)高度-时间演变图;(d)伊吾淖毛湖乡淖柳公路33 km 站(海拔 649 m)等假相当位温(单位:K)高度-时间演变图

通过沁城乡小堡站(43.8°N,82.52°E)上空假相当位温随时间变化图(图 6-48c)可以看出,暴雨发生前 31 日 08:00—20:00 暴雨区整层为稳定层结,降水初期 31 日 02:00,对流层低层暖锋锋生,700～500 hPa 逐渐由稳定层结转为不稳定层结,对流触发,空气中饱和水汽凝结释放大量潜热,中尺度云团发展,造成沁城乡小堡站 02:00—14:00 短时强降水天气;淖柳公路 33 km 站位于沁城乡小堡站东北侧,由图 6-48d 同样可以看出,降水前 30 日 08:00—31 日 02:00 整层大气为对流稳定层结;31 日 02:00—08:00,700～500 hPa 逐渐转为不稳定层结,随着对流触发,不稳定层结高度随时间降低,对流云团继续发展和维持,测站强降水持续至 31 日 14:00 前后。

以上分析表明,降水发生初期暴雨区中、低层为较强的对流不稳定层结,同时对流层低层暖锋锋生,触发对流发展;暴雨最强时段,暖气团沿底层冷气团爬坡,不稳定暖湿气团被迫抬升,暴雨区不稳定能量释放,雨强达最强。

6.5.5　对流触发和维持机制

锋面系统是中纬度地区基本的天气系统,往往在中尺度对流系统发生、发展过程中起重要作用。锋生函数既考虑了大气的动力特征,也考虑了大气的热力特征,是诊断锋面强度和时空分布特征的重要指标。通过计算暴雨区总锋生函数(图 6-49)发现 700 hPa 暖锋锋生是造成中尺度对流云团的触发机制,锋生区(水平辐散项、水平变形项、倾斜项之和)位于 340～348 K 的强 θ_{se} 的高能区中,30 日 14:00,600 hPa 暴雨区上空(42°N,95°E 附近)等假相当位温密集带附近出现东北—西南走向的带状锋生大值区,锋生带断裂为两段,东段中心值为 $2\cdot10^{-8}$ K·s^{-1}·m^{-1},31 日 20:00(图 6-49a)暖气团推动冷空气向西北方向移动,

600 hPa 东段锋生区移至哈密地区东北部,强度维持,同时,700 hPa(图 6-49c)暴雨区东南部出现等假相当位温大值中心为 352 K,沿等假相当位温密集带伴随一条东北—西南走向的带状锋生大值区,中心强度 $2.5 \cdot 10^{-8} K \cdot s^{-1} \cdot m^{-1}$,锋面系统自下向上向西北方向倾斜,对流层低层—中层暖锋锋生;31 日 02:00 (图 6-49b),600 hPa 西段暖锋锋消,东段暖锋位置少动,中心强度 $2 \cdot 10^{-8} K \cdot s^{-1} \cdot m^{-1}$,700 hPa(图 6-49d)等假相当位温密集带进一步向北伸展,低层增暖增湿,同时 700 hPa 锋区向北移动过程中断裂,东段位于(43°N,95°E)附近,并随高度向东北方向伸展,暖气团沿冷气团爬坡,暖锋锋生进一步增强,中心强度达 $3 \cdot 10^{-8} K \cdot s^{-1} \cdot m^{-1}$,触发对流不稳定能量释放,造成中尺度对流云团发展。31 日 08:00,随着低空急流进一步向东北方向延伸,使得低层强辐合区和湿舌移至哈密东部—蒙古西部,对应出现强暖锋锋生,加强了锋面次级环流,对流云团移至哈密东部地区并发展至最强阶段,造成哈密东南部地区短时强降水天气。

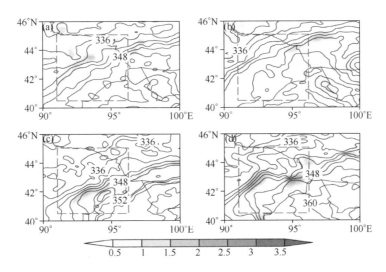

图 6-49　2018 年 7 月 30—31 日总锋生(阴影,单位:$10^{-8} K \cdot s^{-1} \cdot m^{-1}$)和假相当位温(等值线,单位:K)
(a)600 hPa,30 日 14:00;(b)600 hPa,30 日 20:00;(c)700 hPa,30 日 20:00;(d)700 hPa,31 日 02:00

　　做总锋生和经向风剖面图(图 6-50)、温度平流和风场剖面图(图 6-51)发现,30 日 14:00,对流层中层(600 hPa 附近)出现锋生函数大值区(图 6-50a),暖锋锋生处对应出现强暖平流(图 6-51a),并伴有锋面次级环流产生,环流上升运动集中在 600 hPa 附近,30 日 20:00,对流层中层锋区逐渐向东北方向移动(图 6-50b),强度略有减弱,同时随着低层偏南风逐渐增强,在暴雨区附近形成风速辐合区,700 hPa 附近也出现锋生函数大值区,暖平流和相应的次级环流圈移至暴雨区上空(图 6-51b),暖平流范围有所扩大,并随高度向东北方向伸展,暴雨区 700~600 hPa 处于环流上升支控制。31 日 02:00,对流层低层偏南气流迅速增大(图 6-51c),暴雨区 700 hPa 附近出现低空急流,最大偏南气流达 $12 m \cdot s^{-1}$,北风集中在 750 hPa 以下,南北风对峙主要存在于 700 hPa 附近,同时对流层低层最大暖平流增至 $30 \times 10^{-5} K \cdot s^{-1}$(图 6-51c),暖气团沿底层冷气团爬坡,冷暖空气交绥剧烈,暖锋进一步锋生,正锋生函数倾斜伸展至 600 hPa,对流层低层与中层上升运动叠加,垂直经圈环流增强,触发对流不稳定能量释放,利于对流云团发展,水平南风辐合区对应锋生函数正值中心所在高度,说明低空环流大气水平运动和暖平流增强能够增大大气的斜压性,对暖锋维持和进一步锋生具有重要作用;31 日 08:00(图 6-50d)对流层低层暖锋向东北移动,暖锋在爬坡过程中再次锋生,哈密东部暖锋锋生明显增强,锋生中心 $3.0 \times 10^{-8} K \cdot s^{-1} \cdot m^{-1}$,暴雨区对流层低层暖平流增强(图 6-51d),并随高度向东北方向倾斜,上升运动倾斜发展,对流云团发展至最强阶段,对应测站雨强达到最强。

　　31 日 14:00—20:00,对流层中层先于低层暖锋锋生,并向东北方向移动,锋区自下向上向北倾斜,31 日 02:00—08:00 对流层低层南风迅速增强,携带暖湿空气向暴雨区输送,暖平流增强,水平风场辐合和强暖平流导致水平暖锋锋生,触发对流不稳定能量释放,中尺度对流云团发生发展。

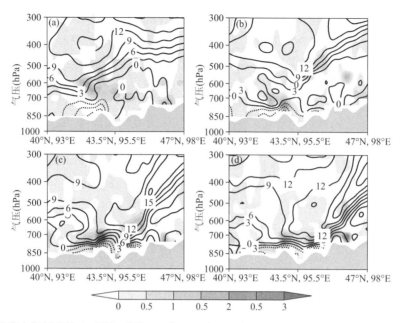

图 6-50 强降水期间总锋生(阴影,单位:10^{-8}K·s^{-1}·m^{-1})和经向风剖面图(等值线,单位:m·s^{-1})
(a)30 日 14:00;(b)30 日 20:00;(c)31 日 02:00;(d)31 日 08:00(图形下方深灰色为地形)

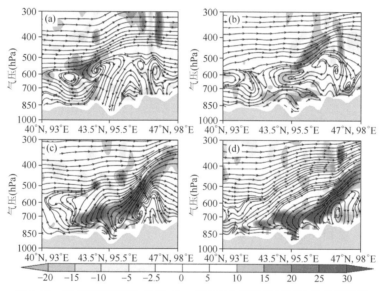

图 6-51 温度平流(阴影,单位:K·s^{-1})和全风速场(流线)垂直剖面图
(a)30 日 14:00;(b)30 日 20:00;(c)31 日 02:00;(d)31 日 08:00

从图 6-52 可以看出,31 日 02:00(图 6-60a)锋生水平散度项大值中心集中在 750~700 hPa,大值中心为 2.5×10^{-8}K·s^{-1}·m^{-1},倾斜项引起的锋生为 2.0×10^{-8}K·s^{-1}·m^{-1}(图 6-52e),散度项和倾斜项作用相当,而水平形变项作用比散度项和倾斜项小,为 1.5×10^{-8}K·s^{-1}·m^{-1}(图 6-52c),说明对流云团初生阶段对流触发主要是水平散度项和由垂直运动发展引起的倾斜项决定。从 31 日 08:00 锋生剖面上(图 6-52b、d、f)可以看出,锋面继续向东北方向推进至哈密东部,700 hPa 散度项引起的锋生略有减小至 2.0×10^{-8}K·s^{-1}·m^{-1}(图 6-52b),并收缩至 600 hPa 以下,哈密东部变形项引起的锋生迅速增大至 2.5×10^{-8}K·s^{-1}·m^{-1}(图 6-52d),同时由于对流运动异常旺盛,使得倾斜项引起的锋生增至 3×10^{-8}K·s^{-1}·m^{-1}(图 6-52d)。以上分析说明对流云团发展初始阶段,对流层低层暖锋锋生主要由水平辐散项和倾斜项决定,低空急流携带暖湿气流造成低层暖平流迅速增强,偏南气流风速辐合导致水平暖锋锋生,产生锋面次级环流,暖空气倾斜上升产生垂直锋生,增强了大气不稳定性,进一步促进了中小尺度系

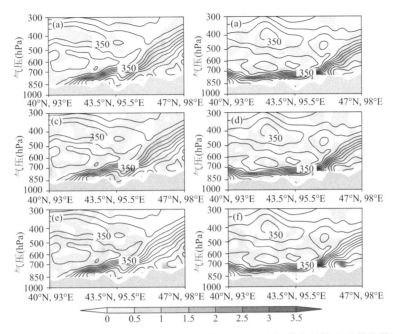

图 6-52　2018 年 7 月 31 日 02:00 和 08:00 沿图 6-47c 中红线作的锋生函数的散度项
(a,b,阴影区,单位:10^{-8} K·s^{-1}·m^{-1}),形变项(c,d)和倾斜项(e,f)及假相当位温
(等值线,单位:K)的垂直剖面图,左:02:00,右:08:00

统的发展。水平散度项和倾斜项引起的锋生激发了锋面次级环流的发生,是对流云团初生的重要触发因子;对流云团成熟阶段,随着低空东南急流逐渐转为偏南急流,低层湿舌向东北方向伸展,风场的形变引起的辐合、辐散使得哈密东部暖锋锋区附近 θ_{se} 维持在较高的梯度,变形项和倾斜项引起的锋生再次加强了次级环流,使得对流云团在沿引导气流向东北方向的移动过程中得以发展。

　　造成本次强降水的中尺度对流云团生命时间长,发展旺盛,在对流层低层暖锋触发下,暴雨区上空不断有新的对流单体生成、发展,并向东北方向移动,是什么原因使得中尺度对流系统得以维持和发展呢?通过对暴雨期间高低空散度、涡度场分析发现(图 6-53),中尺度对流云团发展初期(31 日 02:00,图 6-53a),哈密地区东南侧 300 hPa 最大辐散中心为 4×10^{-5} s^{-1},低层 700 hPa 为强辐合区,最大辐合中心-13×10^{-5} s^{-1},低层强烈水平辐合,高层辐散,垂直运动发展,同时暴雨区附近 700 hPa 以上为深厚的气旋性涡柱(图 6-53c),涡柱向东北倾斜并伸展至 300 hPa,正涡度中心位于 700 hPa 和 450 hPa 附近,涡度中心分别为 14×10^{-5} s^{-1} 和 16×10^{-5} s^{-1},深厚的气旋性涡柱和水平辐合使锋区表现为一条随高度向东北方向伸展的正涡度柱,涡度中心对应垂直运动大值区,沿锋面爬升利于上升运动的维持。31 日 08:00(图 6-53b)对流层高层 300 hPa 辐散进一步增强,最大辐散中心增强至 8×10^{-5} s^{-1},700 hPa 辐合区范围向东北方向扩大,最大辐合中心为 -11×10^{-5} s^{-1},上升运动大值区移至哈密东部地区,涡度柱由前期的倾斜结构转为与地面垂直(图 6-53d),强烈的高空抽吸和低层辐合维持和发展了锋面次级环流,使垂直运动由倾斜上升转为垂直上升,对流运动发展至最强。

　　另外,强降水期间对流层低层 700 hPa 东南急流的维持和加强是中尺度对流系统长时间持续的主要原因。低空急流不仅为暴雨区输送源源不断的水汽,同时也为中尺度云团发生发展提供了不稳定环境场。31 日 02:00(图 6-54a),700 hPa 暴雨区东南侧最大偏东风风速达 18 m·s^{-1},低空东南急流前侧出现等假相当位温大值区,暖舌沿急流向西北方向伸入暴雨区,对流层低层不稳定能量积聚,低层增暖增湿,利于暖锋锋生,同时哈密南部地区出现风速辐合区,加剧了低空水汽辐合抬升,利于对流云团产生和发展;31 日 08:00(图 6-54b)低空偏东急流逐渐转为偏南气流,位置向北移动,暖舌沿急流向东北方向伸展,哈密700 hPa 比湿达 11 g·kg^{-1},中尺度云团 G 附近出现等假相当位温梯度大值区,低层暖平流增强,暖锋再次锋生,锋面次级环流加强,对流云团发展至最强阶段,造成哈密东部地区出现极端短时强降水天气。

　　综合上述分析发现,降水初期,700 hPa 东南急流前侧强烈辐合,暖舌向北深入暴雨区,来自较低纬度

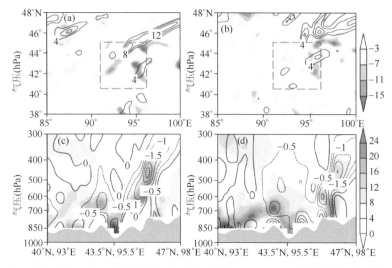

图 6-53 (a)31 日 02:00 300 hPa(等值线)和 700 hPa(阴影<$-3\times10^{-5}s^{-1}$)散度场(单位:×$10^{-5}s^{-1}$);
(b)31 日 08:00 300 hPa(等值线)和 700 hPa(阴影<$-3\times10^{-5}s^{-1}$)散度场(单位:×$10^{-5}s^{-1}$);
(c)31 日 02:00 沿图 6-47c 红线做涡度(阴影,单位:$10^{-5}s^{-1}$)和垂直速度(单位:Pa·s^{-1})剖面图;
(d)31 日 08:00 沿图 6-47c 红线做涡度(阴影,单位:$10^{-5}s^{-1}$)和垂直速度(单位:Pa·s^{-1})剖面图
(a)(b)中红色矩形框为哈密地区,(c)(d)图形下方灰色阴影为地形

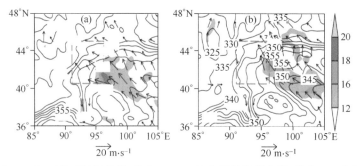

图 6-54 700 hPa 风场(矢量,单位:m·s^{-1})和等假相当位温(单位:K)分布图
(a)31 日 02:00;(b)31 日 08:00

暖湿气流在哈密东南侧聚集,低层增暖增湿,暖锋锋生,锋面次级环流发展,触发对流不稳定能量释放,对流云团发生发展;降水最强阶段,高空辐散抽吸明显增强,低层暖舌向东北伸展,等 θ_{se} 梯度加大,低层暖锋再次锋生,垂直环流圈有所加强,暴雨区上升运动进一步发展,对流云团发展至最强。对流层低层暴雨区暖锋锋生触发对流系统发生发展,低空东南急流和高空西南急流维持加强是中尺度对流系统长时间持续的主要原因。

6.5.6 概念模型图

通过上述分析,给出本次哈密东部地区极端短时强降水概念模型(图 6-55),200 hPa 西南急流稳定少动,暴雨区处于急流入口区右侧,高空辐散抽吸增强,利于垂直运动发展;500 hPa 西太副高位置异常偏北,副高外围偏南急流控制哈密地区,对流层中层暖锋锋生,激发锋面次级环流并向东北方向移动,随后低空东南急流前形成风速辐合区,对流层低层暖锋锋生并与东移的中层锋区叠加,环流上升运动加强,同时700 hPa 低空东南急流将低纬度地区暖湿气流经河西走廊向暴雨区输送,低层暖舌沿急流向西北伸展,低层增温增湿,哈密东部地区大气层结转为对流不稳定层结,高、低空急流相互耦合,再次加强垂直经向环流圈,对流运动发展旺盛,触发对流不稳定能量释放,多个中尺度对流系统生成,沿 500 hPa 副高外围偏南气流向东北方向依次移过,对流云团在东北移动过程中合并、发展和维持,使得降水持续时间达 12 h,造成哈密东部地区极端强降水天气。地面低压倒槽前沿控制哈密地区,对流层自下向上暖锋锋生,锋面所伴随的垂直运动与对流运动密切相关。

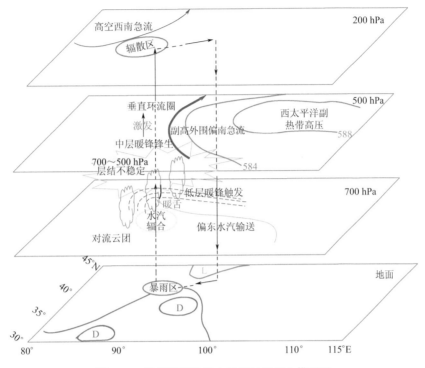

图 6-55　极端短时强降水天气过程概念模型图

6.5.7　结论与讨论

通过对 2018 年 7 月 31 日哈密极端暴雨天气过程中尺度对流系统演变和触发机制分析,结合对强降水期间大气的不稳定性及锋面锋生函数的讨论,证实了对流层低层暴雨区暖锋锋生触发中尺度对流系统发生发展,低空东南急流和高空西南急流维持加强是中尺度对流系统长时间持续的主要原因,并得出以下结论:

(1)强降水期间,500 hPa 西太副高位置异常偏北,暴雨区处于西太副高外围偏南气流控制,700 hPa 副高南侧偏东急流稳定维持,偏东水汽输送通道建立,低层增暖增湿,暖舌沿急流向西北伸展,造成暴雨区上空形成不稳定大气层结。

(2)对流层低层暴雨区暖锋锋生是中尺度对流云团的触发机制。降水期间暴雨区对流层中层暖锋锋生,激发锋面次级环流并向东北方向移动。随后对流层低层暖锋锋生并与东移的中层锋区叠加,环流上升运动加强,触发对流不稳定能量释放,造成中尺度对流云团发展。

(3)锋面所伴随的垂直运动与对流运动发生发展密切相关,对流云团初生阶段对流触发主要是锋生水平散度项和由垂直运动发展引起的倾斜项决定,低层暖平流增强,偏南气流风速辐合导致水平暖锋锋生,产生锋面次级环流,暖空气倾斜上升产生垂直锋生,增强了大气不稳定性,进一步促进中小尺度系统的发展。对流云团成熟阶段,风场形变引起的辐合、辐散使得哈密东部暖锋锋区附近 θ_{se} 维持在较高的梯度,变形项和倾斜项引起的锋生再次加强了次级环流,使得对流云团在沿引导气流向东北方向的移动过程中得以发展。

(4)高空西南急流和低空东南急流维持加强是中尺度对流系统长时间持续的主要原因。高、低空急流相互耦合,强烈的高空抽吸和低层辐合维持和发展了锋面次级环流,对流运动发展旺盛,低空急流出口区左侧多个中尺度对流系统生成,在沿 500 hPa 引导气流向东北方向移动过程中合并、发展和维持,造成哈密东部地区极端强降水天气。

参考文献

白晓平,王式功,赵璐,等,2016.西北地区东部短时强降水概念模型[J].高原气象,35(5):1248-1256.

常煜,马素艳,仲夏,2018.内蒙古夏季典型短时强降水中尺度特征[J].应用气象学报,29(2):232-244.

陈春艳,孔期,李如琦,2012.天山北坡一次特大暴雨过程诊断分析[J].气象,38(1):72-80.

陈春艳,王建捷,唐冶,等,2017.新疆夏季降水日变化特征[J].应用气象学报,28(1):72-85.

陈明轩,王迎春,肖现,等,2013.北京"7·21"暴雨雨团的发生和传播机理[J].气象学报,71(4):569-592.

陈元昭,俞小鼎,陈训来,2016.珠江三角洲地区重大短时强降水的基本流型与环境参量特征[J].气象,42(2):144-155.

慈晖,张强,张江辉,等,2014.1961-2010年新疆极端降水过程时空特征[J].地理研究,33(10):1881-1891.

代刊,何立富,金荣花,2010.加密观测资料在北京2008年9月7日雷暴过程分析中的综合应用[J].气象,36(7):160-167.

戴新刚,李维京,马柱国,2006.近十几年新疆水汽源地变化特征[J].自然科学进展,16(12):1651-1656.

戴新刚,任宜勇,陈洪武,2007.近50年新疆温度降水配置演变及其尺度特征[J].气象学报,65(6):1003-1010.

丁一汇,1993.1991年江淮流域持续性特大暴雨研究[M].北京:气象出版社:249-254.

丁一汇,2005.高等天气学[M].北京:气象出版社:324-325.

丁一汇,2014.陶诗言先生在中国暴雨发生条件和机制研究中的贡献[J].大气科学,38(4):616-626.

丁一汇,任国玉,石广玉,等,2006.气候变化国家评估报告(Ⅰ):中国气候变化的历史和未来趋势[J].气候变化研究进展,2(1):3-8.

段鹤,夏文梅,苏晓力,等,2014.短时强降水特征统计及临近预警[J].气象,40(10):1194-1206.

段旭,张秀年,许美玲,2004.云南及其周边地区中尺度对流系统时空分布特征[J].气象学报,62(2):243-250.

樊李苗,俞小鼎,2013.中国短时强对流天气的若干环境参数特征分析[J].高原气象,32(1):156-165.

方翀,毛冬艳,张小雯,等,2012.2012年7月21日北京地区特大暴雨中尺度对流条件和特征初步分析[J].气象,38(10):1278-1287.

费增坪,郑永光,王洪庆,2005.2003年淮河大水期间MCS的普查分析[J].气象,31(12):18-22.

费增坪,郑永光,张焱,等,2008.基于静止卫星红外云图的MCS普查研究进展及标准修订[J].应用气象学报,19(1):82-90.

高守亭,刘璐,李娜,2013.近几年中尺度动力学研究进展[J].大气科学,37(2):319-330.

高守亭,孙建华,崔晓鹏,2008.暴雨中尺度系统数值模拟与动力诊断研究[J].大气科学,32(4):854-866.

葛晶晶,钟玮,杜楠,等,2008.地形影响下四川暴雨的数值模拟分析[J].气象科技,28(2):176-183.

郭丽君,郭学良,2015.利用地基多通道微波辐射计遥感反演华北持续性大雾天气温、湿度廓线的检验研究[J].气象学报,73(2):368-381.

郭楠楠,周玉淑,邓国,2019.中亚低涡背景下阿克苏地区一次强降水天气分析[J].气象学报,77(4):686-700.

郭英莲,吴翠红,王继竹,等,2012."7·15"宜昌大暴雨的地形影响特征[J].气象,38(1):81-89.

郝莹,姚叶青,郑媛媛,等,2012.短时强降水的多尺度分析及临近预警[J].气象,38(8):903-912.

侯淑梅,盛春岩,万文龙,等,2014.山东省极端强降水天气概念模型研究[J].大气科学学报,37(2):163-174.

黄建平,何敏,阎虹如,等,2010.利用地基微波辐射计反演兰州地区液态云水路径和可降水量的初步研究[J].大气科学,34(3):548-558.

黄秋霞,赵勇,何清,2015.新疆伊犁州夏季降水日变化特征[J].冰川冻土,37(2):369-375.

黄小燕,王小平,王劲松,等,2017.1970—2012年夏半年中国大气0℃层高度时空变化特征[J].气象,43(3):286-293.

黄艳,刘涛,张云惠,2012.2010年盛夏南疆西部一次区域性暴雨天气特征[J].干旱气象,30(4):615-622.

黄艳,俞小鼎,陈天宇,等,2018.南疆短时强降水概念模型及环境参数分析[J].气象,44(8):1033-1041.

江吉喜,项续康,1996.青藏高原夏季中尺度强对流系统的时空分布[J].应用气象学报(4):473-478.

江远安,包斌,王旭,2001.南疆西部大降水天气过程的统计分析[J].新疆气象,24(5):19-20.

江志红,任伟,刘征宇,等,2013.基于拉格朗日方法的江淮梅雨水汽输送特征分析[J].气象学报,71(2):295-304.

孔期,郑永光,陈春艳,2011.乌鲁木齐7·17暴雨的天气尺度与中尺度特征[J].应用气象学报,22(1):12-22.

雷蕾,孙继松,魏东,2011.利用探空资料甄别夏季强对流的天气类别[J].气象,37(2):136-141.

李琛,李津,张明英,等,2015.北京短历时强降水的时空分布[J].气象科技,43(4):704-708.

李国平,陈佳,2018.西南涡及其暴雨研究新进展[J].暴雨灾害,37(4):293-302.

李建刚,姜彩莲,张云惠,等,2019.天山山区夏季 M$_c$CS 时空分布特征[J].高原气象,38(3):604-616.

李进,丁婷,赵思楠,等,2015.2013 年 6 月 7 日浙江省中北部暴雨过程诊断分析[J].气象,41(10):1215-1221.

李京校,郭凤霞,扈海波,等,2017.北京及其周边地区 SAFIR 和 ATDT 闪电定位资料对比分析[J].高原气象,36(4):1115-1126.

李曼,杨莲梅,张云惠,2015.一次中亚低涡的动力热力结构及演变特征[J].高原气象,34(6):1711-1720.

李娜,冉令坤,高守亭,2013.华东地区一次飑线过程的数值模拟与诊断分析[J].大气科学,37(3):595-608.

李如琦,2019.中亚五国局地暴雨及其环流特征[J].沙漠与绿洲气象,13(1):1-6.

李如琦,李建刚,唐冶,等,2016.中亚低涡引发的两次南疆西部暴雨中尺度特征对比分析[J].干旱气象,34(2):297-304.

李如琦,孙鸣婧,李桉孛,等,2017.南疆西部暴雨的动力热力特征分析[J].沙漠与绿洲气象,11(2):1-7.

李向红,唐伍斌,李垂军,等,2009.广西强对流天气的天气形势分析与雷达临近预警[J].灾害学,24(2):46-50.

李耀东,刘健文,吴洪星,等,2014.对流温度含义阐释及部分示意图隐含悖论成因分析与预报应用[J].气象学报,72(3):628-637.

李玉兰,王婧嫆,郑新江,等,1989.我国西南—华南地区中尺度对流复合体(MCC)的研究[J].大气科学(4):415-422.

刘国强,2019.2012 年 6 月巴州一次暴雨水汽输送特征[J].沙漠与绿洲气象,13(2):22-31.

刘惠云,王晓梅,肖书君,等,2007.乌鲁木齐市近 40 多年降水演变特征[J].干旱区研究,24(6):785-789.

刘晶,曾勇,刘雯,等,2017.伊犁河谷和天山北坡暴雨过程水汽特征分析[J].沙漠与绿洲气象,11(3):65-71.

刘黎平,阮征,覃丹宇,2004.长江流域梅雨锋暴雨过程的中尺度结构个例分析[J].中国科学 D 辑:地球科学,34(12):1193-1201.

刘璐,冉令坤,周玉淑,等,2015.北京"7·21"暴雨的不稳定性及其触发机制分析[J].大气科学,39(3):583-595.

刘淑媛,郑永光,陶祖钰,2003.利用风廓线雷达资料分析低空急流的脉动与暴雨关系[J].热带气象学报,19(3):285-290.

刘芸芸,何金海,王谦谦,2006.新疆地区夏季降水异常的时空特征及环流分析[J].南京气象学院学报,29(1):25-32.

柳媛普,孙国武,冯建英,等,2016.西北地区东部强降水过程与大气低频振荡关系分析[J].高原气象,35(1):86-93.

陆汉城,2000.中尺度天气原理和预报:第二版[M].北京:气象出版社:1-3.

马淑红,席元伟,1997.新疆暴雨的若干规律性[J].气象学报,55(2):239-248.

马禹,王旭,陶祖钰,1997.中国及其邻近地区中尺度对流系统的普查和时空分布特征[J].自然科学进展,7(6):701-706.

毛冬艳,曹艳察,朱文剑,等,2018.西南地区短时强降水的气候特征分析[J].气象,44(8):1042-1050.

苗运玲,张云惠,卓世新,等,2017.东疆地区汛期降水集中度和集中期的时空变化特征[J].干旱气象,35(6):949-956.

倪允琪,周秀骥,2004.中国长江中下游梅雨锋暴雨形成机理以及监测与预测理论和方法研究[J].气象学报,62(5):647-662.

努尔比亚·吐尼牙孜,杨利鸿,米日古丽·米吉提,2017.南疆西部一次突发极端暴雨成因分析[J].沙漠与绿洲气象,11(6):75-82.

秦贺,杨莲梅,张云惠,2013.近 40 年来塔什干低涡活动特征的统计分析[J].高原气象,32(4):1042-1049.

曲良璐,张莉,谭甜甜,等,2017.阿克苏初秋一次暴雨过程诊断分析[J].沙漠与绿洲气象,11(2):60-65.

冉令坤,楚艳丽,高守亭,2009.Energy-Casimir 方法在中尺度扰动稳定性研究中的应用[J].气象学报,67(4):530-539.

冉令坤,李娜,高守亭,2013.华东地区强对流降水过程湿斜压涡度的诊断分析[J].大气科学,37(6):1261-1273.

冉令坤,齐彦斌,郝寿昌,2014."7·21"暴雨过程动力因子分析和预报研究[J].大气科学,38(1):83-100.

沈澄,颜廷柏,刘冬晴,等,2015.2008—2012 年南京短时强降水特征分析[J].气象与环境学报,31(2):28-33.

沈杭锋,章元直,查贲,等,2015.梅雨锋上边界层中尺度扰动涡旋的个例研究[J].大气科学,39(5):1025-1037.

沈艳,潘旸,宇婧婧,等,2013.中国区域小时降水量融合产品的质量评估[J].大气科学学报,36(1):37-46.

寿亦萱,许健民,2007."05·6"东北暴雨中尺度对流系统研究Ⅱ:MCS 动力结构特征的雷达卫星资料分析[J].气象学报,65(2):171-182.

孙继松,2005.北京地区夏季边界层急流的基本特征及形成机理研究[J].大气科学,29(3):445-452.

孙继松,戴建华,何立富,等,2014.强对流天气预报的基本原理与技术方法[M].北京:气象出版社:31-38.

孙继松,何娜,郭锐,等,2013.多单体雷暴的形变与列车效应传播机制[J].大气科学,37(1):137-148.

孙继松,雷蕾,于波,等,2015.近 10 年北京地区极端暴雨事件的基本特征[J].气象学报,73(4):609-623.

孙建华,汪汇洁,卫捷,等,2016.江淮区域持续性暴雨过程的水汽源地和输送特征[J].气象学报,74(4):542-555.

孙建华,赵思雄,傅慎明,等,2013.2012 年 7 月 21 日北京特大暴雨的多尺度特征[J].大气科学,37(3):705-718.

孙淑清,周玉淑,2007.近年来我国暴雨中尺度动力分析研究进展[J].大气科学,31(6):1171-1188.

陶诗言,1980.中国之暴雨[M].北京:科学出版社:225.

陶诗言,丁一汇,周晓平,1979.暴雨和强对流天气的研究[J].大气科学,3(3):227-238.

陶诗言,倪允琪,赵思雄,等,2001.1998年夏季中国暴雨的形成机理与预报研究[M].北京:气象出版社:184.

陶祖钰,郑永光,2013."7·21"北京特大暴雨的预报问题[J].暴雨灾害,32(3):193-201.

田付友,郑永光,张涛,等,2015.短时强降水诊断物理量敏感性的点对面检验[J].应用气象学报,26(4):385-396.

王东海,夏茹娣,刘英,2011.2008年华南前汛期致洪暴雨特征及其对比分析[J].气象学报,69(1):137-148.

王东海,杨帅,2009.一个干侵入参数及其应用[J].气象学报,67(4):522-529.

王华,孙继松,2008.下垫面物理过程在一次北京地区强冰雹天气中的作用[J].气象,34(3):16-21.

王江,李如琦,黄艳,等,2015.2013年南疆西部一次罕见暴雨的成因[J].干旱气象,33(6):910-917.

王丽荣,刘黎平,王立荣,等,2013.太行山东麓地面辐合线特征分析[J].气象,39(11):1445-1451.

王宁,王秀娟,张硕,等,2016.吉林省一场持续性暴雨成因及MCC特征分析[J].气象,42(7):809-818.

王清平,彭军,茹仙古丽·克里木,2016.新疆巴州"6·4"罕见短时暴雨的MCS特征分析[J].干旱气象,34(4):685-692.

王秀明,俞小鼎,周小刚,2014.雷暴潜势预报中几个基本问题的讨论[J].气象,40(4):389-399.

王旭,马禹,2012.新疆中尺度对流系统的地理分布和生命史[J].干旱区地理,35(6):857-864.

吴国雄,蔡雅萍,庄晓菁,1995.湿位涡和倾斜涡度发展[J].气象学报,53(04):387-405.

吴庆梅,刘卓,王国荣,等,2015.一次华北暴雨过程中边界层东风活动及作用[J].应用气象学报,26(2):160-172.

吴迎旭,周一,孟莹莹,等,2017.2008—2016年黑龙江省短时强降水分布特征及影响系统[J].自然灾害学报,26(6):175-183.

项续康,江古喜,1995.我国南方地区的中尺度对流复合体[J].应用气象学报(1):9-17.

肖开提·多莱特,2005.新疆降水量级标准的划分[J].新疆气象,28(3):7-8.

谢泽明,周玉淑,杨莲梅,2018.新疆降水研究进展综述[J].暴雨灾害,37(3):204-212.

《新疆短期天气预报指导手册》编写组,1986.新疆短期天气预报指导手册[M].乌鲁木齐:新疆人民出版社.

徐娟,纪凡华,韩风军,等,2014.2012年盛夏山东西部一次短时强降水天气的形成机制[J].干旱气象,32(3):439-445.

徐珺,杨舒楠,孙军,等,2014.北方一次暖区大暴雨强降水成因探讨[J].气象,40(12):1455-1463.

徐玥,2014.黑龙江省夏季中尺度对流系统天气尺度特征分析[D].兰州:兰州大学.

许敏,张瑜,张绍恢,2016.风廓线雷达资料在冀中一次降水天气预报中的应用[J].干旱气象,34(5):898-905.

杨本湘,陶祖钰,2005.青藏高原东南部MCC的地域特点分析[J].气象学报,63(2):236-242.

杨波,孙继松,毛旭,等,2016.北京地区短时强降水过程的多尺度环流特征[J].气象学报,74(6):919-934.

杨磊,蒋大凯,王瀛,等,2017."8·16"辽宁特大暴雨多尺度特征分析[J].干旱气象,35(2):267-274.

杨莲梅,2003.南亚高压突变引起的一次新疆暴雨天气研究[J].气象,29(8):21-25.

杨莲梅,关学锋,张迎新,2018.亚洲中部干旱区降水异常的大气环流特征[J].干旱区研究,35(2):249-259.

杨莲梅,李建刚,刘晶,等,2017.西北气流下乌鲁木齐短时强降水中小尺度特征个例分析[J].暴雨灾害,36(5):389-396.

杨莲梅,李霞,张广兴,2011.新疆夏季强降水研究若干进展及问题[J].气候与环境研究,16(2):188-198.

杨莲梅,刘晶,2018.新疆水汽研究若干进展[J].自然灾害学报,27(2):1-13.

杨莲梅,杨涛,2005.阿克苏北部暴雨和冰雹湿位涡对比诊断分析[J].气象,31(9):13-18.

杨莲梅,张云惠,秦贺,2015.中亚低涡研究若干进展及问题[J].沙漠与绿洲气象,9(5):1-8.

杨莲梅,张云惠,汤浩,2012.2007年7月新疆三次暴雨过程的水汽特征分析[J].高原气象,31(4):963-973.

杨霞,赵逸舟,王莹,等,2011.近30年新疆降水量及雨日的变化特征分析[J].干旱区资源与环境,25(8):82-87.

尹承美,梁永礼,冉桂平,等,2010.济南市区短时强降水特征分析[J].气象科学,30(2):262-267.

俞小鼎,2012.2012年7月21日北京特大暴雨成因分析[J].气象,38(11):1313-1329.

俞小鼎,王迎春,陈明轩,等,2005.新一代雷达与强对流天气预警[J].高原气象,24(3):456-464.

俞小鼎,姚秀萍,熊廷南,等,2006.多普勒天气雷达原理与业务应用[M].北京:气象出版社:90-180.

俞小鼎,周小刚,王秀明,2012.雷暴与强对流临近天气预报技术进展[J].气象学报,70(3):311-337.

俞小鼎,周小刚,王秀明,2016.中国冷季高架对流个例初步分析[J].气象学报,74(6):902-918.

臧增亮,张铭,沈洪卫,等,2004.江淮地区中尺度地形对一次梅雨锋暴雨的敏感性试验[J].气象科学,24(1):26-34.

曾勇,杨莲梅,2016.中亚低涡背景下新疆连续短时强降水特征分析[J].沙漠与绿洲气象,10(4):67-72.

曾勇,杨莲梅,2017a.南疆西部一次暴雨强对流过程的中尺度特征分析[J].干旱气象,35(3):475-484.

曾勇,杨莲梅,2017b.南疆西部两次短时强降水天气中尺度特征对比分析[J].暴雨灾害,36(5):410-421.

曾勇,杨莲梅,2018.新疆西部一次极端暴雨事件的成因分析[J].高原气象,37(5):1220-1232.

曾勇,杨莲梅,2020.新疆西部"6·16"强降水过程的中尺度分析[J].暴雨灾害,39(1):41-51.

曾勇,杨莲梅,2020.乌鲁木齐两类暴雨的中尺度影响系统和大气垂直结构分析[J].高原气象.DOI:10.7522/j.issn.1000-0534.2019.00070.

曾勇,杨莲梅,张迎新,2017.新疆西部一次大暴雨过程水汽输送轨迹模拟[J].沙漠与绿洲气象,11(3):47-54.

曾勇,杨莲梅,张迎新,2018.中亚低涡背景下新疆阿克苏地区一次强对流天气形成的干侵入机制[J].干旱气象,36(1):34-43.

曾勇,杨莲梅,张迎新,2020.伊犁地区一次罕见特大暴雨中尺度系统的数值模拟[J].干旱气象,38(2):290-300.

曾勇,周玉淑,杨莲梅,2019.新疆西部一次大暴雨形成机理的数值模拟初步分析[J].大气科学,43(2):372-388.

张继东,2016.南疆盆地温宿"6·17"大暴雨多普勒雷达特征分析[J].沙漠与绿洲气象,10(5):10-16.

张家宝,邓子风,1987.新疆降水概论[M].北京:气象出版社.

张家宝,苏起元,孙沈清,等,1986.新疆短期天气预报指导手册[M].乌鲁木齐:新疆人民出版社:245-249.

张俊兰,李娜,秦贺,等,2016.新疆一次暴雨过程的观测分析及水汽特征[J].暴雨灾害,35(6):537-545.

张凯静,江敦双,丁锋,2018.青岛市短时强降水的气候特征和天气系统分型[J].海洋气象学报,38(1):108-114.

张立祥,李泽椿,2009.一次东北冷涡 MCS 边界层特征数值模拟分析[J].气象学报,67(1):75-82.

张书萍,祝从文,2011.2009 年冬季新疆北部持续性暴雪的环流特征及其成因分析[J].大气科学,35(5):833-846.

张一平,乔春贵,梁俊平,2014.淮河上游短时降水天气学分型与物理诊断量阈值初探[J].暴雨灾害,33(2):129-138.

张迎新,李宗涛,姚学祥,2015.京津冀"7·21"暴雨过程的中尺度分析[J].高原气象,34(1):202-209.

张永婧,高帆,于丽娟,2017.济南市区短时强降水特征分析与天气分型[J].海洋气象学报,37(3):109-116.

张云惠,陈春艳,杨莲梅,2013.南疆西部一次罕见暴雨的成因分析[J].高原气象,32(1):191-200.

张云惠,贾丽红,崔彩霞,等,2013.2000-2011 年新疆主要气象灾害时空分布特征[J].沙漠与绿洲气象(增刊):20-23.

张云惠,李海燕,蒿喜禄,2015.南疆西部持续性暴雨环流背景及天气尺度动力过程分析[J].气象,41(7):816-824.

张云惠,李建刚,杨莲梅,等,2017.基于 SWAP 平台的新疆中尺度对流系统判识及应用[J].沙漠与绿洲气象,11(3):38-46.

张云惠,谭艳梅,于碧馨,等,2016.中亚低涡背景下南疆西部两次强冰雹环境场对比分析[J].沙漠与绿洲气象,10(4):10-16.

张云惠,王勇,2004.哈密南部暴雨成因分析[J].气象,30(7):41-43.

张云惠,王勇,支俊,等,2009.南疆西部一次强降雨的多普勒天气雷达分析[J].沙漠与绿洲气象,3(6):17-20.

张云惠,杨莲梅,肖开提·多莱特,等,2012.1971—2010 年中亚低涡活动特征[J].应用气象学报,23(3):312-321.

张云惠,于碧馨,王智楷,等,2018.伊犁河谷夏季两次极端暴雨过程的动力机制与水汽输送特征[J].暴雨灾害,37(5):435-444.

张哲,周玉淑,邓国,2016.2013 年 7 月 31 日京津冀飑线过程的数值模拟与结构分析[J].大气科学,40(3):528-540.

张之贤,张强,赵庆云,等,2014.陇东南地区短时强降水的雷达回波特征及其降水反演[J].高原气象,33(2):530-538.

赵俊荣,2012.天山北坡中部一次罕见局地强降水中小尺度系统分析[J].气象与环境学报,28(6):19-24.

赵俊荣,晋绿生,郭金强,等,2009.天山北坡中部一次强对流天气中小尺度系统特征分析[J].高原气象,28(5):1044-1050.

赵庆云,傅朝,刘新伟,等,2017.西北东部暖区大暴雨中尺度系统演变特征[J].高原气象,36(3):697-704.

赵思雄,2011.近年来江淮流域致洪暴雨特征分析[J].气象与减灾研究,34(1):1-5.

赵思雄,陶祖钰,孙建华,等,2004.长江流域梅雨锋暴雨机理的分析研究[M].北京:气象出版社:282.

赵勇,黄丹青,古丽格娜,等,2010.新疆北部夏季强降水分析[J].干旱区研究,27(5):773-779.

赵勇,黄丹青,朱坚,等,2011.北疆极端降水事件的区域性和持续性特征分析[J].冰川冻土,33(3):524-531.

郑永光,陈炯,费增坪,2007.2003 年淮河流域持续暴雨的云系特征及环境条件[J].北京大学学报:自然科学版,43(2):157-165.

郑永光,陈炯,朱佩君,2008.中国及周边地区夏季中尺度对流系统分布及其日变化特征[J].科学通报,53(4):471-481.

郑永光,陶祖钰,俞小鼎,2017.强对流天气预报的一些基本问题[J].气象,43(6):641-652.

郑永光,张小玲,周庆亮,等,2010.强对流天气短时临近预报业务技术进展与挑战[J].气象,36(7):33-42.

郑永光,朱佩君,陈敏,等,2004.1993～1996 黄海及其周边地区 MαCS 的普查分析[J].北京大学学报:自然科学版,40(1):66-72.

郑媛媛,姚晨,郝莹,等,2011.不同类型大尺度环流背景下强对流天气的短时临近预报预警研究[J].气象,37(7):795-801.

周厚福,邱明艳,张爱民,等,2006.基于稳定度和能量指标作强对流天气的短时预报指标分析[J].高原气象,25(4):716-722.

周芯玉,廖菲,孙广凤,2015.广州两次暴雨期间风廓线雷达观测的低空风场特征[J].高原气象,34(2):526-533.

周雪英,彭军,刘杰,2015.库尔勒市强降水天气的环流配置及触发机制分析[J].沙漠与绿洲气象,9(5):47-55.

周玉淑,高守亭,邓国,2005.江淮流域2003年强梅雨期的水汽输送特征分析[J].大气科学,29(2):195-204.

周玉淑,刘璐,朱科锋,等,2014.北京"7·21"特大暴雨过程中尺度系统的模拟及演变特征分析[J].大气科学,38(5):885-896.

庄薇,刘黎平,王楠,2006.新疆地区一次对流性降水的三维中尺度风场研究[J].应用气象学报,17(4):444-451.

庄晓翠,李健丽,李博渊,等,2014.北疆北部2次区域性暴雨的中尺度环境场分析[J].沙漠与绿洲气象,8(6):23-30.

庄晓翠,李如琦,李博渊,等,2017.中亚低涡造成新疆北部区域暴雨成因分析[J].气象,43(8):924-935.

庄晓翠,赵江伟,李健丽,等,2018.新疆阿勒泰地区短时强降水流型及环境参数特征[J].高原气象,37(3):675-685.

Amburn S A,Wolf P L,1997. VIL density as a hail indicator[J]. Weather and Forecasting,12(3):473-478.

Anderson C J,Arritt R W,1998. Mesoscale convective complexes and persistent elongated convective systems over the United States during 1992 and 1993[J]. Monthly Weather Review,126(3):578-599.

Augustine J A,Howard K W,1991. Mesoscale convective complexes over the United States during 1985[J]. Monthly Weather Review,119(7):685-701.

Chan P W,2009. Performance and application of a multi-wavelength,ground based microwave radiometer in intense convective weather[J]. Meteorol Z,18(3):253-265.

Chen Q,1982. The instability of the gravity-inertia wave and its relation tolow-level jet and heavy rainfall [J]. J Meteor Soc Japan,60:1041-1057.

Cifelli R,Rutledge S A,1994. Vertical motion structure in maritime continent mesoscale,convective systems:Results from 50-MHz profiler[J]. J Atmos Sci,51:2631-2652.

Dee D P,Uppala S M,Simmons A J,et al,2011. The ERA-Interim reanalysis:Configuration and performance of the data assimilation system[J]. Quart J Roy Meteor Soc,137(656):553-597.

Doswell Ⅲ C A,1987. The distinction between large-scale and mesoscale contribution to severe convection:A case study example[J]. Wea Forecasting,2:3-16.

Ecklund W L,Gage K S,Williams C R,1995. Tropical precipitation studies using a 915-MHz wind profiler[J]. Radio Sci,30:1055-1064.

Feltz W F,Mecikalski J R,2002. Monitoring high-temporal-resolution convective stability indices using the ground-based atmospheric emitted radiance interferometer(AERI)during the 3 May 1999 Oklahoma-Kansas tornado outbreak[J]. Weather Forecast,17:445-455.

Friedrich K,Lundquist J K,Aitken M,et al,2012. Stability and turbulence in the atmospheric boundary layer:A comparison of remote sensing and tower observations[J]. Geophys Res Lett,39:1-6.

Gao S T,Yang S,Chen B,2010. Diagnostic analyses of dry intrusion and nonuniformly saturated instability during a rainfall event[J]. J Geophys Res,115(D2):D02102.

Huang L,Luo Y L,2017. Evaluation of quantitative precipitation forecasts by TIGGE ensembles for South China during the presummer rainy season[J]. J Geophys Res,122(16):8494-8516.

Jiang Z N,Zhang D L,Xia R D,et al,2017. Diurnal variations of presummer rainfall over southern China[J]. J Climate,30(2):755-773.

Jirak I L,Cotton W R,Mcanelly R L,2003. Satellite and radar survey of mesoscale convective system development[J]. Monthly Weather Review,131(10):2428.

Kanofsky L,Chilson P,2008. An analysis of errors in drop size distribution retrievals and rain bulk parameters with a UHF wind profiling radar and a two-dimensional video disdrometer[J]. J Atmos Ocean Technol,25:2282-2292.

Laing A G,Fritsch J M,1993. Mesoscale convective complexes in Africa[J]. Monthly Weather Review,121:8(121:8):2254.

Liu J,Zhang J R,Liu F,et al,2020. Trigger and maintenance mechanism of a sudden mesoscale rainstorm in arid and semi-arid regions at the edge of the Western Pacific subtropical high,meteorological application[J]. 27(2):1-13.

Luo Y L,Chen Y R X,2015. Investigation of the predictability and physical mechanisms of an extreme-rainfall-producing mesoscale convective system along the Meiyu front in East China:An ensemble approach[J]. J Geophys Res,120(20):10593-10618.

Ma Yu,Wang Xu,Tao Zuyu,1997. Geographic distribution and life cycle of mesoscale convective system in China and its vicinity[J]. Progress in Natural Science,7(5):583-589.

Maddox R A,1980. Meoscale convective complexes[J]. Bulletin of the American Meteorological Society,61(11):1374-1387.

Mattioli V,Westwater E R,Cimini D,et al,2007. Analysis of radiosonde and ground-based remotely sensed PWV data from the 2004 North Slope of Alaska Arctic winter radiometric experiment[J]. J Atmos Ocean Technol,24:415-431.

Miller D,Fritsch J M,1990. Mesoscale convective complexes in the Western Pacific Region[J]. Monthly Weather Review,119(12):2978-2992.

Orlanski I,1975. A rational subdivision of scales for atmospheric processes[J]. Bulletin of the American Meteorological Society,56:527-530.

Peter T M,Jameson A R,Thomas D K,et al,2001. A comparison between polarimetric radar and wind profiler observations of precipitation in tropical showers[J]. J Appl Meteor,40(10):1702-1717.

Peter T M,Jameson A R,Thomas D K,et al,2002. Combined wind profiler polarimetric radar studies of the vertical motion and microphysical characteristics of tropical sea-breeze thunder storms[J]. Mon Wea Rev,130(9):2228-2239.

Rajopadhyaya D K,Avery S A,May P T,et al,1999. Comparison of precipitation estimation using single and dual-frequency wind profilers[J]. J Atmos Ocean Technol,16:165-173.

Rinaldy N,et al,2017. Identification of Mesoscale Convective Complex(MCC) phenomenon with image of Himawari 8 Satellite and WRF ARW Model on Bangka Island(Case Study:7-8 February 2016)[R]. In Iop Conference Series:Earth & Environmental Science.

Rottger J,1980. Structure and dynamics of the stratosphere and mesosphere revealed by VHF radar investigations[J]. Pure Appl Geophys,118:494-527.

Tao Zuyu,Wang Hongqing,Bai Jie,et al,1995. A case of mesoscale convective complex evolving into a vortex[J]. Acta Meteorologica Sinica,9(2):184-189.

Velasco I,Fritsch J M,1987. Mesoscale convective complexes in Americas[J]. Journal of Geophysical Research (Atmospheres),92(D8):9591-9614.